Ludwig Utz und Herbert Utz sind weder verwandt noch verschwägert
– das ist verbrieft bis in die fünfte Generation.

Zusammengeführt hat uns unternehmerisches
Wollen und Handeln.

UTZ

Ludwig Utz

Innovative Unternehmensführung

B^{e}C^{om}E® Selbstwertmanagement

UTZ

Herbert Utz Verlag · München

Bibliografische Information Der Deutschen Bibliothek:

Die Deutsche Bibliothek verzeichnet diese Publikation in der Deutschen Nationalbibliografie; detaillierte bibliografische Daten sind im Internet über http://dnb.ddb.de abrufbar.

ISBN 3-8316-0527-0

Printed in Germany

Herbert Utz Verlag GmbH, München
089-277791-00 · www.utzverlag.de

BeComE Selbstwertmanagement ist ein ganzheitlich angelegtes Modell zur Leistungssteigerung, verbunden mit einem integrierten Lernprozess. Es ist in erster Linie für Menschen gedacht, die neue Wege zu mehr Wissen und persönlicher Entfaltung beschreiten wollen.

Die Grundlage des Selbstwertmanagements nach BeComE bildet das kosmische Gesetz der Bewegung von Materie in Zeit und Raum, übertragen auf den Menschen. Das Modell stützt sich in den wichtigen Teilen auf die moderne Organisationslehre sowie Erkenntnisse der Gehirnforschung. Informationen aus der Astronomie, Psychologie und Philosophie werden zum besseren Verständnis des ganzheitlichen Ansatzes mit einbezogen.

In der praktischen Anwendung ordnet und vernetzt BeComE geistige Strukturen mit dem Ziel, durch Förderung der Persönlichkeit deren Kreativität, Intelligenz und Produktivität zu steigern. Es nutzt dafür dem Menschen angeborene Ressourcen und baut durch deren gezielte Forderung ein geistiges Kraftfeld zwischen den mitwirkenden Personen auf. Dadurch entsteht eine Wechselwirkung zwischen nachvollziehbarem Verhalten (*Be*havior) und zielorientierter Kommunikation (*Com*munication). Auf diese Weise können alle Beteiligten ihre Fähigkeiten und ihr Wissen weiterentwickeln (*E*xtension): BeComE.

Wenn Du einen Menschen veranlassen willst
ein Schiff zu bauen,
so lehre ihn nicht Holz zu sammeln,
sondern pflanze ihm die Sehnsucht
nach der großen weiten Welt
ins Herz.

Antoine de Saint-Exupérie

Wenn Du einen Menschen veranlassen willst
sein Leben in Freiheit zu gestalten,
so lehre ihn nicht Geld zu sammeln,
sondern pflanze ihm die Sehnsucht
nach der Wertschätzung seiner Persönlichkeit
ins Herz.

Ludwig Utz
www.become.de

Für die freundliche Unterstützung bei der Entstehung dieses Buches bedanke ich mich bei

Herrn Dipl.-Kaufmann Christian Spitschka
für seine diesem Buch zu Grunde liegenden betriebswirtschaftlichen Vorarbeiten und Beiträge.

Herrn Pfarrer Hans Krämmer
für seine Überprüfung meiner Aussagen zu theologischen Fragen.

meiner Ehefrau Ingeborg
für ihre Bewertung der logischen Zusammenhänge sowie

Herrn Betriebswirt (VWA) Werner Ruf
für seine Begutachtung der betriebswirtschaftlichen Werthaltigkeit.

Besonders danke ich Herrn Wilfried E. Schleier,
der sich mit seiner ganzen geistigen Kraft für Wahrheit, Recht und Gerechtigkeit sowie die Verbreitung meines Gedankengutes einsetzt.

Geleitwort

BeComE enthält das Geheimnis, jedem Menschen sein ganz persönliches »Ich« zurückzugeben, das er als unverwechselbare Persönlichkeit in sich trägt.

Dieses, allein mir zuordenbare Merkmal, konnte ich in meinem bisherigen Leben nur teilweise entfalten. Wurde es mir vorenthalten? War ich nicht fähig, es selbst zu entwickeln? Hat es mir jemand weggenommen? Fest steht: Ich bin erstmals dabei, mich selbst richtig zu erkennen. Diese Reise in mein wahres Inneres ist ein Pfad, gesäumt von Überraschungen und Abenteuern.

Schon die Familien, die kleinste Einheit der Gesellschaft, verwehren es dem Einzelwesen, möglicherweise schon sehr früh und äußerst schmerzhaft, den eigenen Weg zu beschreiten. Wer von uns sucht aber nicht, meist ganz unbewusst, die Fesseln eingefahrener und überkommener Vorstellungen abzustreifen und, wenn auch nur für Momente, sich geistig zu befreien? Dabei sind Gefühlsregungen häufig der Ansatz zu geistigen Auseinandersetzungen, in denen dem Einzelnen oft der Mut fehlt, so zu sein wie er gerne sein möchte.

In der Kindheit können erzieherische Vorgaben oder Zwänge Minderwertigkeitsgefühle und Unzufriedenheit, später nicht selten aber auch Hass oder gar Aggressionen auslösen.

Es kann bereits genügen, dem »falschen« Geschlecht anzugehören, einen nicht gewünschten Beruf ergreifen zu müssen oder seiner liebsten Freizeitbeschäftigung nur heimlich oder mit schlechtem Gewissen nachgehen zu können. Wer so ein Leben führt oder führen muss, ist, kurz gesagt, zumindest nicht glücklich.

Noch schwieriger wird es, wenn es um staatliche, rassische oder religiöse Interessen geht. Ergebnis: Gegen die Gesellschaft, nicht gegen einen Staat, gerichtete Protest- aber auch Terroraktionen aller Art gehören in unserer Zeit zum Alltag. Dieser Vorgang hat schon vor Generationen begonnen und setzt sich mit immer dramatischeren Auswirkungen fort.

Mit BeComE kann jeder, sofern er wirklich will, sein aus dem Ursprung seiner Persönlichkeit entspringendes Wesen und Wohlbefinden erfahren. Und dies ohne jeden Zwang und ohne irgendwelche Vorschriften oder einzuhaltende Regeln. Es geht einfach nur darum, sich selbst zu erkennen, seine Fähigkeiten zu leben und den auferlegten oder übernommenen geistigen Ballast aus freiem Willen los zu werden.

Das Ergebnis, das sich für alle an dieser Entwicklung mitwirkenden Menschen, ob in der Familie, im Beruf oder in der Freizeit schon bald niederschlägt, heißt: Freude und Wohlbefinden für den Einzelnen und sein ganzes Umfeld.

Daraus entstehen geistige und körperliche Kräfte, Lebensfreude für den Einzelnen und eine auf höchster geistiger Ebene und großer innerer Sicherheit sich entwickelnde Gruppe (z. B. eine Familie, ein Unternehmen, eine Sportmannschaft, ein Verein). Das Wichtigste für uns Menschen ist: Wir lernen auf der Grundlage des eigenen Könnens und Wollens Respekt voreinander zu haben und das geistige Früchte tragende wirkliche »Lieben«.

Wolfgang Prehal sen.
UEFA-B-Lizenz-Trainer
Radstadt, Österreich

Das Zieleverzeichnis

Kapitel 1
Die wesentlichen Grundlagen
Seite 19

Ziel des Kapitels ist es, die Bedeutung von BeComE sowie die angebotenen Leistungen aufzuzeigen. Der Begriff ist Synonym für »Werde oder sei was Du wirklich bist« und vermittelt,

• sittliches Wollen[1] und Handeln[2] als hilfreich für eine positive Lebensgestaltung zu verstehen,
• die aus dem Weltall stammenden (kosmischen) Gesetze als nutzbringende Kraft anzunehmen und
• den damit erzielbaren Wertegewinn als lebenswichtig und lohnend zu erkennen.

Kapitel 2
Der Wert des Menschen
Seite 29

Ziel des Kapitels ist es,

• die grundlegenden Eigenschaften des Menschen für die Selbstwertbestimmung aufzuzeigen,
• die Voraussetzungen für die Anwendung von BeComE zu verdeutlichen,
• den mit BeComE erzielbaren Wertegewinn zu veranschaulichen,
• die Wirkung des Selbstwertmanagements nach BeComE darzulegen,
• die für die Anwendung wesentlichen Elemente menschlichen Verhaltens aufzuzeigen,
• das Vorgehen nach BeComE zu erläutern sowie
• über die Problematik der Umsetzung von BeComE aufzuklären.

Kapitel 3
Der wissenschaftliche Hintergrund
Seite 35

Ziel dieses Kapitels ist es,

• die aus Astronomie, Psychologie, Philosophie und Transzendentalphilosophie gewonnenen Erkenntnisse als grundlegend für die Zusammenhänge zwischen Körper und Geist zu erkennen,

1 Vgl. Ulrich Kühne, Wir tun nicht, was wir wollen, sondern wir wollen was wir tun, Süddeutsche Zeitung vom 17.05.2004, Seite 12

2 Vgl. Ernst Pöppel, Zum freien Willen geboren, Süddeutsche Zeitung vom 22.05.2004, Seite 11

- den daraus abgeleiteten und mit BeComE realisierten Paradigmenwechsel zu begründen,
- als Folge davon die Notwendigkeit das »System Mensch« nicht mehr als den Mittelpunkt der Schöpfung, sondern als Teil davon zu betrachten, aufzuzeigen und
- die Funktionen und Möglichkeiten unseres Gehirns als die entscheidende Grundlage für die Entwicklung unserer Persönlichkeit zu verdeutlichen.

Kapitel 4
Der Bezug zum Menschen
Seite 49

Ziel des Kapitels ist es,
- die Bedeutung eines respektvollen Neben-, Für- und Miteinander klar zu machen,
- die Vorteile vernetzter geistiger Kraftfelder mit klaren organisatorischen Strukturen aufzuzeigen,
- Gott als die über alles menschliche Vermögen hinaus gehende schöpferische Kraft anzunehmen,
- nachzuweisen, dass der menschbezogene Paradigmenwechsel im Individuum realisiert ist,
- das Gesetz von Wahrheit und Liebe an einem praktischen Beispiel (Fußballsport) zu erläutern sowie
- darzustellen wie Wissen aufgebaut, die Intelligenz gesteigert, die Motivation geweckt und die Verantwortung angenommen werden kann.

Kapitel 5
Die Merkmale des Menschen
Seite 59

Ziel dieses Kapitels ist es,
- die das Menschenbild prägenden Grundstrukturen und Eigenschaften zu beschreiben,
- die von Geburt an bestimmenden Charakter- und Gefühlsmerkmale verstehbar zu machen,
- die Chancen für eine positive Gestaltung des eigenen Lebens darzustellen sowie
- die in menschlichen Beziehungen lauernden Gefahren aufzuzeigen.

Wichtigstes Ergebnis: Der Weg zum Erfolg wird jedem Menschen erleichtert, wenn er für Fehler nicht verurteilt und seine Stärken anerkannt werden. Aus der Verknüpfung persönlicher Fähigkeiten mit den naturgesetzlichen Voraussetzungen leitet BeComE die Ansätze für ein erfolgversprechendes Selbstwertmanagement ab.

Kapitel 6
Die Interessen des Menschen
Seite 68

Ziel des Kapitels ist es, die unterschiedlichen Interessen von Menschen zu verdeutlichen und die Notwendigkeit zu gegenseitigem Respekt als Grundlage für den Erfolg aufzuzeigen. Dazu werden folgende Sachverhalte vermittelt:
- Gründe für den ganzheitlichen Ansatz beim Vorgehen nach BeComE,
- Bedeutung des gemeinsamen Interesses von Menschen,
- BeComE als methodischer Weg zum zielgerichtet optimalen Handeln für den Erfolg,
- Gesetzmäßigkeiten der für dieses Verhalten zu erbringenden Gedächtnisleistungen,
- Notwendigkeit das menschliche Streben nach Verbesserung positiv umzusetzen,
- Nutzen aus dem sinnvollen (»artgerechten«) Einsatz des Produktionsmittels Mensch,
- Gesetzmäßigkeiten der Teamarbeit, die zur Steigerung der Motivation führen,
- Bedeutung von Fachwissen sowie der Verantwortung von Führung und Leitung,
- Bedeutung des Leistungspotentials von Menschen.

Kapitel 7
Die Rahmenbedingungen
Seite 84

Ziel des Kapitels ist es, die das Selbstwertmanagement nach BeComE bestimmenden ethischen oder moralischen Rahmenbedingungen aufzuzeigen. Folgende Forderungen knüpfen sich vor allem daran:
- Bewerte menschliche Fähigkeiten, wie z. B. die Verantwortung für eine übernommene Aufgabe zu tragen, höher als den Wert des verwendeten Werkzeugs (z. B. die moderne EDV-Technik) oder bewerte sie zumindest gleich.
- Handle nur nach solchen Lebensregeln, die Du selbst als allgemeines Gesetz anerkennen würdest.
- Widme Dein Wirken dem größtmöglichen Glück der größtmöglichen Zahl von Menschen.
- Schaffe Strukturen nach den Interessen möglichst vieler Menschen (z. B. den individuellen Mitarbeiter- und Kundenzielen).

Die Aussagen betreffen nur den grundlegenden Kern der für das Umsetzen von BeComE erforderlichen Verhaltensprinzipien.

Ergänzend dazu werden die Voraussetzungen und Möglichkeiten der Kommunikationstechnik, die damit erzielbaren Vorteile sowie der Aufbau und das Auftreten der Märkte und Unternehmen aufgezeigt. Ergänzend dazu wird der Nutzen durch BeComE erläutert.

Kapitel 8
Die Bedeutung zielorientierten Handelns
Seite 101

Ziel dieses Kapitels ist es, die Bedeutung zielorientierten Handelns zu vermitteln. Dazu werden

- der Sinn sich Ziele zu setzen verdeutlicht,
- die dem Menschen innewohnenden Kräfte aufgezeigt,
- der Vorgang und die Methodik Ziele zu formulieren vorgestellt,
- der Prozess der Zielbewertung erläutert und
- der Motivationsgewinn aus der Zielkontrolle nachgewiesen.

Die entscheidende Bedeutung dieses Vorgangs für den Erfolg wird durch praktische Beispiele belegt.

Kapitel 9
Die Kraft der geistigen Ordnung
Seite 130

Ziel des Kapitels ist es, die grundlegende Bedeutung einer optimalen Ordnung im einzelnen Mitarbeiter und im Unternehmen aufzuzeigen. Dazu werden folgende Themen behandelt:

- Bedeutung und Wert der öffentlichen und persönlichen Ordnung.
- Abhängigkeit persönlicher oder unternehmerischer Zielsetzungen vom wirkungsvollen Einsatz der verfügbaren Kräfte (Ressourcenallokation).
- Lebenslauf und Stellenbeschreibung als wesentliche Elemente zur Verbindung von Fähigkeiten, Wissen und Erfahrung mit Aufgaben im Unternehmen.
- Bedeutung der anfallenden Arbeitsmengen sowie den dafür erforderliche Zeitaufwand für die Mitarbeiter-, Aufgaben- und Stellenbewertung.
- Erkenntnisse aus der Mitarbeiter-, Aufgaben- und Stellenbewertung als Grundlage für die Struktur eines ersten Organigramms (»top down«) und dessen Optimierung (»bottom up«).
- Information als wesentlicher Motivationsfaktor für die Aufgabenträger beim Gestalten der Geschäftsprozesse.
- Abhängigkeit der unternehmenspolitischen Zielsetzungen und der dafür erforderlichen Arbeitsleistungen von den von den Kunden gestellten Anforderungen.

Die dafür wichtigen organisatorischen Methoden und Techniken werden vorgestellt und durch Beispiele aus der Praxis ergänzt.

Kapitel 10
Die Vernetzung der geistigen Kräfte
Seite 158

Ziel des Kapitels ist es, die Vorteile aus der Vernetzung geistiger Kräfte für den einzelnen Menschen sowie für Organisationen aufzuzeigen. Dazu werden folgende Themen behandelt:
- Der Mensch und sein Mitwirken zum erfolgreichen Führen von Organisationen.
- Möglichkeiten und Anwendungsbeispiele der modernen Kommunikationstechnik.
- Umwandlung von Information in Wissen im Zusammenwirken mit der modernen Kommunikationstechnik.
- Aufbau eines firmeninternen Wissenspools durch geistige und elektronische Vernetzung der Mitarbeiter von Organisationen untereinander.
- Praktische Anwendung am Beispiel eines Unternehmens der Versicherungswirtschaft.
- Chancen durch die von der Europäischen Union geförderten Gesellschaftsform einer EWIV (Europäische wirtschaftliche Interessenvereinigung) mit Beispielen aus den Bereichen Unternehmensberatung und Automobilindustrie.
- Erläuterung des Nutzens aus der Anwendung von BeComE.

Kapitel 11
Die Gestaltung der Geschäftsprozesse
Seite 175

Ziel des Kapitels ist es, den Zusammenhang von aufbauorganisatorischer Ordnung mit geistiger und technischer Vernetzung sowie den in Raum und Zeit ablaufenden Geschäftsprozessen aufzuzeigen. Dazu werden folgende Themen behandelt:

Die Grundlagen der Gestaltung von Geschäftsprozessen:
- Die funktionalen Elemente zur Optimierung der Geschäftsprozesse.
- Die Möglichkeiten zur Verbesserung von Geschäftsprozessen (Qualität, Zeitbedarf und Kosten).
- Die Schnittstellenprobleme und ihre Auswirkungen.
- Die Vorteile der Reduzierung von Schnittstellen.

Der Nutzen aus dem Vorgehen nach BeComE für
- das Organisationale Lernen,
- die interne Verständigung auf der Grundlage der Zentraldatei kundenbezogener Kerndaten,
- die Umwandlung von Wertschöpfungsketten in Wertschöpfungsnetzwerke,
- die Zufriedenheit der Kunden,
- die Motivation der Mitarbeiter,
- sittliches Wollen und Handeln,

- das Stärken der Unternehmen innewohnenden Kraft sowie
- die Verbesserung der Lebensqualität.

Kapitel 12
Die Kontrolle des Erfolgs
Seite 194

Ziel des Kapitels ist es,
- die den Erfolg bestimmenden Faktoren ins Gedächtnis zurückzurufen und
- am Beispiel einer Beratung die mit BeComE erzielbaren Ergebnisse zu erläutern.

Wichtigstes Ergebnis: BeComE baut auf die Fähigkeiten, das Wissen und die Erfahrung von Menschen. Diese drei Komponenten des Seins sind immer stärker als rein auf die Verwaltung von Geld oder die Erhaltung der Macht ausgerichtete Strategien. Wird der wahre Sachverhalt mit Hilfe der Methode »Gestaltung geistiger Kraftfelder« sowie der Technik »Zieldifferenzierung« mehreren Menschen gleichzeitig zugänglich gemacht, verstärkt sich der positive Effekt. Unter dieser Voraussetzung ist BeComE auf lange Sicht mit sittlich einwandfreiem Erfolg verbunden.

Kapitel 1
Die wesentlichen Grundlagen

Ziel des Kapitels ist es, die Bedeutung von BeComE sowie die angebotenen Leistungen aufzuzeigen. Der Begriff ist Synonym für »Werde oder sei was Du wirklich bist« und vermittelt,

- sittliches Wollen[3] und Handeln[4] als hilfreich für eine positive Lebensgestaltung zu verstehen,
- die aus dem Weltall stammenden (kosmischen) Gesetze als nutzbringende Kraft anzunehmen und
- den damit erzielbaren Wertegewinn als lebenswichtig und lohnend zu erkennen.

1. Wollen und Handeln

Will ein Mensch andere nach seinem Willen steuern oder lässt er sich fremdbestimmen kommt es früher oder später zu negativen Folgen. Kriege oder Terrorismus sind das abschreckendste Beispiel für ein derartiges Verhalten. Ist ein friedliches Mit-, Für- und Nebeneinander wirklich eine Utopie?

1.1 Tiere

Tiere kann man domestizieren (heimisch machen bzw. fremdbestimmen) indem man sie regelmäßig füttert. Die eigene, anstrengende, Suche nach Nahrung wird dadurch entbehrlich. Sie wird ersetzt durch den reich gefüllten Futtertrog. An die Stelle des Wollens bzw. der lebenserhaltenden Notwendigkeit Nahrung zu beschaffen tritt die Bequemlichkeit. Bei Nutzvieh hat sie z. B. die Schlachtbank zur Folge.

1.2 Menschen

Auch Menschen kann man domestizieren. Ein Beispiel hierfür ist ein fester Arbeitsplatz, der ein sicheres Einkommen garantiert. Aber es gibt auch Menschen, die das Recht auf Selbstbestimmung für sich in Anspruch nehmen. Für solche Menschen ist BeComE gedacht. Die eigenen Unternehmungen verantwortungsbewusst gegenüber seinen Mitmenschen zu planen und danach sittlich zu handeln ist nicht selbstverständlich. Aber mit großen Vorteilen verbunden. Dazu ist es jedoch erfor-

3 Vgl. Ulrich Kühne, Wir tun nicht, was wir wollen, sondern wir wollen was wir tun, Süddeutsche Zeitung vom 17.05.2004, Seite 12

4 Vgl. Ernst Pöppel, Zum freien Willen geboren, Süddeutsche Zeitung vom 22.05.2004, Seite 11

derlich, das kosmische Gesetz der *Bewegung von Materie in Zeit und Raum* in seiner Bedeutung zu erkennen und zu achten.

2. Die kosmischen Gesetze

2.1 Die Definition

Der Kosmos (Weltall) ist ein zu einer Einheit zusammengefasstes, geordnetes Ganzes[5]. Es ist in seiner Wirklichkeit vollkommen und unteilbar.

Die Bewegungen der kosmischen Einheiten (Materie) in Zeit und Raum sind vorbestimmt. Der Mensch bestimmt über seine Bewegungen selbst. Mit seiner Wissbegierde, dem Grundtrieb des Lernens, überwindet er die Abwehr alles Fremden[6]. Er bewegt sich zu auf einen ihm unbekannten Raum und eine ungewisse Zukunft (Zeit). Im Verlauf dieser Bewegung trifft er auf andere Menschen. Wählt er seinen Weg auf der Grundlage seiner Fähigkeiten und nach den eigenen Bedürfnissen wird er auf Gleichgesinnte treffen. Damit hat er die Voraussetzungen für ein harmonisches Umfeld geschaffen.

2.2 Die kosmischen Einheiten

Das Prinzip der Bewegung von Materie in Zeit und Raum gilt für alle kosmischen (aus dem Weltall stammenden[7]) Einheiten. Von der größten, dem Kosmos, bis zur kleinsten, dem Atom. Im Weltall bewegen sich die Himmelskörper in vorgegebenen Bahnen zueinander, im Atom umkreisen die Elektronen den Atomkern ebenfalls in einer vorgegebenen Ordnung.

2.3 Wahrheit und Liebe

Die Wahrheit dokumentiert sich im Vorhandensein von Himmelskörpern oder Atomen (Materie). Gottes Liebe ist in den harmonischen Bewegungen der Materie in Zeit und Raum erkennbar. Wahrheit und Liebe verbinden sich auf diese Weise zur vollkommenen Wirklichkeit. Im Kosmos (göttliches Prinzip) bewegen sich Wahrheit (männliches Prinzip[8]) und Liebe (weibliches Prinzip[9]) harmonisch zueinander. In dieser vorgegebenen Ordnung wirkt das kosmische Gesetz der Bewegung von Materie in Zeit und Raum in der Wirklichkeit wohltuend. Darin symbolisiert sich die Verbindung von Wahrheit und Liebe im »Sein«.

5 Vgl. Duden, Fremdwörterbuch, Ausgabe 1990

6 Vgl. Frederic Vester, Denken, Lernen, Vergessen, Ausgabe 2002, Seite 147 ff.

7 Vgl. Duden, Fremdwörterbuch, Ausgabe 1990

8 Vgl. J. C. Cooper, Illustriertes Lexikon der traditionellen Symbole, Ausgabe 1986, Seite 120

9 Vgl. J. C. Cooper, Illustriertes Lexikon der traditionellen Symbole, Ausgabe 1986, Seite 60, 61

3. Der Mensch

BeComE hat das Prinzip der Bewegung von Materie in Zeit und Raum auf den Menschen übertragen. Er ist ebenfalls ein zu einer Einheit zusammengefasstes Ganzes und unteilbar. Dies gilt in gleicher Weise für jede seiner Gehirnzellen. Sie speichern Wissen und Wahrnehmungen der Sinnesorgane (ebenfalls Einheiten) von der Außenwelt[10]. Menschen und ihre Informationen tragenden Gehirnströme bewegen sich also ebenfalls in Zeit und Raum und verursachen dadurch Wirkungen. Die genetisch vorhandene Leistungsfähigkeit des Menschen, also sein Talent, ist gleichbedeutend mit der Wahrheit. Die den eigenen Bedürfnissen gerecht werdende Bewegung in Zeit und Raum ist Sinnbild für die Liebe. Die mit dem Denkorgan erzielbaren Wirkungen erklären sich wie folgt:

3.1 Die Materie

Unter *Materie* sind die Impulse zu verstehen, die als Nervensignale die menschlichen Gehirnzellen miteinander verknüpfen. Damit nimmt das Gehirn Wahrnehmungen unserer Sinne (sehen, hören, riechen, schmecken, tasten) sowie neue Lerninhalte auf und speichert sie. Auf die gleiche Weise ruft das Gehirn bereits gespeicherte Sinneswahrnehmungen oder Lerninhalte für uns ab. Sinneswahrnehmungen und Lernvorgänge sind also ebenfalls Bewegungen in Zeit und Raum (des Gehirns).

3.2 Die Zeit

Sinneswahrnehmungen speichert das Gehirn sofort. Sie werden ohne Lernaufwand als immer wieder verfügbare Erinnerung im Gehirn abgespeichert. Neues Wissen muss durch Lernen erarbeitet werden. Der Begriff *Zeit* steht deshalb für den »Aufwand an Leben« zum Aufnehmen von Sinneswahrnehmungen und zum Speichern von Wissen sowie deren Weiterverwendung.

3.3 Der Raum

Die mit den Verbindungen zwischen den einzelnen Gehirnzellen ablaufenden Vorgänge werden über die Nervenbahnen an die Körperzellen weitergeleitet bzw. von dort an das Gehirn gesendet. Unser gesamter Körper ist also der *Raum* für den Austausch von Nervensignalen. Auch die zwischen den Gehirn- und Körperzellen ablaufenden Vorgänge sind Bewegungen in Zeit und Raum (des Körpers).

10 Vgl. Frederic Vester, Denken, Lernen, Vergessen, Ausgabe 2002, Seite 80

3.4 Die Bewegungen

Mit Signalen, die über Nervenbahnen unsere Gehirnzellen zu einem Netzwerk verknüpfen, erzielen wir Erkenntnisse. Diesen Vorgang bezeichnet man als Denken. Damit steuern wir die *Bewegung* unseres Körpers als Ganzes oder Teilen davon. Wir bestimmen dadurch unsere Bewegungen in Zeit und Raum und damit wiederum unser Umfeld.

Die wesentlichen Voraussetzungen unter denen sich ein Mensch am besten entfalten kann sind seine (angeborene) Wissbegierde sowie seine Lernfähigkeit (Talent) und seine Lernbereitschaft (Fleiß). Der Lernwille ist die entscheidende Grundlage für die Selbstbestimmung der eigenen Unternehmungen, also des ganz persönlichen Lebensweges. Daraus leitet sich die Erkenntnis ab: *Der Weg ist das Ziel.*

3.5 Das Handeln

Mit unserer *Lernfähigkeit* können wir bei entsprechender *Lernbereitschaft* großen Nutzen erzielen. Der *Lernwille* ist die treibende Kraft, auftauchende Probleme zu lösen, neues Wissen zu erarbeiten und über unsere Unternehmungen selbst zu bestimmen. Der Lernwille ist also die Kraft, den eigenen Weg als das wichtigste Ziel nicht aus den Augen zu verlieren. Beziehen wir diese Erkenntnis in unser *Handeln* ein, lernen wir auch Menschen mit gleichen Neigungen und Absichten kennen.

3.6 Die Leistungsfähigkeit

Durch Lernen verwandeln wir Information in Wissen und steigern dadurch unsere Leistungsfähigkeit. Information ist bereits als solche ein hochwertiges Wirtschaftsgut. Als Wissen wird es für lernende Menschen noch wertvoller. Die Entwicklung der Menschheit ist der nicht zu widerlegende Beweis dafür. Bisher hat sich noch keine Maschine selbst erfunden. Auch Intelligenz lässt sich nicht künstlich erzeugen. Urheber ist und bleibt immer der Mensch mit seiner geistigen *Leistungsfähigkeit* (Produktivität). Eine Binsenwahrheit, die selbst hochqualifizierte Wissenschaftler und viele Unternehmer, vor allem aber die Politiker, vollkommen verdrängen.

4. Die Schlussfolgerung

4.1 Die kosmischen Gesetze

Die oben geschilderten kosmischen Gesetze finden sich auch in den Kernaussagen der großen Religionen bzw. Geisteshaltungen: Die geistige Leistungsfähigkeit des Menschen kann durch sittliches Wollen und darauf ausgerichtetes Handeln gesteigert und dadurch Zufriedenheit und Glück erreicht werden. Jede unserer Taten wirkt in die Zukunft unseres eigenen Lebens und das unserer davon betroffenen Mitmenschen. Mit positiven Folgen bei sittlich einwandfreiem Wollen und Handeln. Die Einhaltung der kosmischen Gesetze kann also sowohl dem einzelnen Menschen als auch der Menschheit großen Nutzen bringen. BeComE ist auf das Wahrnehmen dieser Chance ausgerichtet.

4.2 Die Freiheit

Mit Hilfe des *Leistungswillens* planen wir unsere Handlungen. Wichtig dabei ist, zu unterscheiden zwischen den von uns ausgehenden Wirkungen auf andere und umgekehrt. Je nach dem wie wir uns verhalten, verbreiten wir Frieden und Freude oder Unbehaglichkeit, vielleicht sogar Streit. Wir können auf diese Weise selbst entscheiden, ob wir uns in einem friedlichen oder feindlich gesinnten Umfeld bewegen wollen. Dies hängt allein von uns selbst ab. Das Befinden des Einzelnen ist das Ergebnis seines Handelns. Menschen die sich von anderen bestimmen lassen, oder über andere bestimmen, können ihre Lernfähigkeit nicht leben. Sie sind deshalb geistig nicht frei, sondern eingeengt. Beispiele:

- Kinder, die den Beruf eines Elternteils ergreifen müssen, obwohl er ihnen nicht entspricht.
- Kinder denen verboten wird, ihre persönliche Lernfähigkeit zu entfalten (z. B. als Sportler).
- Mitarbeiter, die eine Aufgabe und damit eine Verantwortung übernehmen (müssen), die ihren Fähigkeiten nicht entspricht.
- Investoren oder Manager, die in ihrem Streben hauptsächlich auf die Steigerung der Rendite ausgerichtet sind.

4.3 Die Gerechtigkeit

Die Wirklichkeit ist das Ergebnis einer Kette zurückliegender Ereignisse. Sie bilden in ihrer Summe die gegenwärtige Wahrheit. Deshalb sind die einen zusammenhängenden Sachverhalt betreffenden Ereignisse nach dem Verursachungsprinzip zu untersuchen und zu bewerten. Aus der zeitlichen Reihenfolge des Eintritts entsteht die Beweiskette. Im Gesamtzusammenhang betrachtet gibt sie Aufschluss über die Bedeutung der einzelnen Ereignisse bezüglich Schuld oder Unschuld. Nach diesem Prinzip kann richtig entschieden und damit auch gerecht geurteilt werden.

Aus diesem Grund zielt BeComE zunächst darauf ab, aus der Vergangenheit nachwirkende, störende Ereignisse zu ergründen und damit verbundene Probleme zu lösen. Gleichzeitig beginnen jedoch bereits auch die Planungen für die Gestaltung einer positiven Zukunft. Die störenden Erinnerungen werden »hinausgewohnt« und das Wollen und Handeln auf die persönlichen Fähigkeiten, Bedürfnisse und

Absichten ausgerichtet. Dabei stützt sich BeComE auf Normen und Grundsätze der Lebensführung, die sich aus der Verantwortung gegenüber anderen herleiten. Menschen oder Organisationen, die so handeln bringen Ordnung und Klarheit in ihr Leben und Zusammenleben. Zusätzlich schaffen sie sich eine sehr positive Aussicht für die eigene oder gemeinsame Zukunft. Darüber hinaus wird ein Zustand bleibender Gerechtigkeit erzielt.

4.4 Die Persönlichkeit

Jeder Mensch sucht nach einem vernünftigen Grund für sein Dasein bzw. den Sinn seiner Existenz. Diese Suche ist nur mit Hilfe des Verstandes möglich; denn unser Gehirn, das ist wissenschaftlich erwiesen, ist der Sitz unserer Persönlichkeit. Wie kann nun der einzelne Mensch ganz für sich allein zu zufriedenstellenden Ergebnissen kommen? Wichtig dafür ist ein harmonisches Umfeld, in dem sich sein Geist frei entfalten kann. Dazu muss er bereit sein, das Unbekannte in sich und seiner Umwelt kennen zu lernen. BeComE gibt Hilfen bei der Suche des Weges zu den ganz persönlichen Zielen und damit zu einer ausgeglichenen Persönlichkeit, die ihr Leben in Frieden verbringen kann.

5. Die Probleme

5.1 Technisierung und Spezialistentum

Der Zeitaufwand zum Abarbeiten von Arbeitsmengen wurde in den letzten Jahrzehnten durch die fortschreitende Technisierung und Industrialisierung immer geringer. Viele Wirtschaftsgüter konnten dadurch immer schneller, kostengünstiger und in immer größerer Anzahl hergestellt werden. Das Konsumdenken war geboren.

Die Wirtschaft und die Behörden haben zusätzlich ihre Organisationen arbeitsteilig aufgebaut und die Arbeitskräfte sowohl in der Produktion als auch in der Verwaltung spezialisiert. Damit konnten weitere Zeiteinsparungen beim Abarbeiten der Arbeitsmengen erzielt werden. Die Vorteile der Technik werden dadurch sehr gut, die Leistungsfähigkeit der Menschen nur teilweise genutzt. Die Beschäftigten arbeiten für das Ziel des Unternehmers, wiederkehrende Tätigkeiten möglichst schnell zu erledigen. Damit können die Arbeitskräfte nur Bruchteile ihrer Fähigkeiten, ihres Wissens und ihrer Erfahrung einsetzen. Diese Einstellung herrscht immer noch bei vielen Führungsverantwortlichen vor. Dadurch fehlt den betroffenen Mitarbeitern das Verständnis des Gesamtzusammenhangs und damit ein wichtiger Motivationsfaktor. Diese Entwicklung wirkt sich negativ auf den Leistungswillen aus. Sie ist auch gefährlich, da sie darüber hinaus gegensätzlich (kontraproduktiv) zur Vermehrung des Wissens und der immer anspruchsvoller werdenden beruflichen Anforderungen verläuft.

5.2 Die Rendite

Die eingesparte Zeit wird in der Hauptsache dafür verwendet, immer noch billiger herzustellen bzw. steigende Renditen zu erwirtschaften. Die Folge waren stetiges Wirtschaftswachstum aber auch immer geringer werdender Bedarf an menschlicher Arbeitskraft. Oder: Immer weniger Menschen sind für die Bewältigung der verbliebenen Arbeit erforderlich. Die Segnungen der Technik werden zum Fluch. Viele Menschen haben kein Geld mehr für den Konsum. Die arbeitende Bevölkerung und damit die Träger der Leistungen für Arbeitslosigkeit, Krankheit, Altersversorgung sowie sozial Schwache werden zunehmend weniger. Andererseits haben steigende Löhne und Gehälter (Rendite des »kleinen Mannes«) das Anspruchsdenken in den Vordergrund gerückt. Dies äußert sich in regelmäßig wiederkehrenden Forderungen nach weiterhin mehr Lohn oder Gehalt.

6. Die Folgen

Die Gesellschaft bzw. der Staat sind jetzt an die Grenzen der Wachstumsmöglichkeiten gestoßen. Eine Steigerung der Renditen kann deshalb nur zu Lasten der weniger oder gering verdienenden Bürger bzw. der Empfänger sozialer Leistungen gehen. Auch die aktuellen Reformpläne und Sparmodelle der Politik bewirken nichts anderes.

Eine weit größere Gefahr sind jedoch Organisationsstrukturen, die rein auf interne Bedürfnisse abgestellt sind und dabei auch noch miteinander konkurrieren. Ein Beispiel aus der Wirtschaft sind Anbieter von Produkten oder Dienstleistungen der Kommunikationstechnik. Auf diesem Gebiet wäre eine Beratung, Versorgung und Betreuung des Kunden im Hinblick auf Hard- und Software nach seinen besonderen Bedürfnissen »aus einer Hand« sehr sinnvoll.

Ein wesentlich gravierenderes Beispiel liefern die Behörden. Die zur Lösung ihrer Probleme von den Bürgern benötigten Beratungen, Informationen oder Dienstleistungen müssen sie sich oft bei mehreren Stellen zusammenholen. Dazu sind vielfach mehrere Telefonate erforderlich und auch noch weite Wege in Kauf zu nehmen. Der »Buchbinder-Wanninger-Effekt« arbeitsteiliger Organisationsstrukturen wird hier besonders deutlich.

Diese Form der Informationsversorgung erfordert einen hohen und unproduktiven Arbeitsaufwand. Zudem sind bei verteilten Zuständigkeiten, die tatsächlichen (wahren) Bedürfnisse oder Absichten eines Kunden oder Bürgers nur schwer zu erkennen. Zu leiden haben darunter in erster Linie die Ehrlichen und Zuverlässigen.

Sie stehen nicht selten lustlos wirkenden Gesprächspartnern gegenüber oder müssen sich mit unwissenden oder desinformierten Mitarbeitern (Beamten) auseinandersetzen.

Dem würden vernetzte Informationssysteme mit klarer Regelung der dafür zu tragenden Verantwortung entgegenwirken. Auf diese Weise könnten Straftaten bis hin zum Terrorismus verhindert oder aufgeklärt werden. Insbesondere die weit überwiegende Zahl unbescholtener Bürger würde dadurch beschützt und Ausgaben für die Folgen von Straftaten reduziert oder sogar verhindert (Beispiele: Zerstörung öffentlicher oder privater Einrichtungen, terroristische Anschläge). Voraussetzung hierfür ist jedoch die Bereitschaft der politischen Kräfte zur Zusammenarbeit. Dazu ist aber ein Umdenken bei den Politikern unerlässlich.

7. Der Nutzen durch BeComE

7.1 Für den Menschen

BeComE ordnet und vernetzt geistige Strukturen und wendet dafür Methoden und Techniken der modernen Organisationslehre an. Dabei werden die besonderen Fähigkeiten des Einzelnen sowie dessen Umfeld (beteiligte oder betroffene Menschen) berücksichtigt. Daraus erklärt sich auch das ganzheitlich wirkende Prinzip von BeComE. Die Methode »Gestaltung der geistigen Kraftfelder« sowie die dazugehörige Technik »Zieldifferenzierung« sind auf das Vorgehen nach BeComE abgestellt. Die Erkenntnisse der modernen Gehirnforschung waren dabei als Grundlage unverzichtbar[11]. Mit diesem Vorgehen fördert oder fordert BeComE Menschen in der Entwicklung ihrer Persönlichkeit und wirkt dadurch befreiend.

7.2 Für die Gesellschaft

Neue Chancen bietet jetzt das Informationszeitalter. Mit Hilfe der modernen Kommunikationstechnik sind problemlos effiziente kunden- bzw. bürgerorientierte Netzwerke realisierbar. Gleichzeitig wird wirksam und gezielt Information in Wissen umgesetzt und die Leistungsfähigkeit von Menschen direkt »on the job« gesteigert. Dies ist sowohl in der Wirtschaft als auch bei den staatlichen Behörden möglich. Allerdings werden dann noch weniger Arbeitskräfte gebraucht. Die verbliebene Arbeit ist deshalb gerecht zu verteilen (z. B. mit Hilfe von Teilzeitmodellen) und die noch freiwerdenden Kapazitäten als Freizeit zu vergüten. Damit ließen sich neue Arbeitsplätze in der Freizeitindustrie schaffen. Gleichzeitig könnten die verantwortungsbewussten und arbeitswilligen Bürger daraus neue Motivation schöpfen.

11 Vgl. Frederic Vester, Denken, Lernen, Vergessen, Ausgabe 2002

An den erzielten Gewinnen der Wirtschaft sind die Werktätigen zu beteiligen. Der Arbeitslohn ist dann eine Mischung aus Festvergütung und erfolgsorientierter Gewinnbeteiligung. Damit wäre, abgestellt auf die Verantwortung, eine gerechte Verteilung des Ertrags auf Arbeit und Kapital gewährleistet. BeComE zielt darauf ab und will damit vor allem dem Schutz der ehrlichen und zuverlässigen Bürger dienen.

8. Leistungen von BeComE

Ziel von BeComE ist es, die schöpferische Kraft (Kreativität) und die besonderen Fähigkeiten (Intelligenz) von Menschen zu steigern und damit ihre Leistungsfähigkeit (Produktivität) zu erhöhen. Dadurch können sich sowohl der Einzelne als auch Organisationen aus eigenem Antrieb geistig fortentwickeln und ihre finanzielle Situation dauerhaft festigen (stabilisieren) oder verbessern. Dazu biete ich folgende Leistungen an:

8.1 Einzelpersonen

Einzelpersonen werden gefordert oder gefördert, unabhängig und eigenverantwortlich ihr Leben zu planen und zu gestalten. Dazu werden
- der Ist-Zustand erhoben (gegenwärtige Wirklichkeit),
- die persönlichen Fähigkeiten festgestellt (z. B. Lebenslauf),
- das persönliche Umfeld respektiert (z. B. Familie),
- aus der Vergangenheit nachwirkende Probleme gelöst,
- sich bietende Chancen wahr- bzw. Herausforderungen angenommen,
- die Zukunft nach den persönlichen Bedürfnissen geplant und
- die gesteckten Ziele wirklichkeitsnah (realistisch) angestrebt und kontrolliert.

8.2 Organisationen

Leiter von Unternehmen, Behörden, Vereinen, Verbänden, etc. werden gefordert oder gefördert ihre Organisation bestmöglich (optimal) zu gestalten. Dazu werden
- der Ist-Zustand erhoben (gegenwärtige Wirklichkeit),
- das Umfeld der Organisation respektiert (z. B. Kunden, Lieferanten, Bürger),
- Probleme des Geschäftsbetriebs, falls vorhanden, gelöst,
- die verfügbaren menschlichen Kräfte (Ressourcen) bestmöglich genutzt,
- sich bietende Chancen wahr- bzw. Herausforderungen angenommen,
- organisationsbezogenes neues Wissen "on the job" aufgebaut,
- die Zukunft nach den besonderen Bedürfnissen der Organisation geplant,
- die gesteckten Ziele wirklichkeitsnah (realistisch) angestrebt und kontrolliert,

- die aufbau- und ablauforganisatorischen Strukturen bestmöglich geordnet (reorganisiert) und
- die neue organisatorische Struktur leicht verständlich dargestellt.

Persönliche Lernfragen

- Nennen Sie die wichtigsten Probleme, die Sie derzeit lösen wollen.
- Welche positiven Wirkungen möchten Sie mit Ihren geistigen Fähigkeiten erzielen?
- Auf welchen Wissensgebieten würden Sie sich gerne ausbilden lassen?
- In welchen Fragen Ihres Lebens entscheiden Sie über Ihr persönliches Schicksal allein?
- Welche Ereignisse in Ihrer Vergangenheit empfinden Sie heute noch als belastend?

Kapitel 2
Der Wert des Menschen

Ziel des Kapitels ist es,
- die grundlegenden Eigenschaften des Menschen für die Selbstwertbestimmung aufzuzeigen,
- die Voraussetzungen für die Anwendung von BeComE zu verdeutlichen,
- den mit BeComE erzielbaren Wertegewinn zu veranschaulichen,
- die Wirkung des Selbstwertmanagements nach BeComE darzulegen,
- die für die Anwendung wesentlichen Elemente menschlichen Verhaltens aufzuzeigen,
- das Vorgehen nach BeComE zu erläutern sowie
- über die Problematik der Umsetzung von BeComE aufzuklären.

1. Die Grundlagen

1.1 Die Kreativität

Lernfähigkeit, Lernbereitschaft und ein ausgeprägter Lernwille sind wesentliche Voraussetzungen für eine positive Lebensgestaltung. Mit Hilfe der kosmischen Gesetze der Bewegung von Materie in Zeit und Raum schafft BeComE den erforderlichen geistigen Freiraum. Auf dieser Grundlage können Menschen ihre ganze schöpferische Kraft (Kreativität) entfalten. Damit ist auch die Voraussetzung geschaffen, bestehende Probleme schnell zu lösen, Herausforderungen ohne zögern anzunehmen oder für den Geschäftserfolg neue (auch ungewöhnliche) Wege zu beschreiten.

1.2 Die Intelligenz

Intelligenz ist die Fähigkeit Zusammenhänge zu erkennen, daraus Schlussfolgerungen abzuleiten und das eigene Wollen in sinnvolles Handeln umzusetzen. BeComE dient ausschließlich dem sittlichen Wollen und dem danach ausgerichteten Handeln. Auf dieser Grundlage können die beteiligten Menschen ihre Intelligenz sowie ihre Lebensqualität steigern sowie persönliche Zufriedenheit und Glück erreichen. Bei Erwachsenen verblassen negative Erinnerungen im Laufe der Zeit, bei Kindern kann man deren Entstehung weitgehend verhindern. Aus diesem Grund kann BeComE bereits bei Kleinkindern angewendet werden.

1.3 Die Produktivität

Die erforderlichen Kenntnisse werden als praxisbezogene Inhalte vermittelt und durch Lernen »on the job« zu neuem Wissen verarbeitet. Dadurch entsteht bei allen beteiligten Menschen eine neue und leistungsfähigere Wissenskultur. Auf diese Weise wird sowohl jedem Einzelnen als auch einer Gruppe ihre erstaunlich hohe Schaffenskraft (Produktivität) bewusst. Der Einzelne »verinnerlicht« den unverwechselbaren Wert seiner Persönlichkeit, die Gruppe den besonderen Wert ihrer gemeinsam erbrachten Leistung. Die Grundlagen für geistiges Wachstum und materiellen Wohlstand sind geschaffen.

2. Das Ergebnis

Das Erkennen des eigenen Wertes bezieht seine Kraft aus dem Bewusstsein. Eigenes Verhalten und Auftreten festigen sich und werden immer sicherer. Das Ergebnis der Anwendung von BeComE ist ein auf einem starken geistigen Fundament ruhendes *Selbstwertbewusstsein.*

2.1 Die Voraussetzungen

2.1.1 Der Paradigmenwechsel

Wie kann ein Mensch die Summe seiner Erkenntnisse in brauchbare Lösungen für seine persönliche Entwicklung nutzen? BeComE verknüpft zu diesem Zweck die kosmischen Gesetze der *Bewegung von Materie in Zeit und Raum sowie von Ursache und Wirkung* und überträgt sie auf den Menschen. Diese Betrachtungsweise erfordert einen Paradigmenwechsel. Das »System Mensch« wird nicht mehr als Mittelpunkt der Schöpfung, sondern als ein Teil davon behandelt. Der Schutz Gottes drückt sich im Befolgen seiner kosmischen Gesetze aus. Menschen sind nicht in der Lage alles richtig oder alles falsch zu machen. Aus diesem Grund sind ihre Handlungen zu untersuchen und zu bewerten.

Sie erinnern sich: Die Wirklichkeit ist das Ergebnis einer Kette von zurückliegenden Ereignissen und bildet in ihrer Summe die Wahrheit. Deshalb sind die einen zusammenhängenden Sachverhalt betreffenden Ereignisse nach dem Verursachungsprinzip zu untersuchen und zu bewerten. Aus der zeitlichen Reihenfolge des Eintritts entsteht die Beweiskette. Im Gesamtzusammenhang betrachtet gibt sie Aufschluss über die Bedeutung der einzelnen Ereignisse bezüglich Schuld oder Unschuld. Nach diesem Prinzip kann richtig entschieden und damit auch gerecht geurteilt werden.

Und: BeComE vermittelt, sittliches Wollen und Handeln als hilfreich für eine positive Lebensgestaltung zu verstehen.

2.1.2 Der Sinn der Existenz

Um den wirklichen Sinn seiner Existenz zu erfahren, muss das »System Mensch« deshalb bereit sein,

- ein Umfeld anzustreben, in dem sich sein Geist frei entfalten kann,
- sich die eigenen Grenzen selbst zu wählen und sich darin frei zu bewegen,
- das Unbekannte in sich und seiner Umwelt kennen zu lernen,
- sein Wissen zu vermehren,
- das Ergebnis des von ihm in Taten umgesetzten Wollens zu verantworten sowie
- sich daran messen zu lassen.

2.1.3 Die Naturgesetze

Wie wirkt dieses Prinzip aus dem Verständnis der Naturgesetze? Die Wahrnehmungen des Gehirns (Gehirnströme) entsprechen der Materie. Das Gehirn ist der Raum, in dem sie sich bewegt. Die Wissbegierde[12] ist für das »System Mensch« das Maß für die Zeit, sich Wissen und Erfahrung anzueignen. Wie ist dies ohne jeglichen Zwist zwischen Menschen möglich? Wenn sie – ähnlich wie Himmelskörper, Elektronen oder ihre Gehirnzellen – in respektvollem Abstand zueinander ihre Aufgabe erfüllen. Dazu muss jeder Mensch seine geistigen Fähigkeiten frei entfalten können, seinen Standort selbst frei bestimmen können und von seinen Mitmenschen anerkannt werden.

2.1.4 Der optimale Ablauf

Als Grundlage für ein erfülltes Leben hat BeComE daraus folgenden optimalen Ablauf abgeleitet:

- als Mensch geboren werden,
- persönliches Wissen erlernen und erfahren,
- damit und mit der persönlichen Begabung für sich selbst Freude erleben,
- diese Freude in Freizeit (z. B. Sport), Ausbildung und Beruf umsetzen,
- im Beruf seinen Lebensunterhalt (Geld) verdienen,
- daraus Rücklagen (Kapital) für schlechte Zeiten bilden,
- die eigene Bestimmung mit dem oder den »richtigen« Menschen teilen.

Menschen, die auf dieser Grundlage zusammenleben, können sich gegenseitig Freude und Glück schenken. Aus der Vergangenheit nachwirkende negative Handlungen kann jeder Einzelne – aus eigener Kraft – aus seinem Inneren »hinauswohnen«.

12 Vgl. Frederic Vester, Denken, Lernen, Vergessen, Ausgabe 2002, Seite 250

2.2 Das Selbstwertbewusstsein

BeComE dient dem Ziel, Menschen die positiven Aspekte des persönlichen Wertes im Bewusstsein zu verankern. Aus diesem Grund hat BeComE den Begriff Selbstbewusstsein durch *Selbst*wert*bewusstsein* ersetzt. Auf dieser Ebene können Menschen sich motivieren,

- ihre Lebensqualität zu verbessern,
- den Dialog mit Menschen anderer Nationen, Kulturen, Ethnien und Religionen zu suchen und
- sich gegenseitig den Sinn des Daseins positiv begreifbar zu machen.

Tragende Kraft zum Erreichen dieses Ziels ist die individuelle menschliche Begabung (Talent), die Leistungsbereitschaft (Fleiß) sowie der Wille bzw. die Möglichkeit sie einzusetzen. Ergebnis ist dann ein vom menschlichen Geist getragenes »total quality management«, das von dem oder den betroffenen Menschen verantwortet wird.

2.3 Das Selbstwertmanagement

Das Selbstwertmanagement nach BeComE setzt die Lernfähigkeit sowie die schöpferische Kraft des menschlichen Geistes unmittelbar in praxisbezogene Fortschritte um. BeComE nutzt dazu die Lernwilligkeit des Menschen zur Lösung aktueller Probleme. Zwischen den betroffenen Personen oder Gruppen (z. B. Familien, Unternehmen) wird für ihr Zusammenwirken ein geistiges Kraftfeld aufgebaut. Mit Hilfe der Technik der Zieldifferenzierung werden die unterschiedlichen Zielsetzungen der Beteiligten bzw. Betroffenen voneinander abgegrenzt.

BeComE schafft auf diese Weise eine Kultur nachvollziehbaren Verhaltens (*Be*haviour) und zielorientierter Kommunikation (*Com*munication). Ziel ist eine von allen Beteiligten und Betroffenen getragene Zusammenarbeit auf einem hohen Niveau von Wissen sowie sittlichem Wollen und Handeln. Die einzelne Person oder die Gruppe können sich dabei ihren Fähigkeiten entsprechend entwickeln (*E*xtension). BeComE schafft so die Voraussetzungen für eine von der schöpferischen Kraft des menschlichen Geistes getragene Weiterentwicklung einzelner Personen oder Gruppen (z. B. Familien, Unternehmen).

2.4 Die wesentlichen Elemente

BeComE orientiert sich an den Ergebnissen der modernen Gehirnforschung und ist in allen Bereichen des (Zusammen-)Lebens von Menschen anwendbar. Seine wesentlichen Elemente sind:

2.4.1 Die Verantwortung

Alle Menschen tragen für sich oder in einer Gruppe (z. B. Familie, Unternehmen) Verantwortung. Die Reihenfolge des Handelns richtet sich nach der erzielbaren positiven Wirkung. Der Einzelne orientiert sich dabei an dem für sich selbst angestrebten Erfolg. Der Gesamtverantwortliche einer Gruppe hat zusätzlich das Wohl aller Betroffenen zu berücksichtigen (Beispiel: in einem Unternehmen sind dies der Unternehmer selbst sowie alle Mitarbeiter, Lieferanten und Kunden).

BeComE bezieht die dafür maßgebenden Voraussetzungen in die Überlegungen zur Lösung von Problemen ein. Jede betroffene Person wird auf diese Weise als Leistungspotential erkennbar (Beispiel: in einem Unternehmen sind dies der Unternehmer sowie die Mitarbeiter und Lieferanten mit ihrer Leistungsfähigkeit, die Kunden mit ihrer Leistungs- bzw. Kaufbereitschaft für ein Produkt oder eine Dienstleistung). Außerdem wird dadurch das Maß für den Ausgleich von Geben und Nehmen deutlich. Je ausgeglichener dieses Verhältnis ist, desto größer ist die Qualität des gegenseitigen Vertrauens. Wer nur die Steigerung des Ertrags (Rendite) anstrebt will mehr nehmen als er gibt.

2.4.2 Die Motivation

Diesem Zweck dient die Technik der Zieldifferenzierung. Mit ihrer Hilfe werden
- die Merkmale persönlicher oder gemeinsamer Ziele verdeutlicht,
- die unterschiedlichen Wirkungen von Problemen auf die persönlichen Umfelder klargestellt und
- alle Probleme – auch die sachlichen – voneinander getrennt untersucht und gelöst.

Auf dieser Grundlage können Entscheidungen aus Einsicht bzw. Übereinstimmung herbeigeführt werden. Das Ausüben von Druck (Macht) zum Erreichen von Zielen wird entbehrlich.

Die besonderen Fähigkeiten und Kenntnisse der beteiligten bzw. betroffenen Menschen werden bei den von ihnen zu erfüllenden Aufgaben anerkennend hervorgehoben. Dies geschieht sowohl in Einzelgesprächen als auch in Gegenwart der Gruppe. Die menschlichen Werte werden dadurch gegenseitig bekannt und geschätzt. Das persönliche Qualitätsbewusstsein (Selbstwert oder Selbstachtung) und der zwischenmenschliche Respekt werden gestärkt. In dieser Atmosphäre entwickelt sich der Teamgeist leistungsfördernd. Alle Betroffenen sind motiviert.

2.4.3 Organisationales Lernen

Im Zusammenwirken von Aufgabe, Verantwortung, zielorientierter Kommunikation und Vertrauen entsteht eine teamorientierte Gruppenkultur. Damit können Menschen

- ihre geistige Flexibilität ohne wirtschaftlichen Stabilitätsverlust einsetzen und entwickeln sowie
- einen Beitrag zum dynamischen Prozess des menschlichen Fortschritts leisten.

Die einzelne Person und die Gruppe handeln auf der Basis von BeComE selbständig und können sich dadurch fortwährend geänderten Bedingungen anpassen. Darüber hinaus kann jeder Mensch seine Entwicklung nach eigener Entscheidung steuern. Dieses BeComE zu Grunde liegende Prinzip ist »Organisationales Lernen«. Ein hohes Niveau an Wissen, Erfahrung und Ethik ist dadurch kein Luxus mehr, sondern Realität. Der damit verbundene mental getragene Prozess garantiert den Erfolg, motiviert und wird zum bleibenden Wettbewerbsvorteil. Gleichzeitig wirkt dieses Verhalten dem Verfall moralischer Werte (Korruption) entgegen.

3. Der Nutzen durch BeComE

BeComE schafft zunächst einen geistigen Freiraum, in dem sich die schöpferischen Kräfte von Menschen entfalten können. Dann werden Lernprozesse angestoßen, mit denen individuelle Fähigkeiten in dauerhaftes Wissen und Erfahrung umgesetzt werden. Daraus entsteht ein Kraftfeld geistiger Stärke mit erheblich gesteigertem Selbstwertbewusstsein für den Einzelnen oder eine Gruppe. Die an diesem Prozess beteiligten oder davon betroffenen Menschen beginnen stark motiviert ihre eigene bzw. gemeinsame Zukunft positiv zu gestalten. Dieser Vorgang läuft auf hohem geistigen und ethischen Niveau ab.

Um BeComE umsetzen zu können, bedarf es allerdings der Einsicht[13]. Diese Einsicht ist derzeit weder bei Unternehmern noch bei Politikern oder der Rechtsprechung vorzufinden. Der dramatische Verlauf einiger auf BeComE beruhenden Fallbeispiele beweist dies deutlich.

Persönliche Lernfragen

- Woran messen Sie den Wert Ihrer Persönlichkeit?
- Wie bewerten Sie Ihr persönliches Wollen und Handeln?
- Auf welchen Gebieten können Sie Ihre Fähigkeiten voll entfalten?
- Bei welchen von Ihnen zu erfüllenden Aufgaben empfinden Sie Ihre Verantwortung als besonders groß?

13 Vgl. Karl Homann, Wettbewerb ist solidarischer als Teilen, Süddeutsche Zeitung vom 09.06.2004, Seite 26

Kapitel 3
Der wissenschaftliche Hintergrund

Ziel dieses Kapitels ist es,
- die aus Astronomie, Psychologie, Philosophie und Transzendentalphilosophie gewonnenen Erkenntnisse als grundlegend für die Zusammenhänge zwischen Körper und Geist[14] zu erkennen,
- den daraus abgeleiteten und mit BeComE realisierten Paradigmenwechsel zu begründen,
- als Folge davon die Notwendigkeit das »System Mensch« nicht mehr als den Mittelpunkt der Schöpfung, sondern als Teil davon zu betrachten, aufzuzeigen und
- die Funktionen und Möglichkeiten unseres Gehirns als die entscheidende Grundlage für die Entwicklung unserer Persönlichkeit zu verdeutlichen.

1. Astronomie

1.1 Definition

Die Astronomie untersucht die Bewegungen und räumlichen Entfernungen sowie den physikalischen Zustand der Himmelskörper.[15]

1.2 Die Bewegung in Zeit und Raum

Nikolaus Kopernikus (1473–1543), deutscher Astronom, begründete die Lehre des heliozentrischen (kopernikanischen) Weltsystems. Man nahm damals an, dass die Erde der unbewegte Mittelpunkt des Kosmos sei, um den die Himmelskörper kreisen. Kopernikus ging von der damals revolutionären Annahme aus, dass die Sonne und nicht die Erde den Mittelpunkt der kreisförmigen Planetenbahnen bildet und die Erde selbst ein in Bewegung befindlicher Planet ist, der sich sowohl um die eigene Achse als auch um die Sonne dreht. Dieser »Paradigmenwechsel« (die von einer Anschauung geprägte durch eine ganzheitliche Weltsicht ersetzen) trug dazu bei, das geschlossene, von den Autoritäten der Religion gestützte und verteidigte homozentrische (von einem Punkt ausgehend oder in einem Punkt zusammenlaufende[16]) Weltbild des Mittelalters zu überwinden.[17]

14 Vgl. Frederic Vester, Denken, Lernen, Vergessen, Ausgabe 2002
15 Vgl. Der Brockhaus, in einem Band, Ausgabe 1994
16 Vgl. Duden, Fremdwörterbuch, Ausgabe 1990
17 Vgl. Brockhaus. Die Bibliothek, Band 5. Von der Aufklärung zur Moderne, Ausgabe 1999, Seite 92 ff.

2. Physik

2.1 Definition

Die Physik ist eine der Mathematik und Chemie nahestehende Naturwissenschaft, die vor allem durch experimentelle Erforschung und messende Erfassung die Grundgesetze der Natur, besonders Bewegung und Aufbau der unbelebten Materie sowie die Eigenschaften der Strahlung und der Kraftfelder untersucht.[18]

2.2 Das Kraftfeld der Energie

Einen Paradigmenwechsel leitete auch Albert Einstein (1879–1955), deutscher Physiker, mit seiner Allgemeinen Relativitätstheorie ein. Danach bildet die Raum-Zeit-Struktur im Zusammenwirken mit der Gravitation (Massenanziehung) die Ursache für den inneren Zusammenhalt der Sterne und der Sternsysteme sowie der Sternbewegungen. In seinem mit dem polnischen Physiker Leopold Infeld verfassten Werk »Die Evolution der Physik« (1938) plädieren beide für die Ablösung des Materiebegriffs durch den *Begriff des Feldes:*

»Können wir den Materiebegriff nicht einfach fallen lassen und eine reine Feldphysik entwickeln? Was unseren Sinnen als Materie erscheint, ist in Wirklichkeit nur eine Zusammenballung von Energie auf verhältnismäßig engem Raum. Wir könnten die Materiekörper auch als Regionen im Raum betrachten, in denen das Feld außerordentlich stark ist. Daraus ließe sich ein gänzlich neues philosophisches Weltbild entwickeln, das letztlich zu einer Deutung aller Naturvorgänge mittels struktureller Gesetze führen müsste, die immer und überall gelten.«[19]

Auch diesen Überlegungen liegt ein Paradigmenwechsel zugrunde.

2.3 Geregelte Strukturen aus dem Chaos

In den Sechzigerjahren des 20. Jahrhunderts bekamen in der Physik die Begriffe *Selbstorganisations- und Chaostheorie* Bedeutung. Neben der Frage, wie sich durch Selbstorganisation aus einem anfänglich chaotischen Zustand geregelte Strukturen ergeben, untersucht die Chaosforschung auch den umgekehrten Fall, wie kleinste Ausgangsbedingungen gravierende Konsequenzen im Großen nach sich ziehen können. Der amerikanische Mathematiker Benoit Mandelbrot zählt mit seiner Geometrie der Fraktale (hilft komplexe Naturerscheinungen mathematisch zu erfassen und am Computer darzustellen[20]) zu den Wegbereitern der Chaostheorie.[21]

18 Vgl. Duden, Fremdwörterbuch, Ausgabe 1990
19 Vgl. Brockhaus. Die Bibliothek, Band 6, Kunst und Kultur, Ausgabe 1999, Seiten 495, 496
20 Vgl. Der Brockhaus, in einem Band, Ausgabe 1994
21 Vgl. Brockhaus. Die Bibliothek, Band 6, Kunst und Kultur, Ausgabe 1999, Seite 497

Diese wissenschaftlichen Untersuchen beinhalten den Paradigmenwechsel in zweifacher Hinsicht. Zum einen durch die ganzheitliche Betrachtung des Chaos (unentdeckte Ordnung) zum anderen durch die in einer Einheit (z. B. in einem Menschen oder einem Unternehmen) selbst gestaltete Ordnung.

Von entscheidender Bedeutung sind die von Benoit Mandelbrot mit seiner Geometrie der Fraktale aufgezeigten Konsequenzen, die kleinste Ausgangsbedingungen nach sich ziehen können. Die ganzheitliche Weltsicht oder die Würdigung aller einen Tatbestand bestimmenden Umstände reduzieren die Folgen aus negativen (oder gar kriminellen) Handlungen von Menschen. Der Judikative wäre die Umsetzung dieser Erkenntnis sehr zu empfehlen.

2.4 Der Omegapunkt des Kosmos[22]

Frank J. Tipler, Professor der Physik in New Orleans, beschreibt in seinem Buch »Die Physik der Unsterblichkeit, Moderne Kosmologie, Gott und die Auferstehung der Toten« was die Menschen im Innersten bewegt: Es gibt ein Leben nach dem Tod, eine Auferstehung, ja sogar Unsterblichkeit. Er hat die Existenz Gottes und die Auferstehung der Toten mathematisch berechnet und kündigt die Versöhnung von Wissenschaft und Religion an. Seine Aussage drückt er aus in der Omegapunkt-Theorie:

2.4.1 Die Dynamik von Lebewesen

Danach ist ein »Lebewesen« jedes beliebige Gebilde, das Informationen verschlüsselt speichert. Die verschlüsselte Information wird durch natürliche Auslese bewahrt. »Leben« ist demnach eine Art der Informationsverarbeitung und der menschliche Geist – wie auch die Seele – ein hochkomplexes Computerprogramm. Doch ist Leben natürlich kein statisches, sondern ein dynamisches (die von Kräften erzeugte Bewegung betreffendes) Programm. Es dauert in der Zeit fort und ist somit ein Prozess. Aber nicht alle Prozesse »leben«. Das wichtigste Merkmal »lebender« Programme ist, dass ihr Fortdauern auf einem Feedback (sinnlich wahrnehmbare Rückmeldung[23]) mit ihrer Umgebung beruht. Dadurch verändert sich die im Programm verschlüsselt gespeicherte Information ständig. Diese Veränderbarkeit wird durch das Feedback auf eine enge Bandbreite eingeschränkt. Leben ist folglich durch natürliche Auslese bewahrte Information.[24]

22 Vgl. Frank J. Tipler, Die Physik der Unsterblichkeit, Ausgabe 1994
23 Vgl. Duden, Fremdwörterbuch, Ausgabe 1990
24 Vgl. Frank J. Tipler, Die Physik der Unsterblichkeit, Ausgabe 1994, Seite 163 ff.

2.4.2 Der personifizierte Ewigkeitsaspekt

Das Faszinierende an der Annahme eines tatsächlich existierenden ewigen Lebens: Es muss in der Zukunft (allerdings in zwei präzisen mathematischen Bedeutungen, auch in der Gegenwart und Vergangenheit) eine allmächtige, allwissende und allgegenwärtige Person geben, die gegenständlich und zugleich im physikalischen Universum von Raum, Zeit und Materie vorhanden ist. Ihr gegenständlicher Ewigkeitsaspekt beinhaltet, dass sie immer vollendet und unveränderlich ist. Was den zeitlichen Aspekt betrifft, nehmen das Wissen und damit die Macht dieser Person ewig zu.

2.4.3 Die Seinsweise in der Zukunft

Die Physik zeigt, dass diese Person in der Letzten Zukunft eine »punktähnliche« Struktur haben wird. Frank J. Tipler bezeichnet Sie/Ihn daher als den »Omegapunkt«. Vom Mathematischen her ist der Omegapunkt die *Vervollständigung* aller endlichen Existenz. Frank J. Tipler zeigt dazu auf, dass diese alle endliche Existenz einschließende Vervollständigung alle endliche Existenz überlagert. Der Omegapunkt entspricht damit im wesentlichen dem Gott der Religionsphilosophen und evangelischen Theologen Paul Tillich (1886–1965) und Wolfhart Pannenberg (geb. 1928): dem Sein an sich. Die Seinsweise aber ist die Zukunft. Damit ist der Omegapunkt *der* Gott; denn mehr Sein als alles Sein kann nicht sein. Und dieses Sein verfügt über alle traditionellen Attribute (Merkmal einer Substanz oder charakteristische Beigabe einer Person[25]).[26]

Paul Tillich umschrieb Gott als die »Tiefe des Seins« bzw. des Lebens: »Das Leben hat keine Tiefe, das Leben ist seicht, das Sein ist nur Oberfläche. Nur wenn ihr das in aller Ernsthaftigkeit sagen könnt, wäret ihr Atheisten, sonst seid ihr es nicht. Wer um die Tiefe weiß, der weiß auch um Gott.«[27]

3. Psychologie

3.1 Definition

Psychologie ist die Wissenschaft von den Erscheinungen und Zuständen des bewussten und unbewussten Seelenlebens.[28]

25 Vgl. Duden, Fremdwörterbuch, Ausgabe 1990

26 Vgl. Frank J. Tipler, Die Physik der Unsterblichkeit, Ausgabe 1994, Seite 36 ff.

27 Vgl. Brockhaus. Die Bibliothek, Band 6, Kunst und Kultur, Ausgabe 1999, Seite 541

28 Vgl. Duden, Fremdwörterbuch, Ausgabe 1990

3.2 Die grenzenlosen Bewusstseinsfelder

C. G. Jung (1875–1961) schuf mit der psychologischen Typenlehre die grundlegenden Voraussetzungen für dieses Verstehen. Er unterschied zwischen dem individuellen und kollektiven Unbewussten und schreibt dazu:

»Theoretisch können dem Bewusstseinsfelde keine Grenzen gesetzt werden, da es sich in unbestimmten Umfang zu erweitern vermag. Empirisch (erfahrungsgemäß) aber findet es stets seine Grenzen am Gebiet des Unbekannten. Letzteres besteht aus all dem, das man nicht weiß, was also nicht mit dem Ich als dem Zentrum des Bewußtseinfeldes in Beziehung steht. Das Unbekannte zerfällt in zwei Gruppen von Objekten, nämlich die sinnlich erfahrbaren, äußeren, und zweitens die unmittelbar erfahrbaren, inneren Tatbestände. Erstere Gruppe stellt das Unbekannte der Umwelt, letztere das der Innenwelt dar. Letzteres Gebiet bezeichnen wir als das Unbewusste« (Ges. Werke IX/2, 1976, pag. 12.).[29]

4. Philosophie

4.1 Definition

Unter Philosophie versteht man forschendes Fragen und Streben nach Erkenntnis des letzten Sinnes, der Ursprünge des Denkens und Seins, der Stellung des Menschen im Universum sowie des Zusammenhanges der Dinge in der Welt.[30]

4.2 Tugend und Wissen

Der griechische Philosoph und Lehrer Sokrates (470–399 v.Chr.) suchte durch eindringliche Fragen vermeintliches Wissen zu zerstören und zum »Wissen des Nichtwissens« hinzuführen. Von Einzelfällen ausgehend, suchte er zum Allgemeinen, Gesetzmäßigen aufzusteigen (Induktion). Sokrates widmete sein Denken vor allem dem sittlichen Handeln: Aus einsichtigem Denken folgt notwendig richtiges Handeln. Tugend ist Wissen. Eine innere Stimme (Daimonion) warnt den Menschen vor Irrwegen.

Weiter gehört dazu seine Überzeugung, dass jeder wissentlich nur Gutes erstrebt und daher unwissend sein müsse, wer eine schlechte Handlung begeht. Diese Überzeugung bezeichnet man als »moralischen Intellektualismus«, die in der Gleichsetzung von Tugend und Wissen gipfelt. Wichtigste Lebensaufgabe ist es, nach Sokrates, sich um sich selbst zu kümmern und seine Seele vor Schaden zu bewahren.

29 Vgl. C.G. Jung, Erinnerungen, Träume, Gedanken, Ausgabe 1982, Seite 418
30 Vgl. Duden, Fremdwörterbuch, Ausgabe 1990

4.3 Wissen und Wahrheit

Sokrates fragte nach der für jeden Menschen gültigen Wahrheit. Diese Idee der Wahrheit und die damit implizierte (enthaltene) Unterscheidung zwischen »Wissen« und bloßem »Für-wahr-Halten« begründet den gemeinsamen Ursprung von Philosophie und Wissenschaft bis zum heutigen Tag. Weder das traditionelle Alltagswissen noch die täuschungsanfälligen Meinungen können, so die griechische Philosophie, das Verlangen des Menschen nach Erkenntnis über sich selbst stillen, über die Welt, in der er lebt, und die in seinem kurzen Leben erstrebenswerten Ziele. Das Bild des nach Wissen und Wahrheit suchenden Menschen – ein sowohl für die Philosophie als auch die Wissenschaften maßgebliches Leitmotiv – prägt die Kulturgeschichte des Abendlandes bis zum heutigen Tag.[31]

5. Die Transzendentalphilosophie

5.1 Definition

Transzendental werden nach Immanuel Kant alle Erkenntnisse genannt, die sich nicht nur mit den Gegenständen, sondern zugleich auch mit der Erkenntnis von Gegenständen *a priori* (= vom Früheren her) befassen.[32]

5.2 Wahrheit und Erkenntnis

Immanuel Kant (1724–1804), deutscher Philosoph, leitete nach dem eindrucksvollen Erkenntnisfortschritt von Kopernikus einen Paradigmenwechsel auf philosophischer Grundlage ein. Um das Wissen über die Welt methodisch und systematisch zu erweitern, solle man nicht wie bisher davon ausgehen, die Erkenntnis müsse sich nach den Gegenständen richten, sondern sie solle umgekehrt die Einsichten der Vernunft zum Ausgangspunkt erheben und danach den Erkenntnisprozess methodisch steuern.

Deshalb beruhen nach Kant synthetische Urteile (Verknüpfung einzelner Teile zu einem höheren Ganzen) *a priori* auf den beiden Stämmen des Erkenntnisvermögens: Anschauung (Raum und Zeit) und Verstand (Begriffe). Durch die spontan-synthetisierende Leistung eines Selbstbewusstseins zusammengefasst, setzen sie die Welt der Phänomene (der sich der Erkenntnis darbietende Bewusstseinsinhalt) fest und ermöglichen deren Erkenntnis.[33]

31 Vgl. Brockhaus. Die Bibliothek, Band 6, Kunst und Kultur, Ausgabe 1999, Seite 498 ff.

32 Vgl. Duden, Fremdwörterbuch, Ausgabe 1990

33 Vgl. Brockhaus. Die Bibliothek, Band 5. Von der Aufklärung zur Moderne, Ausgabe 1999, Seite 91 ff

6. Gehirnforschung[34]

Das Gehirn ist die Grundlage für die unerhörte Leistungskraft des »System Mensch«. Dieses riesige Reservoir an bestehendem Wissen wird nur übertroffen von der schier unendlichen Kapazität für neu aufzunehmende Informationen. Daraus leitet sich das von BeComE angestrebte Ziel ab, Information in Wissen umzuwandeln.

BeComE vernetzt zu diesem Zweck individuelles Wissen mit dem Wissen vieler Menschen auf der Grundlage vorgegebener Ziele. Der damit verbundene Ablauf ist auf ständige Wiederholung ausgelegt. Auf der Grundlage ehrlicher und zuverlässiger Kommunikation (Verständigung) wird aus bestehendem Wissen und neuer Information neues Wissen. Damit ist individueller und gemeinschaftlicher geistiger Fortschritt verbunden, der auch wirtschaftliches Wachstum zur Folge hat. Mit diesem »Werkzeug« können wir gleichzeitig auch aus eigener Kraft den Sinn unseres Daseins ergründen. Auf diese Weise verwirklicht sich der Ausspruch des großen griechischen Philosophen Aristoteles:

»Das Ganze ist mehr als die Summe seiner Teile.«

Aus der Forschung liegen über die Funktionen und Möglichkeiten unseres Gehirns aufschlussreiche Ergebnisse vor. Nachfolgend werden die wichtigsten Komponenten unseres Gehirns beschrieben und in ihrem Zusammenwirken erläutert.

6.1 Die Gehirnzellen

Das Gehirn des Menschen ist eine Mikrowelt von 15 Milliarden miteinander verbundener Nervenzellen (Neuronen). Diese sind untereinander mit der etwa zehntausendfachen Zahl von Querverbindungen zu einem komplizierten Netz verfasert. Abgesehen von diesem Netz von Nervenfasern (Axone) stehen die Nervenzellen noch über einen unbekannten Code in einer Art Resonanz miteinander in Verbindung. Die Fasern eines Gehirns zusammengenommen ergeben in ihrer natürlichen Länge eine Strecke von 500.000 Kilometer, also eine Entfernung weiter als von der Erde zum Mond. Jede einzelne Gehirnzelle kann über 1000 Faserleitungen empfangen.

Die Kontaktstellen in der Gehirnzelle entsprechen kleinen Schaltern (Synapsen), die erst auf bestimmte Signale eine Verbindung herstellen oder unterbrechen. Bei höheren Wirbeltieren und beim Menschen liegt zwischen den Endköpfchen der Nervenfasern und dem Membran der anliegenden Nervenzelle ein Spalt. Dieser Spalt ist etwa den hunderttausendsten Teil eines Millimeters breit. Dieser Abstand reicht aus, die miteinander in Kontakt stehenden Fasern voneinander zu trennen.

34 Vgl. Frederic Vester, Denken, Lernen, Vergessen, Ausgabe 2002

Der Schalter steht damit auf »Aus«. Schaltet das Gehirn auf »An«, überbrücken chemische Übertragungssubstanzen (Transmitter) den Abstand. Die Schalter übernehmen zwei Aufgaben: Zum einen übermitteln sie Signale, zum anderen speichern sie einen Teil der empfangenen Informationen im Gedächtnis. Etwa 500 Billionen solcher Schaltstellen sorgen nun dafür, dass wir gezielt denken und uns erinnern können. Außerdem versetzen sie uns in die Lage, durch wenige »passende« Gedankenverbindungen immer nur ganz bestimmte Erinnerungen abzurufen.[35]

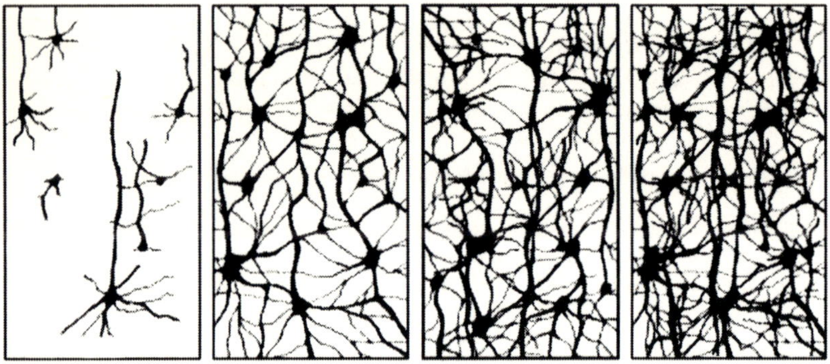

Schnitt durch eine Partie der menschlichen Großhirnrinde zum Zeitpunkt der Geburt (links), daneben im Alter von drei Monaten, von fünfzehn Monaten und von drei Jahren. Man erkennt deutlich, dass sich die entscheidenden Veränderungen innerhalb der ersten drei Lebensmonate abspielen. (Nach Conel)[36]

Alle unsere Körperzellen sind auf bestimmte Aufgaben spezialisiert. Die einzelnen Zellen nehmen dabei, je nach Standort im Körper, die dazu passende Funktion wahr. In einem Experiment ist diese Vielseitigkeit schon 1968 bewiesen worden. Die Gehirnzellen haben sich so stark spezialisiert, dass sie sich – im Gegensatz zu den sonstigen Körperzellen – nie mehr teilen können. Aus diesem Grund allein können wir mit unseren Gehirnzellen – und nur mit diesen – denken.[37] Allerdings kann jede Gehirnzelle immer nur eine Information aufnehmen. So setzt sich z. B. der von uns wahrnehmbare Apfel aus Einzelinformationen zusammen, die in unterschiedlichen Zellen vernetzt abgespeichert sind und von uns in einem Bild abgerufen werden. Der Mensch sieht also ein Bild, das vernetzt im Gehirn abgespeichert ist.

BeComE erhebt den Ist-Zustand (gegenwärtige Wirklichkeit). Dadurch verfügen alle beteiligten Menschen über ein übereinstimmendes Ausgangsbild. Dieses gemeinsame Grundwissen wird dokumentiert und für die weitere Gestaltung der

35 Vgl. Frederic Vester, Denken, Lernen, Vergessen, Ausgabe 2002, Seite 30 ff.
36 Vgl. Frederic Vester, Denken, Lernen, Vergessen, Ausgabe 2002, Seite 40, 41
37 Vgl. Frederic Vester, Denken, Lernen, Vergessen, Ausgabe 2002, Seite 110 ff.

Zukunft als »Urbild des Wissens« verfügbar gehalten. z. B. als über Internet abrufbare Datei. Auf diese Weise können im weiteren Verlauf der Wissensbildung Fehler schnell beseitigt oder Missverständnisse geklärt werden. Außerdem wird das Durchsetzen persönlicher Interessen (Stichwort: Unsittliches Wollen bzw. Handeln) erschwert bzw. nahezu unmöglich.

Unsere Gehirnstruktur stimmt im Prinzip mit der Raum-Zeit-Struktur des Kosmos überein: Die Gehirnzellen sind ebenfalls unteilbar und bilden in ihrer Summe eine Einheit. Das fortlaufende Aufnehmen, vernetzte Speichern und das ebenfalls fortlaufende Abrufen von Wissen oder Informationen aus den Gehirnzellen ist ein in Zeit und Raum ablaufender Prozess.

Diese Struktur unseres Gehirns und das Prinzip der darin ablaufenden Vorgänge ist bei allen Menschen gleich. Oder: Das göttliche Prinzip (vollkommene Wirklichkeit bzw. unteilbare Einheit) stimmt, was die »Hardware« unseres Gehirns betrifft, bei allen Menschen überein. Insofern verfügt jeder Mensch über die Voraussetzungen für den Ausgleich von Ursache und Wirkung aus sich selbst heraus. Daraus leitet sich die Erkenntnis ab:

Vor Gott sind alle Menschen gleich.

6.2 Das Entstehen von Wissen[38]

Die Unwägbarkeiten beginnen mit dem Programmieren der »Software«, dem Entstehen und der Zusammensetzung unseres Wissens. Für diesen Prozess spielen die von außen kommenden Einflüsse eine entscheidende Rolle. Insbesondere gerade deshalb, weil bis zur Geburt bereits der größte Teil des Gehirns ausgebildet ist. Weitere Zellen und ihre festen Verknüpfungen entstehen nur in der kurzen Periode der ersten Wochen und Monate nach der Geburt. Damit ist das eigentliche Gehirnwachstum abgeschlossen. Diese gegenüber den anderen Organen frühe Beendigung der Zellteilung ist die einzige Garantie, lernen zu können. Würden sich die Zellen unseres Gehirns ständig vermehren, wie z. B. die der Muskulatur oder Haut, würden in der gleichen Zeit entsprechend viele Zellen absterben. Mit ihnen gingen alle darin gespeicherten Informationen für immer verloren. Denn bei der Zellteilung wird zwar die gespeicherte Erbinformation, nicht aber das neu Hinzugelernte weitergegeben.

Natürlich können wir uns an die früheste Zeit unseres Lebens nicht erinnern. Doch unser erstes Fühlen, Hören, Tasten, Riechen und Schmecken, ist, ähnlich wie unsere Erbinformationen, ebenfalls bereits im Unter- oder Unbewussten fest gespeichert. Und dies sogar fester als die meisten späteren bewussten Erinnerungen.

38 Vgl. Frederic Vester, Denken, Lernen, Vergessen, Ausgabe 2002, Seite 38 ff.

Jeder Mensch arbeitet also sein Leben lang mit genau denselben Zellen, die er schon als Säugling entwickelt hatte.

Sie erinnern sich: Das Grundgerüst für das Speichern, Einordnen und Wiederfinden von Informationen sind die Nervenzellen (Neuronen) und die sie fest verbindenden Nervenfasern (Axone). Ein Teil dieser Verknüpfungen ist durch die Gene der Erbmasse schon vor der Geburt verankert. Der verbleibende Rest wird in den ersten Monaten nach der Geburt vollendet. In dieser Zeit teilen und vermehren sich die Gehirnzellen und knüpfen mit den Nervenfasern gegenseitig Kontakt. Und hier passiert etwas Einzigartiges, was wir im übrigen Körper des Menschen nicht kennen: Die Zellen wachsen je nach der vorhandenen Umwelt anders! Es ist die einzige Zeit, in der sich äußere Einflüsse in der Ausbildung des Gehirns niederschlagen können. Wahrnehmungen durch Sehen, Riechen, Schmecken, Hören und Fühlen können sich direkt in anatomische Veränderungen, in festen Verknüpfungen zwischen den wachsenden Zellen, niederschlagen. Diese nicht rückgängig zu machende Formung ist ein erstes, durch die Sinneseindrücke gewonnenes, inneres Abbild unserer Umwelt. Zusammen mit den anatomischen Veränderungen ist dieses Abbild in einem unverwechselbaren Grundmuster im Gehirn verankert.

So unterschiedlich wie der »Raumzeitpunkt« unserer Geburt und der ersten Lebensmonate, sind also auch die Grundmuster in unseren Gehirnen. Daraus leitet sich die Unantastbarkeit unserer Persönlichkeit ab. Allerdings können wir deren Wert durch Hinzulernen, also durch weiteres Füllen der Gehirnzellen, unser Leben lang verbessern.

6.3 Der Lerneffekt

Wir alle haben die Erfahrung gemacht, dass wir manche Informationen nur für Sekunden behalten. Manchmal speichern wir sie lange genug, um eine Prüfung zu bestehen. Und vieles geht uns unser Leben lang nicht aus dem Kopf. Anderseits stellt sich auch die Frage, welchen Einflüssen unsere Fähigkeiten unterliegen

- zu kombinieren,
- uns zu erinnern und Zusammenhänge zu erkennen sowie
- im richtigen Moment den richtigen Einfall zu haben.

Eine wichtige Rolle spielen dabei starke Gefühle sowie persönliche Wünsche und Vorlieben. Natürlich auch besonders erhebende Momente und bedeutsame Situationen. Oder aber sehr unangenehme Geschehnisse. Dies sind Erlebnisse, die uns persönlich treffen und uns, aus welchem Grund auch immer, unter die Haut gehen. Über den bei diesem in verschiedenen Stufen ablaufenden Lernvorgang in unserem Gehirn ist einiges bekannt.[39]

39 Vgl. Frederic Vester, Denken, Lernen, Vergessen, Ausgabe 2002, Seite 57 ff.

6.4 Das Gedächtnis

Warum können wir nicht alles gleich fest behalten? Der Grund ist eine sehr sinnvolle Einrichtung in unserem Gedächtnis. Die ankommenden Informationen werden nicht einfach vergessen oder behalten, sondern zunächst gespeichert. Und zwar in drei unterschiedlich langen Speicherstufen. Zunächst kreisen alle durch die Sinneswahrnehmungen der Augen, Ohren sowie der Haut ankommenden Impulse in Form elektrischer Ströme in unserem Gehirn. Nach 10 bis 20 Sekunden klingen sie wieder ab. Dieser Mechanismus hilft uns, auf unerwartete Ereignisse schnell durch gezielte Bewegungen reagieren zu können, wie z. B. auf das Hupen eines Autos. Dieses Signal kann lebensrettende Aktionen bei uns auslösen und ist doch nach wenigen Minuten schon wieder vergessen. Würden wir über solche Wahrnehmungen erst nachdenken, wäre eine Sofortreaktion unmöglich.

Sobald wir Wahrnehmungen irgendwelchen bereits gespeicherten Gedächtnisinhalten zuordnen und eine Resonanz mit schon vorhandener Erinnerung erzeugen, können wir neue Eindrücke vor dem Verlöschen retten. Wie geschieht das? Bevor wir z. B. Bewegungen automatisch ausführen können, müssen sie in der Großhirnrinde als Programme fest verankert sein. Bis das so weit ist, laufen die entsprechenden Impulse immer wieder über die gleichen Bahnen zum Großhirn. Erst nach einer längeren Einübungszeit werden sie automatisiert, gewinnen dann an Exaktheit, werden fließend und sicher. Die Bewegungen beginnen automatisch abzulaufen. Wie gut sie ablaufen und wie reichhaltig sie sind, hängt ganz davon ab, was und wie wir gelernt haben.[40]

Nachfolgend werden die einzelnen Wahrnehmungsstufen unseres Gehirns in ihren wichtigsten Funktionen beschrieben und in ihrem Zusammenwirken erläutert.

6.4.1 Das Ultrakurzzeit-Gedächtnis (UKZG)

Das UKZG ist der erste Filter unserer Wahrnehmungen. Es behält neues Wissen, wenn es nicht zuviel auf einmal aufnehmen muss. Das UKZG kann nur etwa 7 Informationen gleichzeitig aufnehmen und unterscheidet maximal 40 Ereignisse pro Sekunde. Um die einzelnen Elemente des angebotenen Lernstoffes zu verarbeiten, braucht es ausreichend Zeit. Die aufgenommenen Ereignisse kreisen etwa 20 Sekunden im UKZG.

6.4.2 Das Kurzzeit-Gedächtnis (KZG)

Das KZG ist der zweite Filter unserer Wahrnehmungen. Innerhalb der ersten 20 Sekunden, also vor dem Abklingen des Ultrakurzzeit-Gedächtnisses, übernimmt das Kurzzeit-Gedächtnis die Speicherung. Dazu ist es außerdem auf die innere Re-

40 Vgl. Frederic Vester, Denken, Lernen, Vergessen, Ausgabe 2002, Seite 59 ff.

sonanz (Verständnis) der bereits bekannten Gedächtnisinhalte angewiesen. Zu diesem Zweck wird eine Art Matrize hergestellt, die diese Informationen übernimmt. Dieser Vorgang dauert etwa 20 Minuten. Danach beginnt diese Matrize wieder zu zerfallen. Bis zu diesem Zeitpunkt muss sich also die Information bleibend eingeprägt haben. Andernfalls wird die damit verknüpfte Erinnerung unwiderruflich in die Vergessenheit mitgenommen.[41]

6.4.3 Das Langzeit-Gedächtnis (LZG)[42]

Wie wir wissen, sollten wir alles zu Lernende, also jede neue Information, mehrfach wiederholt aufnehmen. Dabei muss unser Gehirn die neue Information mit bereits vorhandenen Gedächtnisinhalten assoziieren (eine gedankliche Vorstellung mit etwas verknüpfen[43]). Es muss Vorstellungen und Bilder zusammenbringen, um die vielen Wahrnehmungskanäle eines echten Erlebnisses, wie sehen, hören, fühlen, schmecken, riechen, anfassen und sich bewegen, wenigstens teilweise zu ersetzen. Diese Ein-Kanal-Information machen wir im Langzeit-Gedächtnis zu einer Mehr-Kanal-Information und damit zu einem inneren Erlebnis. Damit ist auch schon gleich der Weg für das spätere Wiederauffinden durch Assoziationen gebahnt: Je mehr Möglichkeiten einer vielfältigen Zuordnung schon da sind, um so weniger muss der Stoff gepaukt werden und um so besser ist er aus dem Langzeit-Gedächtnis – selbst auf eine ungewohnte Anfrage hin – abrufbar.

Durch Erlebnisse oder eingeschliffene Gedankengänge prägen sich zwischen den Gehirnzellen vernetzt einige Bahnen besonders gut aus. Was bedeutet das für unser Lernen? Bei Erlebnissen, die wir sehr intensiv wahrnehmen genügt eine Aufnahme zur permanenten Speicherung. Das heißt, wir können uns ein Leben lang daran erinnern. Informationen, die wir aus eigener Entscheidung zu persönlichen Zwecken verwenden wollen, müssen wir uns wiederholt über das Ultrakurzzeit-Gedächtnis anbieten.

Diesen dreistufigen Speichervorgang im Gehirn veranschaulicht der Vergleich mit der Herstellung eines Fotos. Der höchstens rund 20 Sekunden dauernde Vorgang im UKZG ist mit dem Nachleuchten eines Bildes auf einer phosphoreszierenden Platte zu vergleichen. Die 20 Minuten dauernde Kurzzeit-Speicherung ist dem Entwickeln des Negativs gleichzusetzen. Im Entwickler wird die Aufnahme fixiert und für uns als Bild erkennbar. Wird ein Negativ nicht fixiert und ans Licht gehalten wird es schwarz. Die Aufnahme ist verloren. In ähnlicher Weise funktioniert unser Gehirn: die Erinnerung verblasst, solange sie noch nicht von der Matrize abkopiert und dauerhaft fixiert ist.

41 Vgl. Frederic Vester, Denken, Lernen, Vergessen, Ausgabe 2002, Seite 82 ff.

42 Vgl. Frederic Vester, Denken, Lernen, Vergessen, Ausgabe 2002, Seite 84 ff.

43 Vgl. Duden, Fremdwörterbuch, Ausgabe 1990

Was nur bis zum Ultrakurzzeit- oder bis zum Kurzzeit-Gedächtnis vordringt, wird also sehr schnell wieder ausgelöscht. Was im Langzeit-Gedächtnis verankert ist, kann immer wieder abgerufen werden. Dieser Vorgang ist unabhängig von der körperlichen Verfassung und der Intelligenz. Auch dies bedeutet:

Vor Gott sind alle Menschen gleich.

6.5 Die Assoziationen

6.5.1 Die Kommunikation

Intelligenz ist die innere Fähigkeit zum Kombinieren, Erkennen von Zusammenhängen und die Gedächtnisleistung zu erbringen. Ausschlaggebend dafür sind jedoch nicht die eigenen Grundmuster des Gehirns, sondern die Kommunikation mit der Außenwelt. Das sind andere Menschen oder Dinge mit denen wir uns beschäftigen. Kurz: die Wechselwirkung mit *anderen* Grundmustern. Eine wichtige Rolle spielen dabei auch Sympathie und Antipathie, die man ja nicht nur gegenüber bestimmten Personen hat, sondern auch z. B. gegenüber bestimmten Beschäftigungen, Spielen, Farben, Tönen oder Tierarten. Auch unterschiedliche Auffassungen von Lebensqualität in verschiedenen Kulturen und sozialen Schichten können aus den Unterschieden bei den Grundgerüsten resultieren. Denn an den ersten anatomischen Verknüpfungen unserer Gehirnzellen hängen sich alle späteren Eindrücke auf. Die ersten Verknüpfungen dienen dabei als Wegweiser für die folgenden Bahnen, Kontaktstellen und weiteren Verknüpfungen. Die Wechselwirkungen der ersten Eindrücke strahlen hinein in das spätere Verhalten, spätere Meinungen, Vorlieben, Anschauungen bis in das Verhältnis zum Beruf, zum Partner und zur Politik.

Wichtig für die Verständigung zweier Menschen, also für die Kommunikation zwischen dem eigenen und dem fremden Muster, ist ihre Resonanz. Das heißt, dass beide Muster gleiche Schwingungen aufweisen. Das können sie aber nur, wenn sie in ihrer Struktur ähnlich sind. Wir lernen immer von einem Partner. Und wir lernen dann gut, wenn wir uns in einem Partner wiedererkennen. Das heißt, wenn unser eigenes Assoziationsmuster mit dem eines Partners in Einklang steht.[44]

6.5.2 Die Motivation

Sie erinnern sich: Eine gedankliche Vorstellung mit etwas zu verknüpfen, bezeichnet man als Assoziation. Und: Über je mehr Kanäle eine Information eintrifft, um so eher wird sie solche Assoziationsmöglichkeiten vorfinden. Je mehr Assoziationen aber, desto größer ist auch die *Motivation*, der Beweggrund, der Antrieb und damit auch die Aufmerksamkeit zum Lernen.

44 Vgl. Frederic Vester, Denken, Lernen, Vergessen, Ausgabe 2002, Seite 48 ff.

Dabei hilft uns die ganze Verpackung, die *bekannten Begleitinformationen*, in der eine neue Information ankommt. Die Gesamtinformation besteht somit auch aus den Geräuschen, Gerüchen bzw. allen Wahrnehmungen der Sinne. Diese mitschwingenden und mitgespeicherten Wahrnehmungen erleichtern uns das Lernen.[45]

6.6 Die Intelligenz

6.6.1 Die Definition

Sie erinnern sich: Intelligenz ist die Fähigkeit Zusammenhänge zu erkennen, Schlussfolgerungen daraus abzuleiten und das eigene Wollen in sinnvolles Handeln umzusetzen.

6.6.2 Der Lernvorgang

Durch den Lernvorgang vermehren wir unser Wissen. Gleichzeitig verschaffen wir uns dadurch mehr Möglichkeiten zu gedanklichen Verknüpfungen (Assoziationen). Zusätzlichen Nutzen können wir daraus ziehen, wenn wir diese Assoziationen in Form von Visionen (Bildern) in die Zukunft projizieren. Auf diese Weise können wir unsere diesbezüglichen Vorstellungen zu einem inneren Erlebnis machen. Durch das Setzen realistischer (wirklichkeitsnaher) Ziele können wir uns Schritt für Schritt unseren Visionen nähern und unsere Intelligenz steigern. Dazu passt das chinesische Sprichwort

»Die längste Reise beginnt mit dem ersten Schritt.«

6.6.3 Der Nutzen durch BeComE

Wer sich keine Ziele setzt tritt auf der Stelle. Wer sich Ziele setzt und sowohl dafür als auch daran arbeitet kommt vorwärts. Leider hat die Sache einen Haken. Wer (an sich) arbeitet macht Fehler. Dumme Menschen machen immer wieder die gleichen Fehler. Intelligente Menschen machen neue Fehler. Der Trost: Damit lernen sie nicht nur ständig hinzu sondern werden gleichzeitig immer intelligenter. Das ist der durch BeComE erzielbare wesentliche Nutzen.

45 Vgl. Frederic Vester, Denken, Lernen, Vergessen, Ausgabe 2002, Seite 141 ff.

Kapitel 4
Der Bezug zum Menschen

Ziel des Kapitels ist es,
- die Bedeutung eines respektvollen Neben-, Für- und Miteinander klar zu machen,
- die Vorteile vernetzter geistiger Kraftfelder mit klaren organisatorischen Strukturen aufzuzeigen,
- Gott als die über alles menschliche Vermögen hinaus gehende schöpferische Kraft anzunehmen,
- nachzuweisen, dass der menschbezogene Paradigmenwechsel im Individuum realisiert ist,
- das Gesetz von Wahrheit und Liebe an einem praktischen Beispiel (Fußballsport) zu erläutern sowie
- darzustellen wie Wissen aufgebaut, die Intelligenz gesteigert, die Motivation geweckt und die Verantwortung angenommen werden kann.

1. Astronomie bezogen

1.1 In Zeit und Raum bewegen

Sie erinnern sich: Kopernikus ging von der Annahme aus, dass die Sonne und nicht die Erde den Mittelpunkt der kreisförmigen Planetenbahnen bildet und die Erde selbst ein in Bewegung befindlicher Planet ist, der sich sowohl um die eigene Achse als auch um die Sonne dreht.

BeComE greift das kopernikanische Weltbild auf und setzt anstelle von »Erde« den Begriff »Mensch«. Er ist Teil des Universums und wirkt als geistiger Träger seiner Bewegungen in Zeit und Raum. Zu beachten ist dabei der Unterschied zu den Himmelskörpern. Sterne und Planeten bewegen sich im Universum in vorgegebenen, gleichbleibenden Bahnen. Menschen auf der Erde tun dies nach ihrem freien Willen, bestimmen also ihren »Raumzeitpunkt« selbst. BeComE schafft die Voraussetzungen für ein respektvolles Neben-, Für- und Miteinander.

1.2 Ein Kraftfeld des Wissens aufbauen

Sie erinnern sich: Einstein und Infeld schufen den *Begriff des Feldes* und entwickelten daraus die Idee eines gänzlich neuen philosophischen Weltbildes. Es sollte auf strukturellen Gesetzen beruhen, die immer und überall gelten.

Daraus hat BeComE das in und von Menschen entwickelbare Kraftfeld des Wissens abgeleitet. Grundlage dafür ist das Gehirn mit den darin vernetzt speicherbaren Informationen (Wissen und Erfahrung). Damit ist jeder Mensch in der Lage für sich ein geistiges Kraftfeld mit hoher ethischer Qualität aufzubauen. Zusammen mit anderen Menschen kann er damit *außerordentlich starke Kraftfelder entstehen lassen.* Mit Hilfe der Internettechnik kann darüber hinaus seit einigen Jahren der menschliche »Raumzeitpunkt« überwunden werden. Diese Technik ermöglicht es, verfügbares Wissen mit hoher Geschwindigkeit und großer Sicherheit an jeden beliebigen Ort der Welt zu übermitteln. Die Kraftfelder können dadurch weltumspannend verbunden und mittels BeComE durch klar gegliederte organisatorische Strukturen übereinstimmend gestaltet werden. Dazu müssen jedoch Menschen mit klaren Zielvorstellungen und gleichem Willen zusammenwirken.

1.3 Neue Ordnung aus dem Wissen gestalten

BeComE nutzt die menschliche Fähigkeit, aus den im Gehirn gespeicherten Informationen sinnvolle neue Strukturen zu entwickeln. Aus der Verantwortung für deren zielorientierte Erfüllung (nach dem Gesetz von Ursache und Wirkung) gestaltet der Einzelne seine Zukunft selbst und trägt gleichzeitig zum Gemeinwohl bei. Wirken Menschen in diesem Sinne zusammen, entsteht eine für alle Beteiligten erkennbare sinnvolle Ordnung. Das heißt: Aus dem Chaos geht, von Menschen gestaltet und umgesetzt, eine neue, gemeinsam getragene, Ordnung hervor. Mit diesem Vorgehen stellt BeComE darüber hinaus sicher, dass die jeweiligen Verursacher den entstandenen Wirkungen zugeordnet werden können.

1.4 Den Omegapunkt des Wissens anstreben

Sie erinnern sich: Leben ist durch natürliche Auslese bewahrte Information. Und: Die Vervollständigung des Seins liegt in der Zukunft. Grundlage für die Weiterentwicklung der gesamten Menschheit ist also das von Information getragene Wissen. Gott als der Allumfassende oder Omegapunkt des Wissens ist für uns Menschen weder körperlich fassbar noch geistig begreifbar. BeComE nutzt seine über alles menschliche Vermögen hinaus gehende schöpferische Kraft als Vorbild und Träger der Gesetze für zielorientiertes Handeln. Aus diesem Verständnis heraus ergibt es für Menschen einen Sinn, Ziele anzustreben. Sowohl allein für sich selbst als auch in der Gemeinschaft mit anderen Menschen.

Für die Annäherung des Menschen an seinen ganz persönlichen Omegapunkt des Wissens nutzt BeComE die Information als grundlegendes Werkzeug. Dazu gibt BeComE den Menschen Gelegenheit, eigenes Wissen aufzubauen (z. B. in einer Ausbildung) und zweckgebunden zu nutzen (z. B. in einem Beruf). Streben mehrere Menschen gleiche Ziele an (z. B. in einem Unternehmen) schafft BeComE in der Form einer einheitlichen Wissensbasis (gemeinsames Urbild des Wissens) die Voraussetzung dafür. Auf diese Weise kann der Einzelne die Strecke oder den Weg zu seinem Ziel bzw. zu gemeinsamen Zielen ohne Konkurrenzdruck zurücklegen. Dabei wird dem Gesetz der Bewegung von Materie in Zeit und Raum Rechnung getragen. Durch gezielten Austausch (Bewegung) von Wissen (Materie) zwischen Menschen (Raum) wird das Wertbewusstsein des Einzelnen aber auch einer Gemeinschaft schnell (Zeit) gehoben. Außerdem entsteht das Ergebnis aus Ursache und Wirkung in einer harmonischen Atmosphäre.

2. Psychologie bezogen

2.1 Die Bewusstseinsfelder abgrenzen

Die psychologische Typenlehre nach C.G. Jung ist Grundlage für meine Technik der Zieldifferenzierung. Mit ihrer Hilfe wird das Vorhandensein sinnlich erfahrbarer äußerer und unmittelbar erfahrbarer innerer Tatbestände bewusst gemacht. Die äußeren Tatbestände werden in der absoluten (uneingeschränkten) Wirklichkeit (Ist-Zustand) und nach abgegrenzten Ganzheiten (Systemen) erhoben, dargestellt und in ihrer Wechselwirkung zum Umfeld erkennbar gemacht. Aus der Vergangenheit »mitgebrachte« innere Tatbestände negativer Art bleiben dabei »intimes (ganz persönliches) Geheimnis«. Durch sittliches Wollen und darauf aufbauendes erfolgsorientiertes Handeln werden sie aus Geist und Körper eigenverantwortlich »hinausgewohnt«.

2.2 Die Bewusstseinsfelder positiv gestalten

Daraus folgt: BeComE ermöglicht es den Menschen, auf der Grundlage
- klar formulierter Zielvorstellungen (individuelle oder gemeinsame Lebensbilder),
- einer übereinstimmenden Wissensbasis (gemeinsames Urbild des Wissens) sowie
- des erarbeiteten äußeren Tatbestandes (Ist-Zustand)

die Bewusstseinsfelder für sich selbst oder die Gemeinschaft positiv zu gestalten.

3. Philosophie bezogen

Sie erinnern sich: Im Gesamtzusammenhang betrachtet gibt die Beweiskette Aufschluss über die Bedeutung der einzelnen Ereignisse bezüglich Schuld oder Unschuld. Nach diesem Prinzip kann richtig entschieden und damit auch gerecht geurteilt werden. Durch sittliches Wollen und Handeln können wir die Gefahr, »Unrecht zu tun« vermeiden. Außerdem wird es dadurch leichter bloßes »Für-Wahr-Halten« von nutzbringendem Wissen zu unterscheiden.

BeComE unterstützt Menschen bei ihrem Wollen, sich bestmöglich zu entfalten. Gleichzeitig wird dabei der Erkenntnisprozess aus dem Wissen *a priori* methodisch gesteuert und zukunftsbezogen zu neuen Erkenntnissen verarbeitet. Die diesbezüglich wesentlichen Elemente sind:

3.1 Die Persönlichkeit entfalten

Dazu werden die persönlichen Fähigkeiten von Menschen, ihr spezielles Wissen und ihre Erfahrung (in der Vergangenheit erworben) ermittelt, (in der Gegenwart) gefordert, zielgerichtet eingesetzt und anerkannt. Mit dem Erarbeiten neuer Erkenntnisse ist ein Lernprozess verbunden, bei dem sich Wissen, Können und Erfahrung (für die Zukunft) vermehren. Dadurch kann sich ein individuelles Selbstwertbewusstsein entwickeln, mit dem »sittlich richtiges Handeln« leicht fällt.

3.2 Positiv Handeln

Menschen oder Organisationen können unter dieser Voraussetzung selbstwertbewußt Herausforderungen annehmen und Probleme lösen. Sittliches Wollen verbunden mit einsichtigem (positiven) Denken helfen dabei, negative Erfahrungen aus der Vergangenheit leichter zu verarbeiten und positiv zu handeln.

3.3 Das Selbstwertbewusstsein stärken

Sie erinnern sich: Jede Erfahrung von und mit Gegenständen beruht auf gedanklichen Voraussetzungen. Der Mensch kann sich dadurch aus sich selbst vor Schaden bewahren, Irrwege vermindern bzw. vermeiden und seine Lebensgrundlage auf eine positive Basis stellen (Materie- oder Begriffaspekt). Darauf abgestellt kann er sein Wissen und Können verbessern, neue Erfahrungen sammeln (Bewegungsaspekt) und dadurch sein Selbstwertbewusstsein steigern (Zeitaspekt). Die Menschen bekommen dadurch gegenseitig Respekt voreinander und nehmen die Verantwortung für das eigene Tun an (Raumaspekt). Auf diese Weise wird der aus der Erkenntnis sich darbietende Bewusstseinsinhalt vergrößert bzw. erweitert. Der menschbezogene Paradigmenwechsel ist im Individuum realisiert.

4. Gehirnforschung bezogen

BeComE nutzt die Fähigkeit des Gehirns, dem Menschen den Sinn seines Daseins aus eigener Kraft ergründen zu lassen. Dabei sind die folgenden Auswirkungen gehirntechnischer Abläufe von besonderer Bedeutung:

4.1 Das Unterbewusstsein beachten

Sie erinnern sich: Das Ultra-Kurzzeitgedächtnis ist der erste Filter unserer Wahrnehmungen. Alle durch die Sinneswahrnehmungen der Augen, Ohren sowie der Haut in unserem Gehirn ankommenden Impulse kreisen in unserem Gehirn. Nach 10 bis 20 Sekunden klingen sie wieder ab. Dieser Mechanismus hilft uns, auf unerwartete Ereignisse schnell reagieren zu können, ohne unseren Verstand einzusetzen.

Das Fassungsvermögen des Ultra-Kurzzeitgedächtnisses ist verhältnismäßig gering. Es kann nur 7 Informationen gleichzeitig aufnehmen und unterscheidet maximal 40 Ereignisse pro Sekunde. Trotzdem entscheidet es anhand von Gefühlen und Erfahrungen, welche Eindrücke für uns lebens- bzw. überlebenswichtig sind. Außerdem bewahrt es uns vor zermürbenden Erinnerungen. Eine Mutter würde nach der Geburt ihres ersten Kindes kein zweites mehr bekommen. Nur weil sie die fast unerträglichen Schmerzen nach kurzer Zeit »vergisst«, ist sie zu weiteren Schwangerschaften bereit. Damit sichert dieser Automatismus den Fortbestand der Menschheit.

Auch während wir schlafen ist unser Unterbewusstsein hellwach. Es nutzt diese »Ausschaltphase« unseres Verstandes, um uns über unser Seelenleben zu informieren. Dazu bedient es sich einer Symbolsprache. Auch das hat seinen guten Grund: Traumbilder, die wir sofort verstehen, empfinden wir als so banal, dass wir uns im Wachzustand nicht an sie erinnern können. Wichtig ist jedoch: Sie informieren uns nicht, was um uns, sondern was in uns geschehen ist und geben uns dadurch Hilfen, das »Drehbuch unseres Lebens« positiv umzuschreiben.[46]

4.2 Wissen zuordnen

BeComE nutzt für zu speichernde Informationen die ersten 20 Sekunden, um sie gezielt bereits vorhandenen Gedächtnisinhalten zuzuordnen. Am Torschußtraining im Fußballsport soll dies verdeutlicht werden:

Zunächst wird der gesamten Gruppe z. B. der Spannstoß mehrmals erläutert und demonstriert. Im Anschluss daran üben die Spieler (jeder hat seinen eigenen Ball) unter Aufsicht des Übungsleiters. Positive Ergebnisse eines Versuchs werden den einzelnen Spielern, für die ganze Gruppe vernehmlich, mitgeteilt. Schwächen werden durch umgehende Demonstration des gesamten Bewegungsablaufs in technisch einwandfreier Form gezeigt. Auf diese Weise wird das Ultrakurzzeit-Gedächtnis genutzt, den zu verbessernden Bewegungsablauf mit einem optimalen Bild im Gedächtnis aufzunehmen. Damit hat jeder Spieler die Möglichkeit, seine geglückten Versuche sowohl in seiner bestmöglichen Form als auch als Erfolgser-

46 Vgl. Angela Petersen, tv Hören und Sehen, Geheimnis Selbstbewusstsein, Nr. 17/1999, Seite 10

lebnis zu speichern. Gleichzeitig wächst durch das öffentlich ausgesprochene Lob sein Ansehen in der Gruppe. Durch die sich wiederholende Schilderung des umfassenden Bewegungsablaufs prägt sich dieser Vorgang in übereinstimmender Form der ganzen Gruppe nachhaltig ein. Der gesamte Übungsteil dauert mindestens 20 Minuten. Auf diese Weise wird der Bewegungsablauf erstmals im Langzeit-Gedächtnis als Mehr-Kanal-Information verankert.

Ziel ist es immer, das Gehirn von der Speicherung falscher Informationen zu bewahren. Durch die Wiederholung des fehlerfreien bzw. einwandfreien Bewegungsablaufs ist dies gewährleistet. Die Spieler werden auf diese Weise zu besseren Leistungen hingeführt. Gleichzeitig verkürzt sich der Zeitaufwand für das Erlernen des optimalen Bewegungsablaufs. Dieses Prinzip gilt für jeden beliebigen Lernvorgang.

Wesentlich für den Erfolg ist das »Lernen wollen«. Dieses Wollen drückt sich im geschilderten Fall aus in der Teilnahme am Übungs- und Spielbetrieb sowie an der Freude am Fußballsport. Damit sind die sich unterscheidenden Merkmale (Kriterien) des göttlichen Gesetzes von Wahrheit und Liebe erfüllt. Die Teilnahme am Sportbetrieb ist der sichtbare (Wahrheit), die Freude am Fußballsport der unsichtbare (Liebe) Teil dieses Gesetzes.

Der Apostel Paulus sagt zu Wahrheit (das Sichtbare) und Liebe (das Unsichtbare) in Kapitel 4, Vers 18 im 2. Brief an die Korinther:

»Das Sichtbare ist vergänglich,
das Unsichtbare ist ewig.«

Das Ergebnis aus Ursache und Wirkung kann unter dieser Voraussetzung in der bestmöglich positiven Atmosphäre entstehen. Beim Übungsleiter drückt sich das göttliche Gesetz von Wahrheit und Liebe zusätzlich in der Gesamtverantwortung für die Gruppe aus.

Sie erinnern sich: Die störenden Erinnerungen werden »hinausgewohnt« und sittliches Wollen und Handeln auf die persönlichen Fähigkeiten, Bedürfnisse und Absichten ausgerichtet. Dabei stützt sich BeComE auf Normen und Grundsätze der Lebensführung, die sich aus der Verantwortung gegenüber anderen herleiten. Menschen oder Organisationen, die so handeln bringen Ordnung und Klarheit in ihr Leben und Zusammenleben. Zusätzlich schaffen sie sich eine sehr positive Aussicht für die eigene oder gemeinsame Zukunft. Darüber hinaus wird ein Zustand *bleibender Gerechtigkeit* erzielt. BeComE zielt darauf ab.

4.3 Dauerhaft verfügbares Wissen aufbauen

BeComE aktiviert, unter Berücksichtigung der persönlichen Interessen, die besonderen Fähigkeiten von Menschen. Mit Hilfe der Ergebnisse der Gehirnforschung über den optimal erzielbaren Lernerfolg wird dauerhaft verfügbares Wissen aufgebaut. Am Beispiel der Beratung eines Druckereibetriebes sei dies hier verdeutlicht:

Beraten wurden neben dem Firmeninhaber seine 9 Leitenden Mitarbeiter. Die dazu erforderlichen Workshops fanden an 2 Abenden pro Monat zu je 2 Stunden statt. Gegenstand der Beratung waren die aktuellen Probleme im Betrieb. Neben der Lösung betrieblicher Fragestellungen wurde auch grundlegendes betriebswirtschaftliches Wissen vermittelt. Der Lernerfolg wurde auf einem gemeinsamen Urbild des Wissens in inhaltlich übereinstimmender Form aufgebaut und in einer mehr als 20 Minuten dauernden Lernphase stabilisiert. Ein wesentlicher Vorteil bei diesem Vorgehen besteht im gemeinsamen Ausbau der praxisbezogenen Kenntnisse. Dabei waren im konkreten Fall sogar Unterschiede im Bildungsniveau unerheblich. Während des normalen Geschäftsbetriebes tauschten die Teilnehmer weiteres Wissen durch Kommunikation untereinander aus. Gleichzeitig entwickelte sich daraus ein Wertschöpfungsnetzwerk aus dem laufend neue Ideen entstanden.

4.4 Die Intelligenz steigern

4.4.1 Den Intelligenzquotienten verbessern

Sie erinnern sich: Intelligenz ist die innere Fähigkeit zum Kombinieren, Zusammenhänge zu erkennen und die Gedächtnisleistung zu erbringen (Schlussfolgerungen daraus zu ziehen). Ausschlaggebend dafür sind nicht die eigenen Grundmuster des Gehirns, sondern die Kommunikation mit der Außenwelt. Diese von der Natur vorgegebene wesentliche Gehirnfunktion setzt BeComE zur Steigerung der Leistungsfähigkeit des menschlichen Geistes und seiner Intelligenz ein.

Eine Grundform der Kommunikation ist das Selbstgespräch, das man früher für exzentrische Anwandlungen hielt. Heute weiß man, dass es eine gute Strategie ist, sich voll zu konzentrieren. Das Selbstgespräch ersetzt bzw. ergänzt die Kommunikation mit der Außenwelt. Wer es also ins Lächerliche zieht, zieht das Denken ins Lächerliche.

Es gibt aber noch andere Strategien, seine Intelligenz zu steigern. Die Basisintelligenz ist zwar angeboren, die tatsächliche ist aber eine Frage des Trainings und der Form. Im Klartext: Der Intelligenzquotient (IQ) eines Menschen verändert sich ständig – je nach Training. Grundsätzlich gilt: Neugier macht schlau. Und: wie ausgeprägt die Intelligenz wird, entscheidet sich in den ersten drei Lebensjahren – durch Lernen und durch Liebe.

4.4.2 Die Motivation wecken

BeComE nutzt die für den Lernvorgang wichtigen ersten 20 Sekunden sowie die in der Gemeinschaft ablaufenden schöpferischen Prozesse, bei denen Assoziationen zwischen mehreren Gehirnen stattfinden. Diesen Vorgang bezeichnet man als Teamarbeit. Diese Form der Zusammenarbeit ist also nichts anderes als der Zusammenklang von unzähligen Assoziationsmustern. In einem Unternehmen oder im Sport, z. B. in einer Fußballmannschaft, verhält es sich nicht anders. Unzählige Assoziationsmuster wirken mit deren Wechselwirkungen, Resonanzen und Überlagerungen zusammen. Daraus entsteht etwas vollkommen anderes als auch der begabteste Einzelne (im Fußballsport z. B. der Trainer) hervorbringen könnte. Deshalb inspiriert man sich nicht nur in einem echten Team, sondern korrigiert sich auch gegenseitig, um Schwächen zu überwinden. Aus der Diskussion entstehen die Lösungen zum Erreichen des Bestmöglichen. Das gilt für alle Menschen. Ihre Gehirnfunktionen finden in Wechselwirkungen mit anderen ganz neue Möglichkeiten, die den Isoliertbleibenden, den Einzelgängern, verschlossen sind.[47]

Teamarbeit ist also nichts anderes als das Ausschöpfen und Zusammenwirken geistiger Fähigkeiten mehrerer Menschen. Aus der daraus entstehenden Freude am Gelingen entsteht eine unerhört starke Motivation zum weiteren Vordringen ins Unbekannte. Ein solches Team hat keine Konkurrenten. Höchstens Wettbewerber um die größte Freude.

Dazu ist es erforderlich sich realistische Ziele zu setzen und sie unbeirrbar anzustreben. Wichtig ist dabei, das eigene sittliche Wollen und Handeln auf das Machbare abzustellen. Dazu bedarf es der entsprechenden Vernunft oder Einsicht. BeComE sorgt mit seinem methodischen Vorgehen für die darauf ausgerichtete sinnvolle Reihenfolge des Handelns.

4.4.3 Die Verantwortung annehmen

Die im Langzeit-Gedächtnis gespeicherten Informationen sind die Grundlage für die von Menschen erzielbaren Erfolge in Ausbildung, Beruf und Freizeit (z. B. Sport).

In der Ausbildungszeit werden diese Gedächtnisinhalte bei Prüfungen abgefragt. Im Berufsleben sind sie die Grundlage für das zu erbringende Arbeitsergebnis. Zur Verdeutlichung der aus unserem Wissen resultierenden Verantwortung werden deshalb beim Anwenden von BeComE in der Unternehmensführung

- zunächst Ziele formuliert,
- die dazu anfallenden Aufgaben geordnet und
- auf die einzelnen Menschen (Aufgabenträger) ihren Fähigkeiten entsprechend verteilt.

Dadurch werden Wirkungen, die von Menschen ausgehen, sachbezogen voneinander abgegrenzt und die damit verbundene Verantwortung personenbezogen deut-

47 Vgl. Frederic Vester, Denken, Lernen, Vergessen, Ausgabe 2002, Seite 117

lich. Damit sind die Voraussetzungen für das Entstehen gegenseitigen Vertrauens geschaffen. Störende Elemente (z. B. Vorspielen falscher Gefühle, Verbreiten von Unwahrheiten, etc.) werden dadurch erkannt. Der einzelne Mensch ist auf diese Weise in der Lage Mitmenschen in ihren Absichten zu erkennen und kann auf die Wirkungen sittlichen oder unsittlichen Wollens und Handelns nach seinen persönlichen Bedürfnissen reagieren.

5. Den Sinn des Seins erkennen

Es gibt nichts Nutzloses auf der Welt. Alles Vergangene, Gegenwärtige und Zukünftige hat also einen Zweck. Aus diesem Grund kann es keinen Selbstzweck des Seins geben.

Sie erinnern sich: Albert Einstein und der polnische Physiker Leopold Infeld plädierten für die Ablösung des Materiebegriffs durch den Begriff des Feldes: »Können wir den Materiebegriff nicht einfach fallen lassen und eine reine Feldphysik entwickeln? Was unseren Sinnen als Materie erscheint, ist in Wirklichkeit nur eine Zusammenballung von Energie auf verhältnismäßig engem Raum. Wir könnten die Materiekörper auch als Regionen im Raum betrachten, in denen das Feld außerordentlich stark ist. Daraus ließe sich ein gänzlich neues philosophisches Weltbild entwickeln, das letztlich zu einer Deutung aller Naturvorgänge mittels struktureller Gesetze führen müsste, die immer und überall gelten.«

Der Kosmos, als Symbol für das Gesamtsystem des Seins, bildet im Zusammenwirken mit der Gravitation die Ursache für seinen inneren Zusammenhalt in Vergangenheit, Gegenwart und Zukunft. Daraus begründet sich der Zweck seines Seins. Diesen inneren Zusammenhalt des Kosmos verdanken wir der von Gott ausgehenden Energie.

Sie erinnern sich: Jeder Mensch sucht nach einem vernünftigen Grund für sein Dasein bzw. den Sinn seiner Existenz, seines »Seins«. Diese Suche ist nur mit Hilfe des Verstandes möglich; denn unser Gehirn, das ist wissenschaftlich erwiesen, ist der Sitz unserer Persönlichkeit.

Daraus leitet BeComE ab, den Sinn des menschlichen Seins in der Kraft des eigenen Geistes und der seiner Mitmenschen zu erkennen. Auf der Grundlage dieser Erkenntnis entstand die Methode »Gestaltung der geistigen Kraftfelder«. Aus der Notwendigkeit das eigene Sein von dem der Mitmenschen zu trennen, resultiert die Technik »Zieldifferenzierung«.

Um persönlich unabhängig zu sein und sich weiterentwickeln zu können, ist es deshalb hilfreich, sich neues Wissen auf der Grundlage seiner ganz persönlichen Fähigkeiten anzueignen. Ganz gleich auf welchem Gebiet. Wer seine Fähigkeiten, sein Wissen und seine Erfahrung umsetzt in sittliches Wollen und Handeln schafft die Grundlage für eine erfüllte Seinsweise in der unendlichen Zukunft.

Persönliche Lernfragen

- Auf welchen Wissensgebieten wollen Sie sich (weiter)entwickeln?
- Nennen Sie die Namen von Menschen, in deren Gegenwart Sie sich wohlfühlen.
- Auf welchem Wissensgebiet möchten Sie zum Nutzen anderer Menschen beitragen?
- Zu welcher neuen Ordnung wollen Sie mit Ihren Fähigkeiten beitragen?
- Nennen Sie die Ihre geistigen Fähigkeiten anregenden Wissensgebiete.
- Mit welchen Ihrer Fähigkeiten fällt Ihnen »richtiges Handeln« leicht?
- In welchen Lebenssituationen verlassen Sie sich allein auf Ihr Wissen und Ihre Erfahrung?
- Mit welchen Ihrer Kenntnisse oder Fähigkeiten können Sie für andere Menschen Verantwortung übernehmen?
- Auf welche Wahrnehmungen Ihrer Sinnesorgane reagieren Sie besonders empfindlich?
- Welches verfügbare Wissen möchten Sie Ihren vorhandenen Gedächtnisinhalten bleibend zuordnen?
- Auf welchen Wissensgebieten wollen Sie die Lernfähigkeit Ihres Gehirns einsetzen?
- Auf welchen Wissensgebieten wollen Sie durch Training Ihre Intelligenz steigern?
- Nennen Sie die Namen der Menschen, die Ihnen beim Überwinden von einer Ihrer Schwächen geholfen haben.
- Auf welchen Wissensgebieten fühlen Sie sich sicher?

Kapitel 5
Die Merkmale des Menschen

Ziel dieses Kapitels ist es,
- die das Menschenbild prägenden Grundstrukturen und Eigenschaften zu beschreiben,
- die von Geburt an bestimmenden Charakter- und Gefühlsmerkmale verstehbar zu machen,
- die Chancen für eine positive Gestaltung des eigenen Lebens darzustellen sowie
- die in menschlichen Beziehungen lauernden Gefahren aufzuzeigen.

Wichtigstes Ergebnis: Der Weg zum Erfolg wird jedem Menschen erleichtert, wenn er für Fehler nicht verurteilt und seine Stärken anerkannt werden. Aus der Verknüpfung persönlicher Fähigkeiten mit den naturgesetzlichen Voraussetzungen leitet BeComE die Ansätze für ein erfolgversprechendes Selbstwertmanagement ab.

1. Die Grundstrukturen

Das eigenständige Wesen »Mensch« wird durch seine unverwechselbaren Merkmale zur Persönlichkeit. Sie erinnern sich: Ein Mensch kann durch geistiges Training seinen Intelligenzquotienten (IQ) steigern. Er ist also in der Lage, sich aus eigener Kraft positiv weiterzuentwickeln, sittliches Wollen vorausgesetzt. Und: Das Gehirn funktioniert bei allen Menschen gleich, unabhängig von Geschlecht, Alter, Rasse oder Religion. Dies bedeutet: *Vor Gott sind alle Menschen gleich.* Trotzdem sind Besonderheiten zu beachten:

1.1 Der Mann

Kosmologisch gesehen symbolisiert der Mensch (in der Geschichte vor allem als Mann) den Mikrokosmos als ein Spiegelbild des Makrokosmos. Das männliche Prinzip wird dabei in den meisten Traditionen durch die Sonne und den Himmel symbolisiert. Außerdem durch alles, was im Zusammenhang mit Wärme steht.

Im Islam bedeutet das männliche Prinzip die universelle Existenz, das Bindeglied zwischen Gott und der Natur. Die Sufis (mystisch fromme islamische Asketen[48]) begreifen den Menschen als das Symbol der universellen Existenz. In der christlichen Religion wird Christus als der Mensch dargestellt, der den gesamten Mikro-

48 Vgl. Duden, Fremdwörterbuch, Ausgabe 1990

kosmos sowie die vollkommene Reflexion (Zurückwerfen von Licht[49]) aller Eigenschaften, Kräfte, Elemente und Wesensmerkmale des Universums in sich vereint.[50]

Eine große Verpflichtung, die hohe Ansprüche an die Menschen stellt. In Geschichte und Gegenwart gab und gibt es einige besonders herausragende Persönlichkeiten. Die Einen verkörpern dieses Spiegelbild des Makrokosmos als vernichtende oder sogar mordende Bestie. Ohne auch nur den geringsten Zweifel an der Rechtmäßigkeit ihres Tun. In der Tat waren bzw. sind unter den größten Übeltätern weit überwiegend Männer. Gott sei Dank sind nicht alle so. Aber es gibt auch zahllose Männer und Frauen, deren Handeln deutlich erkennbar von sittlichem Wollen geprägt ist. Sie gelten in der menschlichen Gesellschaft als Vorbilder.

1.2 Die Frau

Das weibliche Prinzip symbolisiert die instinktiven (von einem Gefühl geleiteten[51]) Kräfte. In ihm vereint sich eine sehr umfassende Symbolik. Es kann glückverheißende und schützende aber auch unglückverheißende und zerstörende Bedeutung haben. Frauenfiguren wurden deshalb sowohl als Symbole für Tugenden als auch für Laster verwendet.[52]

Obwohl das männliche Gehirn größer ist als das weibliche, bedeutet das nicht, dass Männer auch klüger und selbstbewusster sind. Frauen haben sogar einen entscheidenden Vorteil: Während das »starke Geschlecht« vornehmlich mit der linken, »logischen« Gehirnhälfte denkt, nutzen Frauen immer auch gleichzeitig die rechte, »kreative« Hälfte. Von Natur aus sind Frauen darum eigentlich selbstbewusster als Männer. Ihr Problem ist allerdings immer noch, dass sie in ihrer Kindheit beim Aufbau von Selbstwertbewusstsein benachteiligt werden.

Zahlreiche Langzeitstudien aus den USA beweisen, dass Jungen auch heute noch in der Schule und von den Eltern viel mehr zu Stärke und Selbständigkeit erzogen werden als Mädchen. Darum müssen Frauen später oft hart an sich arbeiten, um in punkto Selbstwertbewusstsein mit den Männern gleichzuziehen.[53]

49 Vgl. Duden, Fremdwörterbuch, Ausgabe 1990

50 Vgl. J. C. Cooper, Illustriertes Lexikon der traditionellen Symbole, Ausgabe 1986, Seite 120

51 Vgl. Duden, Fremdwörterbuch, Ausgabe 1990

52 Vgl. J. C. Cooper, Illustriertes Lexikon der traditionellen Symbole, Ausgabe 1986, Seite 60

53 Vgl. Angela Petersen, tv Hören und Sehen, Geheimnis Selbstbewusstsein, Nr. 17/1999, Seite 10

1.3 Die Beziehung

1.3.1 Die Liebe

Sie erinnern sich: Die Wahrheit dokumentiert sich im Vorhandensein von Himmelskörpern oder Atomen (Materie). Gottes Liebe ist in den harmonischen Bewegungen der Materie in Zeit und Raum erkennbar. Wahrheit und Liebe verbinden sich auf diese Weise zur vollkommenen Wirklichkeit. Im Kosmos (göttliches Prinzip) bewegen sich Wahrheit (männliches Prinzip) und Liebe (weibliches Prinzip) harmonisch zueinander. So lange diese vorgegebene Ordnung nicht gestört wird, wirkt das kosmische Gesetz der Bewegung von Materie in Zeit und Raum wohltuend.

Nur wer sich selbst liebt, kann auch einen anderen lieben. Voraussetzung für eine glückliche Beziehung ist Vertrauen. Vertrauen entsteht, wenn die verursachenden Prinzipien von Wahrheit (männlich) und Liebe (weiblich) sich positiv ergänzen. Dabei handelt es sich um einen Prozess, aus dem eine fortdauernde positive zwischenmenschliche Beziehung entstehen kann. Dazu bedarf es jedoch der Verständigung (Kommunikation), d.h. Menschen brauchen zu ihnen passende Informations- und Gefühlspartner. Zwischen Mann und Frau kann unter dieser Voraussetzung eine Liebesbeziehung erwachsen.

1.3.2 Das Vertrauen

Sie erinnern sich: BeComE ist das Synonym für »Werde oder sei was Du wirklich bist« und vermittelt, sittliches Wollen und Handeln als hilfreich für eine positive Lebensgestaltung zu verstehen.

Bevor man einem anderen vertrauen kann, muss man deshalb zuerst wissen, wer man selber ist und was einem im Leben wichtig ist. Menschen mit echten Freunden oder einer funktionierenden Beziehung haben einen großen Vorteil: Sie haben immer eine Person, der sie sich rückhaltlos anvertrauen können, ohne verurteilt zu werden. Sie wissen, dass sie auch dann noch gemocht werden, wenn sie etwas falsch gemacht haben oder einmal nicht so gut gelaunt sind. Wahre Freunde erinnern sie dann an ihre Stärken. Das gibt Sicherheit.[54] In der Gruppe, z. B. in Familie, Ausbildung und Beruf, entsteht daraus ein angenehmes soziales Klima, in dem sich alle Beteiligten wohl fühlen.

1.3.3 Die Gefahren

Gefahren birgt die Fähigkeit beider Geschlechter, sinnliche Signale vorzutäuschen oder falsche Informationen weiterzugeben. Werden solche Wahrnehmungen sehr intensiv aufgenommen, sind sie für immer gespeichert. Aus diesem Grund hat das

54 Vgl. Angela Petersen, tv Hören und Sehen, Geheimnis Selbstbewusstsein, Nr. 17/1999, Seite 10

weibliche Prinzip die oben beschriebene doppeldeutige Eigenschaft. Man hüte sich jedoch davor, dieses Charakteristikum allein dem weiblichen Geschlecht zuzuordnen! Dies wäre genau so falsch, wie dem männlichen Geschlecht ein Vorrecht für vernünftiges Verhalten einzuräumen.

2. Die Eigenschaften

2.1 Der Charakter

2.1.1 Unser Erbe

In den USA fanden Forscher heraus, dass wir unsere persönlichen Eigenschaften von unseren Eltern erben. Über 70 Prozent aller wesentlichen Charakter- und Gefühlsmerkmale werden nicht anerzogen, sondern sind von Geburt an in unserem Wesen verankert. Schon im Augenblick der Empfängnis entscheidet sich, ob ein Mensch zur Traurigkeit oder Frohnatur neigt, ob er ängstlich oder forsch durchs Leben geht. Die Art und Stärke unserer Gefühle sind also ein feststehender Teil unserer Persönlichkeit. Folgende fünf Eigenschaften bestimmen unsere Handlungen das ganze Leben lang mit:

Die Spontaneität

Wer von seinen Eltern das »Spontan-Gen« erbte, lebt zufrieden und glücklich.

Der Humor

Ob wir gerne über uns oder andere lachen oder eher verbissen durchs Leben gehen, ist durch die Erbanlagen vorbestimmt. Welchen Stellenwert wir dieser Neigung geben, beeinflusst unser Umfeld mit. Das heißt: Kinder mit humoristischen Genen, die in einem ernsten Elternhaus aufwachsen, neigen dazu, ihre scherzhaften Seiten ihr Leben lang fast vollkommen zu unterdrücken.

Die Melancholie

wird meist von der Mutter vererbt. Diese genetische Neigung kann sich in einer schwierigen Lebensphase leider schnell zu einer Depression steigern.

Das Misstrauen

ist ein Gen das sehr stark durch Lebenserfahrungen beeinflusst wird. Wer neben seiner Veranlagung auch eine Reihe schlechter Erfahrungen macht, hat mit den Jahren immer größere Probleme, anderen zu vertrauen.

Der Jähzorn

ist genetisch so dominant, dass er von Vater oder Mutter in 92 Prozent der Fälle vererbt wird. Die Kinder können diese Anlage ihr Leben lang nur mit viel Mühe und Disziplin in den Griff bekommen.

2.1.2 Unsere Chancen

Sind wir demnach nur Duplikate unserer Erzeuger? Keineswegs. Denn niemand braucht sich seinen Neigungen hilflos zu ergeben. Im Gegenteil: Menschen, die viel geschafft haben – im Hinblick auf Geld, Intelligenz, Fähigkeit, Glück oder Liebe – haben es verstanden, ihr genetisches Erbe gut zu nutzen.

Wie lernt man nun, mit seinen Genen richtig umzugehen? Um seine Stärken zu fördern, muss man sein genetisches Erbe erkennen. Der Schlüssel liegt in der Verwandtschaft. Wer sich dort umsieht erkennt garantiert Parallelen zum eigenen Gefühlsleben und zu bestimmten Prägungen der Persönlichkeit. Wer erforscht und vergleicht, was die Vorfahren aus ihrem Leben gemacht haben, kann sein Leben besser und sinnvoller gestalten.[55]

Der Schlüssel zu unserem persönlichen Erfolg liegt also zum einen in unseren Genen, zum anderen in unserer Lernfähigkeit sowie unserer schöpferischen Kraft. Mit diesem »Rüstzeug« können wir uns aus eigenem Antrieb weiterentwickeln. Das Ergebnis aus diesem von unserem Wollen bestimmten Zusammenspiel macht also unsere Persönlichkeit bzw. unsere Seele (Prinzip des Lebens, vorgestellt als Lebenskraft oder Träger des Lebens[56]) aus.

2.1.3 Die Gefahren

Die Gefahren lauern in den zwischenmenschlichen Beziehungen. Hier ist es wesentlich, zwischen biologisch »vorprogrammierten« und den »geistig gewachsenen« zu unterscheiden. Jeder Mensch sollte sich deshalb in seinem Verhalten über folgendes bewusst sein:

- Biologisch vorprogrammierte Beziehungen zwischen Verwandten bleiben erhalten.
- Kinder werden deshalb immer beide Elternteile einschließlich deren Vorfahren verstehen.
- Geistige Beziehungen gedeihen am besten auf einer übereinstimmenden sachlichen Grundlage.
- Geeignete Freunde oder Partner kann man am Interesse an Gesprächsthemen erkennen.

55 Vgl. Ina Freiwald, tv Hören und Sehen, Unser Charakter wird vererbt, Nr. 47/1999, Seite 10
56 Vgl. Der Brockhaus, in einem Band, Ausgabe 1994

- Eltern sollten ihrer Liebesbeziehung eine starke geistige Struktur zu Grunde legen.
- Menschen, die Eltern bei deren Kindern kritisieren, treffen damit auch die Kinder.
- Bei der Erziehung ist der Aufbau einer geistigen Beziehung zwischen Eltern und Kindern unerlässlich. Damit wird die später erforderliche räumliche Trennung vom Elternhaus erleichtert und der Aufbau geistiger Beziehungen mit Freunden oder Partnern gefördert.

In der Bibel heißt es dazu:

»Was Gott verbunden hat, soll der Mensch nicht trennen.«

Der Volksmund sagt:

»Drum prüfe wer sich ewig bindet, ob sich das Herz zum Herzen findet.«

2.2 Die Intelligenz

Sie erinnern sich: Die Basisintelligenz ist zwar angeboren, die tatsächliche ist aber eine Frage des Trainings und der Form. Schon 15 Minuten Gehirntraining täglich lassen die Intelligenz eines normalen Menschen deutlich steigen. Folgende Übungen und Strategien sind dafür gut geeignet:

Wissen erweitern

Dazu muss man nicht jedes Buch von A bis Z lesen. Es reicht, aus dem Inhalts- oder Stichwortverzeichnis Begriffe herauszunehmen, im Lexikon oder Buch nachzuschlagen, und sich den Sinn in Kurzfassung einzuprägen (so ist z. B. dieses Buch entstanden).

Mozart oder Bach hören

Der gleichmäßige Takt von Musik macht uns entspannt und streßfrei. Das Gehirn ist aufnahmefähiger, die Konzentration erhöht.

Texte lernen

Den Text eines Zeitungsartikels so kurz wie möglich zu Papier bringen. Der Effekt: Beim Aufschreiben prägen sich Informationen dreimal so gut ein wie beim Lesen. Ein praktisches Anwendungsbeispiel ist bei Schülern unter dem Begriff »Spickzettel« bekannt.

Bilder einprägen

Sehen Sie sich 30 Sekunden ein Bild an und prägen Sie sich die Details ein. Beantworten Sie sich danach jeweils drei oder vier Fragen zum Inhalt.

Computerspiele

steigern ebenfalls die Intelligenz.[57] Dabei wird gleichzeitig die Schnelligkeit, Entscheidungen zu treffen geübt.

2.3 Das Selbstwertbewusstsein

Sie erinnern sich: BeComE dient dem Ziel, Menschen die positiven Aspekte des persönlichen Wertes im Bewusstsein zu verankern. Deshalb verwendet BeComE den Begriff »Selbstwertbewusstsein«.

2.3.1 Die positiven Merkmale[58]

Der Weg dorthin ist so einfach, dass es sogar Experten verblüfft. Selbstwertbewusste Menschen haben folgende grundsätzliche Gemeinsamkeiten:

Sie sind aktiv

Sichere Menschen gehen Konflikten nicht aus dem Weg und drücken sich auch nicht davor, Verantwortung für ihre Handlungen zu übernehmen. Sie wissen, dass man seine Rechte und Interessen aktiv durchsetzen muss. Darum gehen sie auch nicht den Weg des geringsten Widerstandes, da dies nur selten der Weg ist, den sie sich erträumen. Denn nur wer für sich selbst eintritt, kann auch Achtung für sich selbst entwickeln.

Sie setzen sich Ziele

Die Wurzel allen Selbstwertbewusstseins liegt in den selbst erbrachten Leistungen. Menschen, die Aufgaben zufriedenstellend erledigen, sind sich ihres eigenen Wertes bewusst. Dabei ist es völlig egal, ob sie sich als wasserscheuer Mensch zum Schwimmenlernen überwinden oder für die Firma einen heiß begehrten Kunden gewinnen. Wichtig ist nur, dass sie sich danach viel wertvoller fühlen. Dafür haben sie nur eines getan: Sie haben ihr Talent erkannt und durch eine entsprechende Zielsetzung ausgereizt. Dabei kommt es darauf an, sich nicht zu hohe Ziele zu setzen, das ist nur frustrierend. Selbstwertbewusste haben einen realistischen Zielkatalog und leben danach.

Sie lieben sich selbst

Ihnen fehlt der Perfektionismus; denn schließlich ist kein Mensch wirklich perfekt. Selbstwertbewusste Menschen wissen, dass sie mit allen ihren Fehlern einzigartig sind und ein Recht darauf haben, auf dieser Welt zu sein. Niemand kann auf jedem Gebiet gleich gut sein. Deshalb freuen sie sich über ihre Fähigkeiten und Leistun-

57 Vgl. Ina Freiwald, tv Hören und Sehen, Das Immunsystem der Seele, Nr. 16/1999, Seite 10
58 Vgl. Angela Petersen, tv Hören und Sehen, Geheimnis Selbstbewusstsein, Nr. 17/1999, Seite 10

gen und hüten sich vor übermäßigem Ehrgeiz. Natürlich unterläuft auch ihnen mal ein Fehler. Aber daraus kann man nur lernen.

Sie schätzen Komplimente

Nur unsichere, schwache Menschen können Komplimente nicht verkraften. Denn wer selbst der Meinung ist, nichts wert zu sein, wird auch nicht glauben können, dass ein anderer etwas Gutes an ihm findet. Das führt dazu, dass solche Menschen ihrer Umwelt letztlich wirklich den Eindruck vermitteln, minderwertig zu sein. Selbstwertbewusste wissen das längst und akzeptieren Lob und Komplimente mit einem freundlichen »Danke«, ohne abzuwiegeln. Sie sehen es als weiteren Ansporn an.

Sie können Nein sagen

Wer das nicht gelernt hat, wird immer zusätzliche Arbeit aufgehalst bekommen oder Dinge tun müssen, zu denen er keine Lust hat. Außerdem kann das Verleugnen der eigenen Meinung zur psychischen Überforderung und am Ende sogar zum völligen Verlust der Selbstachtung führen. Andere glauben sogar, er wäre wunschlos glücklich, wenn er zu allem Ja und Amen sagt. Selbstwertbewusste hingegen setzen ihre Ansprüche höflich aber bestimmt durch. Sie tun dies aus dem Wissen, dies für sich selbst zu tun.

Sie haben ihre Ängste überwunden

Mangelndes Selbstwertbewusstsein basiert auf vielen, oft unbegründeten, Ängsten. Sie können sogar zur Isolation führen, besonders dann, wenn es um das Aufnehmen von Kontakten mit anderen Menschen geht. Selbstwertbewusste gehen deshalb mutig auf angsteinflößende Situationen zu. Selbstwertbewussten ist klar: sie haben nichts zu befürchten.

Sie haben Mut zum Protest

Jeder Mensch möchte geliebt werden. Das ist nur beschränkt möglich. Deshalb achten Selbstwertbewusste auf ihre eigenen Bedürfnisse und wehren sich, wenn man sie schlecht behandelt. Werden sie z. B. in einem Laden schlecht bedient, nehmen sie gegenüber der »schlechten Bedienung« ihr Recht wahr. Dies ist angemessenes Eintreten für sich selbst, oder der Sachverhalt der Selbstbehauptung. Aggressivität richtet sich immer gegen andere.

Sie nehmen Hilfe an

Selbstwertbewusste fassen Vertrauen. Zuerst zu sich selbst, dann zu anderen. Sie besprechen ihre Probleme mit Freunden und bitten sie um ihre Meinung. Das hilft ihnen, sich selbst in einem besseren Licht zu sehen.

Sie nehmen wenig persönlich

Selbstwertbewusste beziehen Kritik nicht gleich auf sich oder das eigene Verhalten. Denn selbst wenn man eine Aufgabe völlig unzureichend erledigt hat, bedeutet das noch lange nicht, als Mensch ein Versager zu sein. Richtig bewertete eigene Fehler stärken das Selbstwertbewusstsein; denn sie orientieren sich an der Sache, nicht an einer Person.

2.3.2 Die negativen Seiten

Unsichere Menschen schätzen ihre Fähigkeiten meistens negativ ein. Sie fühlen sich ständig unzulänglich, was zwangsläufig zu Frustration, Nervosität und Erwartungsangst führen muss. Daraus kann ein wahrer Teufelskreis entstehen. Denn nach jedem Misserfolg wird das Selbstbild schlechter, bis die Frustration einen solchen Menschen schließlich lähmt. Mangelndes Selbstwertbewusstsein ist der häufigste Grund für psychosomatische (die seelisch-körperlichen Wechselwirkungen betreffende[59]) Erkrankungen. Sie kann auch in Gewalthandlungen gegen sich selbst (z. B. Selbstmord) oder andere (z. B. Jugendkriminalität) münden.

Persönliche Lernfragen

- Nennen Sie Namen von Menschen, die Sie in Ihren Stärken bestätigen.
- Auf welchen Wissensgebieten trainieren Sie Ihren Geist?
- Mit welchen Ihrer geistigen Fähigkeiten machen Sie anderen Menschen Freude?
- Nennen Sie die Namen von Menschen, denen Sie rückhaltlos vertrauen.
- Nennen Sie die Namen von Menschen, mit denen Sie sich gerne unterhalten.
- Nennen Sie die Namen von Menschen, deren Gefühlsäußerungen Sie vertrauen.
- Nennen Sie die Namen von Menschen, deren Intelligenz Sie vertrauen.
- Welche besonderen Fähigkeiten schätzen Sie an Ihren Blutsverwandten (auch bereits Verstorbener)?
- Welche Fähigkeiten Ihrer Blutsverwandten erkennen Sie als vorbildhaft für sich selbst?
- In Gegenwart welcher Menschen fühlen Sie sich geistig eingeengt?
- Nennen Sie die Namen von Menschen, deren Anwesenheit Sie geistig beflügelt.
- Wie viel Zeit verbringen Sie täglich, um Ihr Gehirn zu trainieren?
- Mit welchen Lerninhalten erhöhen Sie Ihre Konzentration?
- Welche Lernstrategien wenden Sie an?
- Wie steigern Sie Ihre Entschlusskraft?
- Welche positiven Merkmale für Selbstwertbewusste treffen auf Sie zu?
- Welchen Menschen können Sie mit Ihren positiven Fähigkeiten helfen?

59 Vgl. Duden, Fremdwörterbuch, Ausgabe 1990

Kapitel 6
Die Interessen des Menschen

Ziel des Kapitels ist es, die Bedeutung der unterschiedlichen Interessen von Menschen darzulegen und die Notwendigkeit zu gegenseitigem Respekt als Grundlage für den Erfolg aufzuzeigen. Dazu werden folgende Sachverhalte vermittelt:
- Gründe für den ganzheitlichen Ansatz beim Vorgehen nach BeComE,
- Bedeutung des gemeinsamen Interesses von Menschen,
- BeComE als methodischer Weg zum zielgerichtet optimalen Handeln für den Erfolg,
- Gesetzmäßigkeiten der für dieses Verhalten zu erbringenden Gedächtnisleistungen,
- Notwendigkeit das menschliche Streben nach Verbesserung positiv umzusetzen,
- Nutzen aus dem sinnvollen (»artgerechten«) Einsatz des Produktionsmittels Mensch,
- Gesetzmäßigkeiten der Teamarbeit, die zur Steigerung der Motivation führen,
- Bedeutung von Fachwissen sowie der Verantwortung von Führung und Leitung,
- Bedeutung des Leistungspotentials von Menschen.

1. Die Interessenlage

1.1 Der Mensch

Der Mensch ist ein eigenständiges Wesen. Den Herausforderungen des Lebens begegnet er sowohl allein (z. B. in der Ausbildung) als auch als Mitglied einer Gruppe (z. B. als Mitarbeiter in einem Unternehmen). Die in einem Unternehmen beschäftigten Menschen sowie dessen Lieferanten und Kunden verfolgen dabei in der Regel in erster Linie ein ganz persönliches Interesse: Den größtmöglichen Nutzen für sich selbst zu erzielen.

1.2 Macht und Geld

Das Wohl des gemeinsamen Ganzen bleibt dabei häufig auf der Strecke. Beispiele dafür sind
- Kürzung von Beihilfen des Staates bei den sozial Schwachen,
- Nötigung von sozial Schwachen zur Annahme von Billiglöhnen (aus Ländern der Osterweiterung der EU oder aus Entwicklungsländern),

- Massenentlassungen zur Kostensenkung bzw. zur Sicherstellung des Wachstums (beim Staat: zum Ausgleich des Ausfalls von Steuereinnahmen; bei den Unternehmen: zur Erhöhung der Rendite bzw. zur Kapitalmehrung),
- Realisierung von Erträgen durch »vertreibende Hilfeleistung« (Banken: Verwertung von Sicherheiten ohne Not, Versicherungen: Ablehnung von berechtigten Ansprüchen auf Entschädigungsleistungen),
- Forderungen der Gewerkschaften nach Lohn- oder Gehalterhöhungen gegenüber Staat und Wirtschaft trotz fehlender finanzieller Mittel.

Sieger bleibt, wer über politische Macht oder die größeren finanziellen Mittel verfügt. Der kann die Anderen »fertig machen«. Nötigenfalls mit der Hilfe von Anwälten oder der Gerichte. Die sozial Schwachen bleiben jedoch in jedem Fall »auf der Strecke«.

1.3 Die Folgen

Sie erinnern sich: Die durch die Technisierung und Industrialisierung eingesparte Zeit wird in der Hauptsache dafür verwendet, immer noch billiger herzustellen bzw. steigende Renditen zu erwirtschaften. Die Folge waren stetiges Wirtschaftswachstum aber auch immer geringer werdender Bedarf an menschlicher Arbeitskraft. Oder: Immer weniger Menschen sind für die Bewältigung der verbliebenen Arbeit erforderlich.

Auf diese Weise werden die Segnungen der Technik zum Fluch. Viele Menschen haben keine Arbeit und damit auch kein Geld mehr für den Konsum. Über einer Vielzahl von Beschäftigten schwebt das Damoklesschwert der Entlassung. Die arbeitende Bevölkerung und damit die Träger der Leistungen für Arbeitslosigkeit, Krankheit, Altersversorgung sowie sozial Schwache werden zunehmend weniger. Andererseits haben die in der Vergangenheit regelmäßig gestiegenen Löhne und Gehälter (Rendite des »kleinen Mannes«) ein immer größer werdendes Anspruchsdenken bewirkt.

2. Das gemeinsame Interesse

Sie erinnern sich: Wie kann ein Mensch die Summe seiner Erkenntnisse in brauchbare Lösungen für seine persönliche Entwicklung nutzen? BeComE stützt sich auf die Leistungskraft des menschlichen Geistes und der Werte schaffenden Wirkung sowie den finanziellen Nutzen aus sittlichem Wollen und Handeln. In Verbindung mit gegenseitigem Respekt vor den Interessen der Mitmenschen kann eine gerechte Verteilung des erwirtschafteten Ertrags auf Arbeit und Kapital erreicht werden. BeComE verknüpft zu diesem Zweck die kosmischen Gesetze der Bewegung von Materie in Zeit und Raum sowie von Ursache und Wirkung und überträgt sie auf den Menschen. Das dafür erforderliche Vorgehen orientiert sich an folgenden Elementen:

2.1 Der Paradigmenwechsel

Sie erinnern sich: Diese Betrachtungsweise erfordert einen Paradigmenwechsel. BeComE betrachtet deshalb das »System Mensch« nicht mehr als den Mittelpunkt der Schöpfung, sondern als einen Teil davon. Der Schutz Gottes wird den Menschen deutlich, die dieses Ordnungsprinzip befolgen und im obigen Sinn handeln.

2.2 Die Lernende Organisation

Unternehmerische Herausforderungen anzunehmen bzw. Chancen wahrzunehmen ist Chefsache. Dazu gibt er Denkanstöße oder entscheidet aus seiner Gesamtverantwortung für das Unternehmen. Mit Hilfe von BeComE wird in diesen Prozess die geistige Leistungskraft der Mitarbeiter eingebunden und zum Aufbau einer *Lernenden Organisation* genutzt.

Sie erinnern sich: Die einzelne Person und die Gruppe handeln auf der Basis von BeComE selbständig und können sich dadurch fortwährend geänderten Bedingungen anpassen. Darüber hinaus kann jeder Mensch seine Entwicklung nach eigener Entscheidung steuern. In Verbindung mit organisationalem Lernen entsteht nicht nur ein individueller und gemeinsamer Wertegewinn sondern auch finanzieller Nutzen.

3. Das Ganzheitliche Unternehmensmodell

Den im Ganzheitlichen Unternehmensmodell erforderlichen Gesamtablauf steuert der Firmenleiter. Dazu gibt er Ziele vor und bezieht zunächst die Leitenden Mitarbeiter und danach das gesamte Personal in den Aufbau der Lernenden Organisation ein. Auf diese Weise sind alle im Unternehmen beschäftigten Menschen in diesen zielführenden Entwicklungsprozess eingebunden. Auf dieser Grundlage entsteht aus der Lernenden Organisation das *Ganzheitliche Unternehmensmodell*. Dessen Ausgangspunkt ist das von der Gesellschaft für Organisation in Deutschland entwickelte Ganzheitliche Organisationsmodell (GOM).[60]

Die mit dem Ganzheitlichen Unternehmensmodell verbundenen Aufgaben überträgt der Firmenleiter einem Berater oder einer ihm direkt unterstellten Stabsstelle. Die wesentlichen Elemente dieses Modells der Unternehmensführung sind:

60 Vgl. Rudolf Buechi und Reiner Chrobok, GOM – Ganzheitliches Organisationsmodell, Ausgabe 1994

3.1 Das Systemdenken

Den Fortbestand der Welt hat die Gesamtheit aller Menschen zu verantworten. Aus diesem Grund stehen die Wirkungen, die von Menschen ausgehen, auch beim Ganzheitlichen Unternehmensmodell im Mittelpunkt. Grundlage für dessen Entwicklung ist die Darstellung der unternehmensbezogenen Strukturen in Systemen. Dazu wird die Vielschichtigkeit (Komplexität) des Unternehmens, seinem Umfeld (Lieferanten, Kunden) bis hin zum einzelnen Mitarbeiter in beherrschbaren Ganzheiten (Systeme) dargestellt. Um die Zusammenhänge leichter begreifen zu können, werden komplexere Systeme zusätzlich in Untersysteme gegliedert. Die in einem Unternehmen beschäftigten Menschen bzw. Menschengruppen werden ebenfalls als Untersysteme behandelt. Das auf diese Weise entstandene Gesamtbild des Unternehmens drückt sich aus im Organigramm.

Die zwischen den Systemen (und Menschen) bestehenden Beziehungen werden als Netzwerk dargestellt. Wesentlichster Bestandteil dieses Netzwerks ist der wahrheitsgetreue Austausch sowie die entsprechende Verfügbarkeit von Informationen. Dieser Ordnungsgrundsatz wird auf die gesamte Organisation (z. B. ein Unternehmen) mit allen seinen internen und externen Aufgaben übertragen.

3.2 Die Fähigkeiten des Menschen

3.2.1 Das Sinnbild BeComE

Sinnbild für das methodische Vorgehen zum Aufbau des Ganzheitlichen Unternehmensmodells sind die Begriffe »Behavior«, »Communication« und »Extension«. Sie drücken sich aus in dem patentrechtlich geschützten Warenzeichen BeComE, das symbolhaft die Anregung für Menschen enthält,

- sich ihrer persönlichen Fähigkeiten entsprechend zu verhalten (*B*ehavior);
- sich auf dieser Grundlage selbst zu verstehen und mit anderen Menschen zu verständigen (*C*ommunication) und dadurch
- die eigenen Fähigkeiten positiv ins Bewusstsein zu bringen und zu verbessern (*E*xtension).

Ziel dieses Vorgehens ist es, die eigenen – inneren – Fähigkeiten zu verstehen und dazu die äußeren Umstände als uneingeschränkte (absolute) Tatbestände wahrzunehmen. Grundlage für die Wahrnehmungsfähigkeit in einer Organisation (z. B. einem Unternehmen) ist eine zentrale Datei in der, für alle zugänglich, die wesentlichen Kerndaten und Probleme eingesehen werden können.

3.2.2 Die Möglichkeiten von BeComE

Auf dieser Grundlage bietet die ganzheitliche (Unternehmens-)Entwicklung nach BeComE Menschen die Möglichkeit,

- sich mit ihren besonderen Fähigkeiten aus einem bewussten Ich zu verwirklichen,
- ihr Streben nach Verbesserung auf persönliche oder gemeinsame Handlungsziele zu konzentrieren,
- durch zielgerichtete Verständigung (Kommunikation) den persönlichen bzw. gemeinsamen Wissensstand zu verbessern,
- die damit verbundene persönliche Verantwortung zu tragen und
- damit einen bleibenden geistigen Wertegewinn und finanziellen Nutzen zu erzielen.

3.3 Die Information

3.3.1 Der Ist-Zustand

Unternehmen verändern sich ständig und die Märkte entwickeln sich rasant. Daraus resultieren Herausforderungen an den unternehmerischen Wagemut. Diese Umstände erfordern immer wieder kreatives Denken und zielgerichtetes Handeln.

Sie erinnern sich: Mittels BeComE können regional verteilte organisatorische Strukturen übereinstimmend gestaltet und geistige Kraftfelder entwickelt werden. Und: BeComE nutzt die Lernfähigkeit und die schöpferische Kraft des menschlichen Gehirns. Dabei dient die Information als grundlegendes Werkzeug eigenes Wissen aufzubauen und zweckgebunden zu nutzen. Dazu schafft BeComE in der Form einer einheitlichen Wissensbasis die Voraussetzungen. Auf dieser Grundlage können sich Menschen und Unternehmen mit geringem Kommunikationsbedarf ohne einschränkende Grenzen weiterentwickeln.

Beziehungen bestehen zwischen Menschen sowie zu Ideen und Dingen. Diese Beziehungen müssen gestaltet werden. Die Darstellung der gegenwärtigen absoluten Wirklichkeit (Ist-Zustand) macht die dazu bestehende Vorstellung der betroffenen Menschen gegenständlich. Diese gegenwartsbezogene absolute Wirklichkeit wird im Verlauf des dynamischen Prozesses der Veränderung immer wieder visualisiert (in ein Bild umgesetzt). Daraus entsteht bei den Betroffenen eine übereinstimmende Reihe von inneren Bildern. Dieser »Film« verankert sich im Gedächtnis und ermöglicht das persönliche Verständnis für die Sachlage. Auf der so aufgebauten gemeinsamen Wissensbasis können neue Ziele vereinbart und mit geringem Zeitaufwand angestrebt werden.

Sie erinnern sich: Die Wirklichkeit ist das Ergebnis einer Kette zurückliegender Ereignisse. Sie bilden in ihrer Summe die gegenwärtige Wahrheit. BeComE erarbeitet zu diesem Zweck zunächst den Ist-Zustand (Urbild des gemeinsamen Wissens) und stellt ihn systematisch im Organigramm dar. Alle Beteiligten erhalten dadurch ein objektives, übereinstimmendes Bild von der im Unternehmen derzeit gegebenen Sachlage (absoluter Tatbestand). Dieses Bild des Ist-Zustandes ist die Grundlage für das Gestalten der Beziehungen zwischen den verschiedenen organisatorischen Einheiten (Funktionsbereiche). Denn keine dieser Einheiten kann für sich alleine bestehen.

3.3.2 Der Soll-Zustand

Sie erinnern sich: BeComE vermittelt, sittliches Wollen und Handeln als hilfreich für eine positive Lebensgestaltung zu verstehen.

Das Anstreben einer neuen Wirklichkeit (Soll-Zustand) erfordert Mut zum Handeln. Diesem Handeln muss deshalb das unvoreingenommene Sehen der auf ein Unternehmen zukommenden Herausforderungen oder Chancen vorausgehen. Zu diesem Zweck werden auf der Basis des Ist-Zustandes Ziele formuliert und gewichtet.

Sie erinnern sich: Einsichtiges (positives) Denken hilft, negative Erfahrungen aus der Vergangenheit leichter zu verarbeiten und in positives Handeln umzusetzen. Damit wird es leichter, bloßes »Für-wahr-Halten« von nutzbringendem Wissen bzw. der absoluten Wirklichkeit zu unterscheiden

Da Menschen unterschiedliche Ziele verfolgen verdeutlicht BeComE an dieser Stelle den Unterschied zwischen eigenen (individuellen) und unternehmensbezogenen (gemeinsamen) Zielen. Diesem Zweck dient die Methode der Zieldifferenzierung. Zum Planen der zu treffenden Maßnahmen für das Unternehmen werden nur die unternehmensbezogenen Ziele herangezogen.

Sie erinnern sich: BeComE nutzt die menschliche Fähigkeit, aus den im Gehirn gespeicherten Informationen sinnvolle neue Strukturen zu entwickeln. Aus der Verantwortung für deren zielorientierte Erfüllung (nach dem Gesetz von Ursache und Wirkung) gestaltet der Einzelne seine Zukunft selbst und trägt gleichzeitig zum Gemeinwohl bei. Wirken Menschen in diesem Sinne zusammen, entsteht eine für alle Beteiligten erkennbare sinnvolle neue Ordnung.

Alle zum Erreichen des Soll-Zustands jetzt erforderlichen Entscheidungen sollen von allen Beteiligten nicht nur angenommen sondern auch mitgetragen werden. Dazu wird die gegenwärtige Wirklichkeit im Organigramm verständlich dargestellt und die unternehmensbezogenen (gemeinsamen) Ziele formuliert. Aus dem Verständnis der Zusammenhänge können die beteiligten Menschen positiv im Sinne der gesteckten Ziele handeln. Dadurch entsteht ein Netzwerk von Beziehungen mit großer geistiger Kraft. Aus Mitarbeitern, die Aufgaben zu erfüllen haben, werden am Erfolg des Unternehmens interessierte und beteiligte »Mitunternehmer«.

3.4 Die Verantwortung

Sie erinnern sich: Die im Langzeit-Gedächtnis gespeicherten Informationen werden von Menschen zu ihrem persönlichen Nutzen in Ausbildung und Beruf genutzt. Im Berufsleben sind sie die Grundlage für das zu erbringende Arbeitsergebnis. Zur Verdeutlichung der aus dem Wissen resultierenden Verantwortung werden bei der Anwendung von BeComE

- zunächst Ziele formuliert,
- die dazu anfallenden Aufgaben geordnet und
- auf die einzelnen Menschen (Aufgabenträger) ihren Fähigkeiten entsprechend verteilt.

Die von den einzelnen Aufgabenträgern zu erfüllenden Aufgaben und die damit verbundene Verantwortung ergeben sich aus den vorgegebenen Zielen. Als organisatorisches Hilfsmittel für die Abgrenzung von Aufgabe und Verantwortung dient die Stellenbeschreibung. In ihr sind in Kurzform die Ziele der Stelle sowie die vom Stelleninhaber zu erfüllenden Hauptaufgaben enthalten. Dadurch werden Wirkungen, die von Menschen ausgehen, sachbezogen voneinander abgegrenzt und die damit verbundene Verantwortung personenbezogen deutlich.

Damit sind die Voraussetzungen für das Entstehen gegenseitigen Vertrauens geschaffen. Störende Elemente (z. B. Vorspielen falscher Gefühle, Verbreiten von Unwahrheiten, etc.) können erkannt und beseitigt werden.

3.4.1 Die Verantwortungspyramide

Die Verantwortung in einem Unternehmen baut sich auf dieser Grundlage wie folgt auf:

- Die einzelnen *Mitarbeiter* tragen die Verantwortung für die ihnen übertragenen Aufgaben.
- Die *Leitenden Mitarbeiter* tragen die Verantwortung für die ihnen übertragenen Aufgaben sowie die Auswahl und den Einsatz der ihnen zu diesem Zweck anvertrauten einzelnen Mitarbeiter.
- Der *Leiter des Unternehmens* trägt die Verantwortung für das Unternehmen und alle seine Mitarbeiter.

3.4.2 Der Leiter des Unternehmens

Grundlage für das ganzheitliche Entwickeln eines Unternehmens ist die Gesamtverantwortung des Firmenleiters. Nur auf dieser Basis kann das Wohl eines Unternehmens als auch das seiner Mitarbeiter erhalten bzw. gesteigert werden. Aus diesem Grund ist es für den Leiter unabdingbar, sich über wichtige Ereignisse im Unternehmen unmittelbar informiert zu halten. Schwerfällige, eigennützige hierarchische Strukturen sind diesem Anspruch hinderlich. Aus diesem Grund werden bei der Ganzheitlichen Unternehmensentwicklung die unternehmensbezogenen Ziele »top down« (aus der Verantwortung von oben nach unten) weitergegeben und als erstes den Leitenden Mitarbeitern verdeutlicht (vertikale Verantwortung). Die von diesen verantwortlich betreuten Mitarbeiter werden anschließend informiert (horizontale Verantwortung).

Die Lösungen zum Erreichen dieser Ziele werden »bottom up« (aus der Verantwortung von unten nach oben) erarbeitet. Damit können die von allen Menschen im Unternehmen ausgehenden Wirkungen berücksichtigt werden. Gleichzeitig wird dadurch die Akzeptanz der zu treffenden Maßnahmen gesichert. Der Leiter des Unternehmens entscheidet über die Reihenfolge der Verwirklichung aus seiner Gesamtverantwortung und der Gesamtsicht der Zusammenhänge.

Günther H. Schust schreibt hierzu: »Ziel einer Vitalisierung der Organisation zur Leistungssteigerung muss es sein, ein Verhalten und eine Kompetenz zu erzeugen, die direkt auf wettbewerbskritische Herausforderungen ausgerichtet sind. Die Aufgabe des Führers dabei ist es nicht, Verhalten durch Normen zu prägen, sondern in der Auseinandersetzung mit dem Geschäftsziel die Rollen, Verantwortungen und Arbeitsbeziehungen aufzubauen, die dann zu Normen werden können. Die menschliche Ressource entwickelt sich, indem die Geschäftsziele verfolgt werden. Der Führende ist verantwortlich, dass die Geführten beim Verfolgen dieser Ziele nicht orientierungslos sind und ihre Kräfte zielgerichtet einsetzen.«[61]

3.5 Die Zielvorstellungen

Sie erinnern sich: Alle Menschen tragen für sich oder in einer Gruppe Verantwortung. Die Reihenfolge des Handelns richtet sich nach der erzielbaren positiven Wirkung. Der Einzelne orientiert sich dabei an dem für sich selbst angestrebten Erfolg. Der Gesamtverantwortliche in einem Unternehmen hat zusätzlich das Wohl aller Betroffenen zu berücksichtigen.

BeComE berücksichtigt den nicht änderbaren Tatbestand unterschiedlicher Zielvorstellungen von Menschen. Dazu dient die Technik der Zieldifferenzierung. Auf dieser Grundlage wird ein Unternehmen einschließlich seines Umfeldes in beherrschbare Ganzheiten (Systeme) voneinander abgegrenzt. Die bestehenden Beziehungen werden mit Hilfe der modernen Kommunikationstechnik geregelt und gesteuert.

Die persönlichen Interessen der betroffenen Menschen werden respektiert bzw. berücksichtigt und die unternehmensbezogenen Ziele verdeutlicht. Auf diese Weise wird das gemeinsame Interesse am Erfolg klargestellt. Mit Hilfe der vom verantwortlichen Firmenleiter vorgegebenen Ziele wird die besondere Bedeutung des in-

61 Vgl. Günther H. Schust, Total Performance Management, Ausgabe 1994, Seite 209

dividuellen Beitrags zum Erfolg oder Misserfolg für den Einzelnen nachvollziehbar.

Auf dieser Grundlage wird die Rangfolge der zu erfüllenden Aufgaben nach ihrer zielführenden Wichtigkeit festgelegt. Die Reihenfolge des Handelns orientiert sich dabei daran, inwieweit Ziele realistisch (wirklichkeitsnah) erreichbar sind. Die Entscheidung darüber bleibt dem Gesamtverantwortlichen (z. B. Firmenleiter) vorbehalten. Der Gesamtverantwortliche beauftragt entweder einen Berater oder die dafür zuständige Stabsstelle die dafür erforderlichen Unterlagen in Zusammenarbeit mit den Betroffenen und Beteiligten vorzubereiten.

3.6 Der Veränderungsprozess

Sie erinnern sich: BeComE betrachtet das »System Mensch« nicht mehr als den Mittelpunkt der Schöpfung, sondern als einen Teil davon.

Bei der auf die positive Wirkung abgestellten Reihenfolge des Handelns wird der Rahmen der rein organisatorischen Betrachtung verlassen. Die Mitarbeiter eines Betriebs werden durch diese Maßnahme zu unternehmerisch mitdenkenden und mithandelnden Partnern des Firmeninhabers oder Firmenleiters. Der Veränderungsprozess wird auf diese Weise von Unternehmensleitung und Mitarbeitern gemeinsam vorangebracht.

3.7 Der Lernvorgang

Sie erinnern sich: Sobald wir Wahrnehmungen irgendwelchen bereits gespeicherten Gedächtnisinhalten zuordnen und eine Resonanz mit schon vorhandenen Erinnerungen erzeugen, können wir neue Eindrücke vor dem Verlöschen in unserem Gedächtnis retten. Wie geschieht das? Bevor wir Bewegungen (z. B. Aufgaben) automatisch ausführen können, müssen sie in der Großhirnrinde als Programme fest verankert sein. Bis das so weit ist, laufen die entsprechenden Impulse immer wieder über die gleichen Bahnen zum Großhirn. Erst nach einer längeren Einübungszeit werden sie automatisiert, gewinnen dann an Exaktheit, werden fließend und sicher. Die damit verbundenen Bewegungen beginnen automatisch abzulaufen. Wie gut sie ablaufen und wie reichhaltig sie sind, hängt ganz davon ab, was und wie wir gelernt haben.

Um den bestmöglichen Lernerfolg zu erzielen, wird organisatorisch für das Umsetzen in kleinen Schritten vorgegangen. Die einzelnen Arbeitsabläufe werden Schritt für Schritt mit ihrer zielführenden Bedeutung für das Unternehmen im Gedächtnis der beteiligten Menschen verankert. Sie lernen dadurch sich selbst, die im Unternehmen ablaufenden Vorgänge und den Wert des von ihnen geleisteten Beitrags zu verstehen. Die Grundlage für die Entwicklung der *Lernenden Organisation* und des darauf aufbauenden Ganzheitlichen Unternehmensmodells ist entstanden.

Dieses Vorgehen reduziert den Aufwand für Kommunikation beträchtlich und beschleunigt den Arbeitsablauf. Dadurch werden Kosten gespart und den Mitarbeitern die Gewöhnung an veränderte Verhältnisse erleichtert.

Ludwig von Bertalanffy hatte schon Mitte des 20. Jahrhunderts den Wert ganzheitlichen Denkens erkannt: Das erfolgreiche ganzheitliche Anpassungsverhalten natürlicher Systeme unterstützt auch uns (die Menschen), den eigenen Ansatz weiterzuentwickeln.[62] BeComE setzt diesen philosophischen Gedanken im Ganzheitlichen Unternehmensmodell in die Praxis um.

4. Der Mensch im Unternehmen

4.1 Der Wunsch nach Verbesserung

Das menschliche Streben nach Verbesserung ist eine wichtige Voraussetzung für die positive Entwicklung der Menschheit. Ein Unternehmer kann dieses Streben fordern bzw. fördern, indem er daraus resultierende Ideen seiner Mitarbeiter nutzt.

4.2 Das Leistungspotential

BeComE berücksichtigt deshalb die Wirkungen, die von Menschen ausgehen. Nur Menschen können Ideen entwickeln und gestalterisch umsetzen. Durch ihre Lernfähigkeit und die daraus resultierenden schöpferischen geistigen Kräfte helfen sie mit, die Zukunft (des Unternehmens) zu sichern. Der Mensch wird auf diese Weise als zentraler Leistungserbringer eingesetzt. Die betroffenen, später persönlich interessierten Mitarbeiter tragen dazu bei, das Unternehmen erfolgreich weiterzuentwickeln. Gleichzeitig sind sie durch ihr Wissen wirkungsvolle Beobachter für Einflüsse jeder Art auf das Unternehmen.

Die Organisationslehre sagt hierzu: Das Gleichgewicht zwischen Verhaltenserwartung und tatsächlichem Verhalten von Menschen ergibt sich aus ihrer Leistungsfähigkeit, Leistungsbereitschaft und Leistungsmöglichkeit. Aufgaben drücken eine Verhaltenserwartung aus; es wird erwartet, dass der mit seiner Aufgabe betraute Mensch ein Verhalten zeigt, das zur Erfüllung der übertragenen Aufgaben führt. Ohne eine Aufgabe gibt es für Menschen keinen Anwesenheitssinn in Organisationen. Zur Aufgabenerfüllung ist eine Leistung des Menschen erforderlich (Leistung

62 Vgl. Rudolf Buechi und Reiner Chrobok, GOM – Ganzheitliches Organisationsmodell, Ausgabe 1994, Seite 34

als Ergebnis aus Leistungsfähigkeit, Leistungsbereitschaft und Leistungsmöglichkeit verstanden).[63]

Aus der Praxis ist bekannt, dass viele Mitarbeiter auf ihren Stellen nicht die Leistung bringen, die man von ihnen erwartet. Untersuchungen in Unternehmungen zeigen bei den meisten Stellen wesentliche, individuelle Unterschiede in bezug auf die erbrachte Leistung. Bei Blue-Color-Tätigkeiten in der Fertigung und bei Routinejobs im Büro gibt es 20–25 % Leistungsträger, die mehr leisten als die durchschnittlichen Stelleninhaber. Diese Leistungsunterschiede können bis auf 50–100 % steigen, insbesondere bei höherwertigen Stellen.[64]

5. Das »Produktionsmittel Mensch«

Sie erinnern sich: BeComE nutzt die Fähigkeit der Menschen, aus den in ihren eigenen Gehirnen gespeicherten Informationen sinnvolle neue Strukturen zu entwickeln. Aus der Verantwortung für deren zielorientierte Umsetzung (nach dem Gesetz von Ursache und Wirkung) gestaltet der Einzelne seine Zukunft selbst und trägt gleichzeitig zum Gemeinwohl bei. Das »Produktionsmittel Mensch« wird zu diesem Zweck wie folgt genutzt:

5.1 Die Wertschöpfung

Wichtigstes Produktionsmittel in einer Organisation ist der Mensch. Die Produktivität (Ergiebigkeit) menschlicher Arbeit kann in der Wertschöpfung pro Mitarbeiter ausgedrückt werden.[65]

Mitarbeiter bringen dann ihre beste Leistung, wenn die ihnen übertragenen Aufgaben ihren Fähigkeiten entsprechen. Gelingt es, diese Leistung mit geringstmöglichem Zeitaufwand in qualitativ hochwertige Arbeitsergebnisse umzusetzen, wird der höchste Grad an Wertschöpfung erreicht. Aus diesem Grund sind zur Lösung von Problemen alle Mitarbeiter einzubinden. Während also Ziele »top down« vorgegeben werden, löst man damit zusammenhängende Schwierigkeiten »bottom up«. Damit wird gleichzeitig auch die Akzeptanz bei allen beteiligten Mitarbeitern gesichert.

Außerdem ist ein wirkungsvolles Zusammenspiel der im Unternehmen anfallenden Aufgaben entlang der Wertschöpfungskette (Arbeits- oder Geschäftsprozesse) von entscheidender Bedeutung. Wesentlich für den damit erzielbaren Erfolg ist es, die größtmögliche Leistung bei geringstmöglichem Aufwand für Kommunikation

63 Vgl. Rudolf Buechi und Reiner Chrobok, GOM – Ganzheitliches Organisationsmodell, Ausgabe 1994, Seite 126

64 Vgl. Günther H. Schust, Total Performance Management, Ausgabe 1994, Seite 6

65 Vgl. Henner Schierenbeck, Grundzüge der Betriebswirtschaftslehre, Ausgabe 1981, Seite 153

zu sichern. Damit kann mit geringem Zeitaufwand ein Höchstmaß an Qualität zu günstigem Preis erzielt werden. Die bestmögliche Wertschöpfung ist erreicht, wenn alle Beteiligten und Betroffenen (Hersteller bzw. Dienstleister, Lieferanten und Kunden) mit dem für sich selbst erzielten Nutzen zufrieden sind.

Unter Wertschöpfung ist also der Nutzen aus den von Menschen erbrachten Leistungen zu verstehen. Aneinandergereiht verbinden sie sich zur Wertschöpfungskette. Das Maß der Wertschöpfung wird bestimmt von der Qualität der erbrachten Leistungen und der dafür aufgewendeten Zeit. Arbeiten Menschen auf der Grundlage von BeComE zusammen, verwandelt sich die Wertschöpfungskette in ein äußerst leistungsfähiges Wertschöpfungsnetzwerk.

5.2 Die Motivation

Sie erinnern sich: Teamarbeit ist nichts anderes als das Ausschöpfen und Zusammenwirken geistiger Fähigkeiten mehrerer Menschen. Aus der daraus entstehenden Freude am Gelingen entsteht eine unerhört starke Motivation zum weiteren Vordringen ins Unbekannte. Ein solches Team hat keine Konkurrenten. Höchstens Mitbewerber um die größte Freude. Die wesentlichen Elemente dafür sind:

5.2.1 Das Fachwissen

Der wirkungsvolle (effektive) Einsatz der produktiven Kräfte (Ressourcenallokation) bestimmt wesentlich die Leistungsfähigkeit (Effizienz) eines Unternehmens. Qualität und Ausmaß der verfügbaren unternehmenseigenen Kernkompetenzen (branchenspezifisches Fachwissen) sind darüber hinaus wesentliche Erfolgsfaktoren. Die Ressourcenallokation ist deshalb eine Aufgabe von zentraler Bedeutung für ein Unternehmen. Als Hilfsmittel für diesen Zweck dient der Lebenslauf.

5.2.2 Die Anerkennung

Die Mitarbeiter beziehen ihre Motivation aus der mündlichen und finanziellen Anerkennung ihrer Leistung. Sie erinnern sich: BeComE hebt die besonderen Fähigkeiten und Kenntnisse der beratenen Menschen unmittelbar bei den dabei zu erfüllenden Aufgaben anerkennend hervor. Dies geschieht möglichst in Gegenwart der beteiligten oder betroffenen Gruppe. Die menschlichen Werte werden dadurch gegenseitig bekannt und anerkannt. Das persönliche Qualitätsbewusstsein (Selbstwert) und der gegenseitige Respekt werden gestärkt. In dieser Atmosphäre entwickelt sich der Teamgeist leistungsfördernd. Alle Beteiligten bzw. Betroffenen sind motiviert.

Der höchste Wirkungsgrad wird erreicht, wenn der verantwortliche Vorgesetzte sowohl fach- als auch führungskompetent ist. Fachkompetenz (fachlicher Sachverstand) wird bestimmt durch Qualität und Umfang der Ausbildung, ergänzt durch

Erfahrung. Führungskompetent sind Menschen, die Verantwortung für die von anderen zu erfüllende Aufgaben tragen können.

Die finanzielle Anerkennung wird als gerecht empfunden, sofern sie neben Fähigkeiten, Wissen und Erfahrung auch die Bürde der damit verbundenen Verantwortung berücksichtigt.

5.3 Die Führung

Sie erinnern sich: Intelligenz ist die innere Fähigkeit zum Kombinieren, Zusammenhänge zu erkennen und die Gedächtnisleistung zu erbringen (Schlussfolgerungen daraus zu ziehen). Ausschlaggebend dafür sind nicht die eigenen Grundmuster des Gehirns, sondern die Kommunikation mit der Außenwelt. Diese Notwendigkeit setzt BeComE als schöpferische Kraft für die menschliche Leistungsfähigkeit ein. Diese schöpferische Kraft freizusetzen bzw. zu nutzen ist Aufgabe des Gesamtverantwortlichen im Unternehmen, also eine Führungsaufgabe.

Der Ehrenvorsitzende der GfürO, Hans-Martin Müller-Nobiling, schreibt dazu in der zfo 5/1999: »Führung ist nicht nur eine Sache des Verhaltens der Führungsperson, sondern soll durch Leitlinien (z. B. Führungsrichtlinien) einen passenden Rahmen bekommen. Stichworte sind ›Ziele vereinbaren‹, ›informieren‹, ›Entscheidungen treffen‹, ›Verantwortung (und dazu Aufgabe und Kompetenz) delegieren‹, u. a. Die Anwendung personeller Maßnahmen und Konfliktlösungstechniken gehören im weitesten Sinne genauso zur Führung.«

BeComE baut die dafür erforderliche Führungs- und Leitungsstruktur methodisch auf. Damit soll in erster Linie erreicht werden,

- neue Ideen gemeinsam zu entwickeln und umzusetzen,
- die anfallenden Aufgaben ausbildungs- und erfahrungsgerecht zu verteilen und
- die Arbeitsprozesse möglichst sicher, schnell und konfliktfrei ablaufen zu lassen.

Damit können Personalkosten gespart, Lieferzeiten verkürzt, günstige Preise erzielt und Marktchancen oder –gefahren schneller wahrgenommen bzw. erkannt werden. Die damit verbundene Außenwirkung beeinflusst darüber hinaus die Kundenbindung positiv.

Am Beispiel eines Hauptmanns der Feuerwehr können die Führungs- bzw. Leitungsaufgaben praxisbezogen vorgestellt werden:

5.3.1 Die Führungsaufgaben

- Die Löschmannschaft auswählen und zusammenstellen,
- die Aufgaben den individuellen Fähigkeiten der Feuerwehrleute entsprechend verteilen und

• eine reibungslose Verständigung (Kommunikation) innerhalb der Gruppe sicherstellen.

5.3.2 Die Leitungsaufgaben

Der beim Bekämpfen eines Brandes ablaufende Arbeitsprozess wird in einem speziellen Training und in Schulungen immer wieder geübt und auf einem möglichst hohen Niveau gehalten. So ist es möglich, im Ernstfall (z. B. bei einem Brand) schnell und wirkungsvoll zu arbeiten.

5.4 Die Kundenbindung

Sie erinnern sich: Der Gesamtverantwortliche im Unternehmen hat das Wohl aller Beteiligten bzw. Betroffenen zu berücksichtigen. Dies sind der Unternehmer selbst sowie alle Mitarbeiter, Lieferanten und Kunden. BeComE bezieht die dafür maßgebenden Voraussetzungen in die Überlegungen zur Lösung von Problemen ein. Jede betroffene Person wird auf diese Weise als Leistungspotential erkennbar. In einem Unternehmen sind dies der Unternehmer sowie die Mitarbeiter und Lieferanten mit ihrer Leistungsfähigkeit, die Kunden mit ihrer Leistungs- bzw. Kaufbereitschaft für ein Produkt oder eine Dienstleistung.

Außerdem wird dadurch das Maß für den Ausgleich von Geben und Nehmen deutlich. Je ausgeglichener dieses Verhältnis ist, desto größer ist die Qualität des gegenseitigen Vertrauens. Für BeComE ist Kundenbindung deshalb ein Spannungsfeld zwischen
• der zu erbringenden Leistung eines Herstellers oder Dienstleisters und
• dem dafür vom Kunden aufzuwendenden geldwerten Betrag.

5.5 Der Wettbewerbsvorteil

Sie erinnern sich: Im Zusammenwirken von Aufgabe, Verantwortung, zielorientierter Kommunikation und Vertrauen entsteht eine teamorientierte Gruppenkultur. Damit können Menschen
• ihre geistige Flexibilität ohne wirtschaftlichen Stabilitätsverlust einsetzen und entwickeln sowie
• einen Beitrag zum dynamischen Prozess des menschlichen Fortschritts leisten.

Aufgabe des Leiters eines Unternehmens ist es, die von Menschen ausgehenden und zu verantwortenden Wirkungen verstehbar zu machen. Dazu setzt er Erwartungen und Ziele, die nur die betroffenen Menschen selbst wissen bzw. bestimmen können, zum Wohle des Einzelnen oder des gemeinsamen Ganzen in neue Lösungen um. Menschen, die bereit sind, sich mit BeComE weiterzuentwickeln, können auf diese Weise

- aus ihren eigenen Erfahrungen hinzu lernen,
- sich aus den daraus resultierenden Erkenntnissen neue Ziele setzen,
- neue Ideen entwickeln und realisieren,
- eine folgerichtige und verständliche neue Ordnung schaffen,
- evtl. verbrauchte Motivation erneuern sowie
- die daraus resultierende neue Ordnung gefestigt allein oder gemeinsam mit anderen tragen.

Wird diese Chance wahrgenommen, entwickelt sich ein sehr starkes positives Selbstwertbewusstsein für den Einzelnen bzw. die Gruppe. Der beschrittene Weg wird dann unbeirrbar (konsequent) weiterverfolgt. Damit sind auch die Voraussetzungen geschaffen, die Erwartungen und Ziele ständig an sich ergebende neue Verhältnisse anzupassen.

Die einzelne Person und die Gruppe handeln auf der Basis von BeComE selbständig und können sich dadurch fortwährend geänderten Bedingungen anpassen. Darüber hinaus kann jeder Mensch seine Entwicklung nach eigener Entscheidung steuern. Ein hohes Niveau an Wissen, Erfahrung und Ethik ist dadurch kein Luxus mehr, sondern Realität. Dieser mental getragene Prozess garantiert den Erfolg, motiviert und wird zum bleibenden Wettbewerbsvorteil.

Persönliche Lernfragen

- Mit welchen Herausforderungen sind Sie konfrontiert?
- Welche sich Ihnen bietende Chancen möchten Sie gerne wahrnehmen?
- Welche Personen(kreise) beziehen Sie in Ihre Entscheidungen mit ein?
- Nennen Sie Namen von Menschen, deren Fähigkeiten gut zu Ihren eigenen passen.
- Nennen Sie Themen, über die Sie sich gerne mit anderen Menschen unterhalten.
- In welchem Umfeld können sie sich persönlich am besten entfalten?
- Mit welchen Ihrer Fähigkeiten können Sie positive Wirkungen für sich selbst und andere erzielen?
- Für welche Ihrer Aufgaben benötigen Sie eigenverantwortliches (unternehmerisches) Handeln?
- Welche Ihrer Aufgabengebiete beherrschen Sie am besten?
- Bei welchen Ihrer Aufgaben möchten Sie Ihren Kommunikationsbedarf reduzieren?
- Auf welchem Ihrer Wissensgebiete würden Sie gerne etwas Neues versuchen?
- Nennen Sie Ihre wichtigsten Ziele.
- Trennen Sie diese Ziele nach persönlich, Familie und Beruf.
- Auf welchen Ihrer Wissensgebiete halten Sie sich für besonders kreativ?
- Auf welchen Gebieten können Sie Ihre Kreativität bereits einsetzen?

- Welche Teile Ihres Wissens nutzen Sie nicht?
- Auf welchen Ihrer Wissensgebiete würden Sie gerne (mehr) gefordert werden?
- In welchen Lebensbereichen legen Sie auf ehrliche Gefühle besonderen Wert?
- In welcher Ebene der Verantwortungspyramide sind Sie mit Ihren besten Fähigkeiten angesiedelt (in Familie, Beruf und Freizeit)?
- An welchen Fähigkeiten anderer Menschen orientieren Sie sich in Ihren Aufgabenbereichen?
- Welche Rückmeldungen erhalten Sie von wem über den Nutzen der von Ihnen erbrachten Leistungen?
- Auf welchen Wissensgebieten fordern Sie sich selbst am liebsten?
- Für welche Ihrer Aufgabenbereiche nutzen Sie das Wissen oder die Erfahrung anderer Menschen?

Kapitel 7
Die Rahmenbedingungen

Ziel des Kapitels ist es, die das Selbstwertmanagement nach BeComE bestimmenden ethischen oder moralischen Rahmenbedingungen aufzuzeigen. Folgende Forderungen knüpfen sich vor allem daran:

- Bewerte menschliche Fähigkeiten, wie z. B. die Verantwortung für eine übernommene Aufgabe zu tragen, höher als den Wert des verwendeten Werkzeugs (z. B. die moderne EDV-Technik) oder bewerte sie zumindest gleich.
- Handle nur nach solchen Lebensregeln, die Du selbst als allgemeines Gesetz anerkennen würdest.
- Widme Dein Wirken dem größtmöglichen Glück der größtmöglichen Zahl von Menschen.
- Schaffe Strukturen nach den Interessen möglichst vieler Menschen (z. B. den individuellen Mitarbeiter- und Kundenzielen).

Die Aussagen betreffen nur den grundlegenden Kern der für das Umsetzen von BeComE erforderlichen Verhaltensprinzipien.

Ergänzend dazu werden die Voraussetzungen und Möglichkeiten der Kommunikationstechnik, die damit erzielbaren Vorteile sowie der Aufbau und das Auftreten der Märkte und Unternehmen aufgezeigt. Ergänzend dazu wird der Nutzen durch BeComE erläutert.

1. Der Mensch

Menschen leiten ihr Handeln aus dem ihnen zugrunde liegenden Selbstverständnis ab. Unternehmer haben zusätzlich die Interessen der von ihnen beschäftigten Menschen sowie die externen Rahmenbedingungen zu berücksichtigen.

Schwerpunktmäßig lassen sich die aktuellen bzw. die für den Einsatz von BeComE erforderlichen Rahmenbedingungen wie folgt zusammenfassen:

1.1 Die Leistungsfähigkeit

Der Mensch ist bestimmend für das Entwickeln und Nutzen seiner Leistungsfähigkeit (Potential). Sie umfasst besondere Fähigkeiten (Begabungen), erlerntes Wissen sowie die gemachten Erfahrungen. Damit die vorhandenen Kräfte und Möglichkeiten genutzt werden können, müssen sie sich bei jedem Einzelnen entfalten können bzw. als Leistung gefordert werden.

Sie erinnern sich: Der wirkungsvolle (effektive) Einsatz der produktiven Kräfte (Ressourcenallokation) bestimmt wesentlich die Leistungsfähigkeit eines Unternehmens (Effizienz). Qualität und Ausmaß der verfügbaren unternehmenseigenen Kernkompetenzen (branchenspezifisches Fachwissen) sind darüber hinaus wesentliche Erfolgsfaktoren. Die Ressourcenallokation ist deshalb eine Aufgabe von zentraler Bedeutung für ein Unternehmen. Als Hilfsmittel für diesen Zweck dient der Lebenslauf.

1.1.1 Das vorhandene Wissen

Das in einem Volk vorhandene Wissen bzw. die vorhandenen Bildungsmöglichkeiten sind der Maßstab für die Entwicklungschancen einer Gesellschaft. In der weltweiten Gesamtheit sind die dafür erforderlichen Einrichtungen sehr ausgeprägt und vielfältig.

Zusätzlich haben die Wissenschaften in vielen Forschungsbereichen eine große Menge neuen Wissens erarbeitet. Dadurch wird sich dessen Halbwertszeit (Zeit, nachdem das Erlernte die Hälfte des Nutzens aus seinem Reife- und Entwicklungsprozess erreicht hat) drastisch verkürzen. Wissenschaftler prognostizieren, dass sich als Folge davon das derzeitige Verhältnis von Lernen und Weiterbildung (80 zu 20) auf 20 zu 80 umkehren wird.

Daraus entsteht ein Ausbildungsbedarf, der von der Gemeinschaft der Menschen in Staat und Wirtschaft unter den gegebenen Voraussetzungen nicht mehr finanzierbar sein wird. Außerdem ist durch den Rückgang der produktiv nutzbaren Zeit des Menschen eine Teuerungswelle unausbleiblich.

1.1.2 Die Verfügbarkeit des Wissens

Gleichzeitig verbessert sich die Zugriffsmöglichkeit auf das vorhandene Wissen durch die moderne Kommunikationstechnik. Das gesamte digital gespeicherte Wissen der Menschheit kann auf diese Weise weltumspannend verfügbar gemacht werden. Bereits jetzt kann man zu jeder Zeit und von jedem Ort darauf zugreifen. Die Kommunikationstechnik ist deshalb tragendes Element der menschlichen Weiterentwicklung. Dieser umwälzende Fortschritt ist Herausforderung und Chance zugleich.

1.1.3 Der Nutzen durch BeComE

BeComE trägt dieser Entwicklung Rechnung und setzt das verfügbare Wissen dort ein, wo es dem »Endverbraucher« für seine Zwecke nutzt. Zusätzlich wird neues Wissen bedarfsorientiert vor Ort (z. B. in einem Unternehmen) zur Aus- und Weiterbildung vermittelt. Damit steht eine Lernmethode zur Verfügung, die das herkömmliche, zentrale Verfahren für Ausbildung, Schulung und Training wirkungsvoll ergänzt.

Damit ist es z. B. möglich, neues Wissen nachträglich und unmittelbar als erfolgsbezogene Lerninhalte an beliebige Orte zu vermitteln. Betriebe oder Verwaltungen können damit ihr Wissensniveau ständig auf dem neuesten Stand halten oder sogar steigern. Gleichzeitig werden alle in einer Organisation (z. B. ein Unternehmen) beschäftigten Menschen auf eine übereinstimmende Wissensbasis gebracht, die sowohl dem Interesse des Einzelnen als auch dem der Gruppe gerecht wird.

Auf diese Weise kann sogar der Leistungsstandard einer ganzen Volkswirtschaft nicht nur gehoben sondern dauerhaft auf einem überdurchschnittlichen Niveau gehalten werden. Auch die weltweit erzielten Fortschritte der Wissenschaft können unmittelbar genutzt werden. Modernes Wissen ist auf diese Weise weltweit für die Lösung von Problemen und zur Verbesserung des Bildungsniveaus griffbereit (on line) verfügbar.

1.2 Die Chancen

1.2.1 Die Ausbildung

In der Süddeutschen Zeitung vom 16.07.1998 schreibt Christiane Funke in ihrem Artikel »Hochbegabte als Stiefkinder des Schulsystems«:

»Bereits bei der Einschulung sind hochbegabte Kinder ihren Klassenkameraden oft deutlich voraus. Entsprechend groß ist die Gefahr der Unterforderung und Frustration bis zur Leistungsverweigerung. Die Erfahrung des hochbegabten Kindes in der Schule ist mit einem Sprinter zu vergleichen, der so lange auf der Bank warten muss, bis die anderen Laufen gelernt haben. Bei Schülern können die Folgen nicht nur schlechte Schulnoten, sondern im Extremfall auch psychosomatische Störungen sein.«

Das derzeitige Schulsystem ist nicht nur für Hochbegabte unzureichend. Auch der »normale« Schüler trifft auf eine wissensfeindliche Lernstruktur.[66]

BeComE stützt sich bei der Förderung des individuellen Selbstwertbewusstseins auf die in jedem Menschen vorhandene Begabung bzw. Neigung. Die Freude an den damit am leichtesten erzielbaren Erfolgen wird benutzt, um die Leistungsbereitschaft zu wecken und Leistung zu fördern oder zu fordern. Werden die erbrachten Leistungen dazu noch lobend anerkannt, kann der Betroffene die unvermeidbaren negativen Umwelteinflüsse leichter überwinden. Dadurch sind auch die für den Entwicklungsprozess der Menschheit unentbehrlichen Hochbegabten nicht mehr gefährdet ausgegrenzt zu werden.

66 Vgl. Frederic Vester, Denken, Lernen, Vergessen, Ausgabe 2002, Seite 120 ff.

1.2.2 Die Arbeitswelt

Sie erinnern sich: Neue Chancen bietet jetzt das Informationszeitalter. Mit Hilfe der modernen Kommunikationstechnik sind problemlos effiziente kunden- bzw. bürgerorientierte Netzwerke realisierbar. Gleichzeitig wird wirksam und gezielt Information in Wissen umgesetzt und die Leistungsfähigkeit von Menschen direkt »on the job« gesteigert.

An die Qualifikation von Arbeitskräften werden durch die fortschreitende Technisierung und Industrialisierung hohe Anforderungen gestellt. Sie steigen durch die neuen Möglichkeiten der modernen Kommunikationstechnik weiter. Aus diesem Grund wird auch der Bedarf an qualifizierten Arbeitskräften zunehmen. Das verfügbare Wissen gewinnt gerade in diesem Bereich immer mehr an Bedeutung. Diesem Umstand muss sowohl in der Ausbildung als auch im Berufsleben die ihm gebührende Bedeutung beigemessen werden.

Andererseits werden durch das Bündnis für Arbeit z. B. ältere Mitarbeiter aus dem Wirtschaftsprozess genommen. Dadurch wird dem neuen Wissen der nachrückenden Generation der Erfahrungsschatz der Praktiker immer mehr entzogen. In seinem in der Süddeutschen Zeitung am 12.11.1998 veröffentlichten Interview sagte der ehemalige Sächsische Ministerpräsident Kurt Biedenkopf zu diesem Thema:

»Das Bündnis für Arbeit ist nicht ein Bündnis von Kapital und Arbeit, sondern von Verbänden die das Kapital vertreten, und von Verbänden, die die Arbeit vertreten. Aber bei diesem Bündnis ist nicht das Wissen vertreten, obwohl es sich als die knappste Ressource erwiesen hat. Das Bündnis ist das Ergebnis der Einsicht, dass Kapital und Arbeit im gleichen Boot sitzen. Aber wer ist der Motor? Der Motor in diesem Boot ist das Wissen und Können. Das aber ist verbandsfeindlich, denn es hat ganz andere Qualitäten. Es lässt sich auch nicht umverteilen.«

1.2.3 Der Nutzen durch BeComE

Sie erinnern sich: BeComE nutzt die bei jedem Menschen vorhandene Begabung und fordert, die damit verbundene Leistungsfähigkeit zu nutzen. Dies insbesondere auch deshalb, weil jeder Mensch seinen IQ durch die eigene Leistung steigern kann. Für diesen Zweck kann die moderne Kommunikationstechnik sinnvoll eingesetzt werden. Mit ihr lässt sich spezielles Wissen gezielt und nach Bedarf »an den Mann (Menschen)« bringen. Folgende Vorteile können erzielt werden:

- Das Verhältnis von Lernen und Weiterbildung kann zu Gunsten der produktiv nutzbaren Zeit verbessert werden (Beispiel: branchenbezogene Schulung).
- Ausbildungsdefizite aus der Vergangenheit können ausgeglichen werden (Beispiel: neue Bundesländer in der Bundesrepublik Deutschland, Osterweiterung der EU, Entwicklungsländer).

- Wissen kann gezielt, schnell und problemlos exportiert werden (Beispiel: wirtschaftlich unterentwickelte Regionen).

Für diese Zielsetzung sind ältere, also erfahrene Menschen, unentbehrlich. Sie sind ebenfalls wertvolle Wissensträger, wollen sich in der Regel nützlich machen und auch geistig immer noch weiterentwickeln. Sie haben darüber hinaus normalerweise ihre biologische Pflicht erfüllt. Außerdem sind sie dadurch sehr flexibel einsetzbar und kostengünstiger (kein Mutterschutz, keine Arbeitslosenunterstützung). Ein Beispiel für den sinnvollen Einsatz ist die Hilfe für junge Mütter bzw. Familien. Für sie könnten ältere Menschen eine wertvolle Unterstützung sein, z. B. in den ersten drei Jahren nach der Geburt von Kindern. Den Eltern könnte damit der zeitliche Freiraum geboten werden für eine fundierte Persönlichkeitsbildung ihres Nachwuchses.

2. Moderne Verhaltensgrundsätze

2.1 Die Technikphilosophie

Die Beurteilung von Technik und Technologien hat sich in den letzten 100 Jahren bedeutend gewandelt. Vor ca. 110 Jahren gründete der Philosoph Ernst Kapp die Technikphilosophie im engeren Sinn. Er definierte die Technik als Mittel zur kulturellen und moralischen Höherentwicklung des Menschen. Dies entsprach dem damaligen Stimmungsbild. Noch 1927 erweiterte Friedrich Dessauer diesen Ansatz. In seiner Philosophie sah er die Technik als Weiterschöpfung. In ihr wurde das Werk Gottes durch den Menschen vollendet. Die Technik wurde also als Möglichkeit angesehen, die Natur vollständig zu beherrschen. Der Mensch sollte hierdurch frei werden.

Das kreisläufige (zyklische) Denkschema der Griechen, das sich am Kreislauf der Natur orientierte, wurde dadurch geradlinig (linear). Mit Hilfe der Technik sollte sich der Mensch zu Vollkommenheit und Glück hin entwickeln. Diese Entwicklung sollte automatisch in einem Zustand der Harmonie und dem perfekten Beherrschen aller Probleme enden. In dieser Gedankenwelt wurden Probleme (für die Umwelt, für den arbeitenden Menschen, usw.) als ein zu akzeptierender Bestandteil in einem geraden Entwicklungsprozess angesehen. Kritische Stimmen konnten also gar nicht erst laut werden.

2.2 Die Wirtschaftsphilosophie

Seit einiger Zeit ist eine Abkehr von der aus der Industrialisierung stammenden fremden Technikphilosophie erkennbar. Die neue Denkweise orientiert sich an den Zeichen der Informationsgesellschaft.

So fordert beispielsweise Ivan Illich eine Abkehr der Konzentration der Forschung auf billigere Produktion. Erstrebenswert wäre es für ihn, den Einsatz der Technologien für den Menschen im Vordergrund zu sehen. Konsequenterweise stellt dieser Ansatz einen hohen moralischen Anspruch an die Menschen, die ihn umsetzen.

Die Grenzen linearen Wachstumsverhaltens wurden – dargestellt an den Verhaltensweisen der Industrienationen – vom Club of Rome deutlich aufgezeigt. In seinen Analysen wird ein ökologischer und wirtschaftlicher Gleichgewichtszustand angestrebt.

Nicht jede Neuorientierung stellt sich als technisches Phänomen dar. Es kann sich auch um eine ethische Herausforderung handeln. Nach Jürgen Habermas ist das technische Erkenntnisinteresse an sich weder gut noch schlecht. Die Technik wird erst im praktischen Einsatz zum Schaden oder Nutzen. Das hängt von den dabei verfolgten Zielen ab.

An den Methoden der Organisation sowie der Rationalisierung kann man dies ebenfalls erkennen. Sie werden heutzutage immer häufiger ethisch und moralisch hinterfragt. Dies trifft insbesondere auf Vereinfachungen oder Kosteneinsparungen zu. Sind sie wirklich immer letztendlich ein Fortschritt und damit begrüßenswert?

Von den Unternehmen geplante Veränderungen sollten zumindest nach notwendigen, erwünschten und zu vermeidenden Auswirkungen unterschieden werden. Die menschlichen Werte wie Glück oder Sicherheit sollten also den rein rationalen Überlegungen (z. B. Kosten senken, größtmöglichen Gewinn erzielen) zumindest gleichgestellt sein.

2.3 Die Unternehmens- und Beratungsethik

Menschliche Gemeinschaften (Familie, Unternehmen, Staat, etc.) entwickeln sich in einem fortwährenden Streben nach Verbesserung. Zum Erreichen individueller Ziele werden insbesondere Informationen, Arbeit, Kapital und Material ausgetauscht. Durch die neueste Entwicklung der Kommunikationstechnik werden diese Beziehungen weltweit vernetzt. Damit erreicht das Gesamtsystem einen Zustand höchster Vielfalt und innerer Kraft. Politik und Wirtschaft suchen deshalb nach Lösungen für diese Herausforderung der Informationsgesellschaft.

Unternehmens- und Beratungsethik müssen diesen herausragenden sachlichen und moralischen Anforderungen ganzheitlich Rechnung tragen. Diese Ethik ist deshalb mit einer praktischen Philosophie zu verknüpfen und in Richtlinien des Handelns niederzulegen. Zur Thematik der moralischen Anforderungen hilfreich sind die Ausführungen von Immanuel Kant. Auf der Suche nach Antworten auf die Frage, was zu tun ist, ist die innere Einstellung maßgeblich. Es kommt nicht auf bestimmte Charakterzüge, die Ausbildung oder das erfolgreiche Erreichen eines Ziels an. Der gute Wille wird nicht durch das, was er bewirkt, sondern durch das Wollen an sich gut.

Als Richtschnur wirken oberste moralische Gebote (kategorische Imperative) die jeder Form einer Verallgemeinerung Stand halten. Beispiel: »Handle nur nach solchen Lebensregeln (Maximen), von denen Du selbst willst, dass sie allgemeines Gesetz werden.« Wilhelm Busch hat das so ausgedrückt:

»Was Du nicht willst, das man Dir tu', das füg' auch keinem and'ren zu.«

Sie erinnern sich: Die Wirklichkeit ist das Ergebnis einer Kette zurückliegender Ereignisse. Sie bilden in ihrer Summe die gegenwärtige Wahrheit. Deshalb sind die einen zusammenhängenden Sachverhalt betreffenden Ereignisse nach dem Verursachungsprinzip zu untersuchen und zu bewerten. Aus der zeitlichen Reihenfolge des Eintritts entsteht die Beweiskette. Im Gesamtzusammenhang betrachtet gibt sie Aufschluss über die Bedeutung der einzelnen Ereignisse bezüglich Schuld oder Unschuld. Nach diesem Prinzip kann richtig entschieden und damit auch gerecht geurteilt werden.

Und: Aus diesem Grund zielt BeComE zunächst darauf ab, aus der Vergangenheit nachwirkende, störende Ereignisse zu ergründen und damit verbundene Probleme zu lösen. Gleichzeitig beginnen jedoch bereits auch die Planungen für die Gestaltung einer positiven Zukunft. Die störenden Erinnerungen werden »hinausgewohnt« und das Wollen und Handeln auf die persönlichen Fähigkeiten, Bedürfnisse und Absichten ausgerichtet. Dabei stützt sich BeComE auf Normen und Grundsätze der Lebensführung, die sich aus der Verantwortung gegenüber anderen herleiten. Menschen oder Organisationen, die so handeln bringen Ordnung und Klarheit in ihr Leben und Zusammenleben. Zusätzlich schaffen sie sich eine sehr positive Aussicht für die eigene oder gemeinsame Zukunft. Darüber hinaus wird ein Zustand *bleibender Gerechtigkeit* erzielt.

Klaus M. Leisinger schreibt dazu in seinem Buch »Whistleblowing und Corporate Reputation Management«: Weder die generelle ethische Reflexion noch Erörterungen im Kontext von Spezialproblemen lassen sich führen, ohne dass dem Sachverhalt Gerechtigkeit eine zentrale Bedeutung eingeräumt wird.[67]

Für das Umsetzen sachlicher Anforderungen bietet sich der soziale Utilitarismus (ideale Werte werden nur anerkannt, sofern sie dem Einzelnen oder der Gemeinschaft nützen) von Jeremy Bentham an. Er strebt nach dem größtmöglichen Glück der größtmöglichen Zahl von Menschen. Der Zustand von Glück ist allerdings kein statisches Ereignis. Es sollte vielmehr ständig alle unsere Aktivitäten auf der

67 Vgl. Klaus M. Leisinger, Whistleblowing und Corporate Reputation Management, Ausgabe 2003, Seite 216 ff.

Suche nach den (individuellen) höchsten Gütern begleiten. Der Zustand von Glück stellt sich somit immer dann ein, wenn eines dieser höchsten Güter erreicht wurde.

Von wirtschaftlichem Interesse sind zwei Arten von Glück, die sachliche (pragmatische) Form sowie die uneingeschränkte (absolute). Die pragmatische Form erfordert das Erfüllen von Bedürfnissen durch das Erreichen bestimmter Objekte (Erlangen von Ausbildungsinhalten, Erfüllen gestellter Aufgaben). Die absolute Form strebt nach dem höchsten Gut, einem sinnvollen und erfüllten Leben.

2.4 Der Nutzen durch BeComE

Sie erinnern sich: Für das Entstehen und die Zusammensetzung von Wissen spielen die von außen kommenden Einflüsse eine entscheidende Rolle. Unsere Innenbilder stammen aber aus den bisher von uns aufgenommenen und gespeicherten Informationen.

Und: Das Verankern von Informationen ist ein linearer Prozess. Das zu lernende Wissen wird durch Wiederholen vom Ultrakurzzeitgedächtnis über das Kurzzeitgedächtnis zum Langzeitgedächtnis »transportiert«. Das Speichern von Wissen hingegen ist ein vernetzter Prozess. Werden die gespeicherten Informationen abgerufen, setzt der Mensch durch von außen das Gehirn erreichende Impulse neue Bilder zusammen. Diese Bilder erkennen wir nur in einem begrenzten Ausschnitt. Wollen wir sie für unseren Erkenntnisprozess nutzen, müssen wir sie in einer für uns sinnvollen Reihenfolge Bild für Bild »abarbeiten«. Der Erkenntnisprozess ist also ebenso wie das Lernen ein nacheinander zu verarbeitender (sequenzieller) Vorgang. Dieses Naturgesetz nutzt BeComE.

Zu diesem Zweck wird zunächst das Urbild des Wissens (Ist-Zustand) erhoben, dargestellt und sowohl individuell als auch gemeinsam »erlernt«. Von diesem Bild und den Bedürfnissen und Erwartungen der beteiligten Menschen ausgehend, werden Ziele formuliert. Anschließend werden die individuellen schöpferischen Kräfte zum Denken angeregt und so ein neues gemeinsames Bild (Ziel) entwickelt (Soll-Zustand). Die sich daraus ergebenden Aktivitäten führen Schritt für Schritt zu einem neuen Bild. Die Erkenntnisse die das neue Bild immer deutlicher erscheinen lassen empfindet der Mensch als Erfolg, der ihn motiviert. Je häufiger dieser Prozess des Entstehens neuer Bilder wiederholt wird, desto schneller schreitet der Erkenntnisprozess voran und um so größer sind der Erfolg und die Motivation. Durch das permanente, gegenseitig vergleichende und prüfende Denken wirkt BeComE als linear und spiralförmig verlaufender Selbstoptimierungs- und Fortentwicklungsprozess. Der soziale Utilitarismus erreicht dadurch immer höhere Ebenen.

3. Die Technik

3.1 Die Voraussetzungen

Moderne Rechnernetze sind weltweit verbreitet. Als Kommunikationssprache auf elektronischen Märkten für den Datenaustausch dient dabei EDI (Electronic Data Interchange). Durch Ausdehnung dieser Technik auf das Internet ist die qualitative, quantitative sowie zeitliche Verfügbarkeit von Information von ausgezeichneter Qualität. Die Nutzung dieser Technologien wird deshalb zu einem kritischen Erfolgsfaktor für alle Unternehmen werden.

3.2 Die Möglichkeiten

Die Büroarbeit ist im wesentlichen gekennzeichnet durch die Verarbeitung von Informationen. Dazu bestehen vielfältigste Möglichkeiten. Zentrale Bedeutung hat deswegen der Einsatz von Informations- und Kommunikationstechniken. Sie tragen entscheidend zur innerbetrieblichen Informationsverarbeitung und zur Kommunikation innerhalb der Organisation und deren Umfeld bei. Client/Server-Architekturen, Multiprocessing, Video Conferencing, Mobiles Computing und Telearbeit ermöglichen in Verbindung mit Netzwerken vollkommen neue Lösungen. Wesentliche Vorteile dieses Technikeinsatzes sind die Auflösung der Ortsgebundenheit und die schnelle Wechselwirkung von Informations- und Reaktionszeit. Das Geschäft kann z. B. dort gemacht werden, wo die Kundenorientierung es erfordert.

3.3 Der Nutzen durch BeComE

Sie erinnern sich: BeComE verteilt die anfallenden Aufgaben auf die einzelnen Menschen (Aufgabenträger) deren Fähigkeiten entsprechend. Organisatorisches Hilfsmittel dafür ist die Stellenbeschreibung. Auf diese Weise werden Wirkungen, die von Menschen ausgehen, sachbezogen voneinander abgegrenzt. Die Verantwortung für die Erfüllung der Aufgaben kann mit Hilfe von BeComE personenbezogen nachvollzogen werden. Auf dieser Grundlage ist es möglich die moderne Informations- und Kommunikationstechnik raumübergreifend einzusetzen, ohne die Kontrolle über die Zuordnung der Verantwortung zu verlieren.

Beispielhaft werden nachfolgend die Möglichkeiten des Einsatzes moderner Informations- und Kommunikationstechnik mit Hilfe von BeComE aufgezeigt:

3.3.1 Die Telearbeit

Telearbeit besitzt im Hinblick auf die Anwendung von BeComE folgende charakteristische Eigenschaften:

- Telearbeit liefert als Ergebnis einen Informationsbestand und ist am Bildschirm zu erledigen;
- Arbeitsort und Verwendungsort der Arbeitsergebnisse sind räumlich voneinander getrennt;
- Arbeitsaufträge, Arbeitsunterlagen und Arbeitsergebnisse werden elektronisch übermittelt und gespeichert;
- alle Informationen können im Hinblick auf Zeit und Raum beliebig oft neu erzeugt bzw. wieder hergestellt werden.

Ziele für die Nutzung von Telearbeit können sein:
- Dienstleistungen näher zum Kunden zu bringen;
- die Verfügbarkeit von Dienstleistungen räumlich auszubauen;
- Märkte für informationsbezogene Dienstleistungen zu erschließen;
- Personal bedarfsgerecht einzusetzen;
- Kosten einzusparen durch Verlagern von Arbeiten in Regionen mit geringerem Lohnniveau;
- Arbeitsplätze in Regionen mit hoher Arbeitslosigkeit zu schaffen;
- besonders qualifizierte Mitarbeiter dem Unternehmen zu erhalten;
- Wegstrecken zwischen Wohn- und Arbeitsort zu reduzieren (Energie sparen, Umwelt schützen);
- die in Ballungszentren sehr hohen Mietaufwendungen zu vermeiden.

3.3.2 Die Videokonferenz

Die Videokonferenz ermöglicht die Kommunikation über Bildschirm zwischen verschiedenen Orten. Dabei können gleichzeitig neben einem Bewegtbild auch Sprache, Daten und Texte übertragen und Dokumente ausgetauscht werden. Die Arbeitsergebnisse können in einer zentralen Konferenzdatei gespeichert und für alle – auch örtlich und zeitlich getrennt arbeitende – Benutzer bereitgestellt werden.

Diese Technik ist also ein hocheffizientes Medium zum sinn- oder geistesorientierten Erfassen und Weitergeben von Informationen. Auf diese Weise können also neben Wissen, auch sinnbezogene (emotionale) Informationen ausgetauscht werden. Nutzen können daraus vor allem global arbeitende Unternehmen ziehen. Mit Hilfe der Videokonferenz ist es z. B. möglich
- die emotionale Bindung zum Home Office aufrechtzuerhalten,
- schnelle Entscheidungen bei aktuellen Problemen herbeizuführen,
- aktuelle Fragen von Kunden schnell und sehr persönlich zu beantworten und dadurch
- die Vorgangsbearbeitung zu beschleunigen und Dienstreisen einzusparen.

3.3.3 Die Multimedia-Systeme

Das Multimedia-System ist eine EDV-Anwendung, die auf einer einzigen CD mehrere Medien enthält. Dabei verbindet die optisch-numerische, vom Computer gesteuerte CD einzelne oder bewegte Bilder (Video), Ton, Text und Daten. Diese Art die Medien gleichzeitig (simultan) zu kombinieren, ist die eigentliche technische Umwälzung. Die Vorteile (Mitarbeiter- und Kundenzufriedenheit) liegen in der schnellen Wechselwirkung von Informations- und Reaktionszeit. Auf lange Sicht kann das Multimedia-System auf das gesamte Arbeitsaufkommen eines Unternehmens abgestellt werden. Dabei ist das System sowohl für wiederkehrende Aufgaben als auch bei schöpferischen Tätigkeiten (produktive Kreativität) leicht anzuwenden. Außerdem passt es sich uneinheitlichen (heterogenen) Informationsquellen gut an.

Sie erinnern sich: Mit Hilfe der Stellenbeschreibung hält BeComE die persönliche Verantwortung für die zu erfüllenden Aufgaben transparent.

4. Die Märkte

4.1 Der Aufbau

Das Industriezeitalter bescherte den Unternehmen einen Nachfrageboom. Dieser damit verbundene Anbietermarkt wandelte sich in den meisten Branchen zum Nachfragermarkt. Als Folge davon werden die Lebenszyklen von Produkten immer kürzer. Die Kunden sind außerdem über Kosten und Qualitäten umfassend informiert. Die Produkte sind auch in sehr individuellen Varianten reichlich verfügbar. Die Kundschaft fordert erstklassige Qualität, ausgezeichneten Service sowie kurze Lieferzeiten. Gleichzeitig setzt sie die Unternehmen durch große Feinfühligkeit beim Kauf hohem Preisdruck aus.

4.2 Die Wertschöpfung

Sie erinnern sich: Wichtigstes Produktionsmittel in einer Organisation ist der Mensch. Die Produktivität (Ergiebigkeit) menschlicher Arbeit kann in der Wertschöpfung pro Mitarbeiter ausgedrückt werden. Mitarbeiter bringen dann ihre beste Leistung, wenn die ihnen übertragenen Aufgaben ihren Fähigkeiten entsprechen. Gelingt es, diese Leistung mit geringst möglichem Zeitaufwand in qualitativ hochwertige Arbeitsergebnisse umzusetzen, wird der höchste Grad an Wertschöpfung erreicht.

Die Industrienationen sind bisher vor allem durch ihre Produkte und ihre Produktionsverfahren groß geworden. Jetzt verschiebt sich die Wertschöpfung entscheidend in Richtung Dienstleistungen und Dienstleistungsgewerbe. Die drei Sektoren der Wirtschaft haben sich in ihrer Bruttowertschöpfung wie folgt entwickelt:[68]

Sektor	Name	1960 %	1993 %
primär	Land-/Forstwirtschaft	6	2
sekundär	Warenproduktion	53	42
tertiär	Dienstleistungen	41	56

Unter Dienstleistungen werden auch alle begleitenden Leistungen verstanden, wie Kundenwerbung (Akquisition), Beratung, Kommunikation, Service, Wartung und Entsorgung.

4.3 Das Auftreten

Die weltumspannende Erweiterung der Märkte erfordert (z. B. gegenüber den Lieferanten) zunehmend Anwesenheit vor Ort. Horizontal vernetzte Zusammenschlüsse von Unternehmen der gleichen Wirtschaftsstufe ermöglichen ein starkes Auftreten. Insbesondere geeignet sind hierfür die entscheidenden Funktionsbereiche wie der Einkauf, der Vertrieb, der Transport von Gütern, die Produktion oder die Bildung. Hierzu bietet sich die gemeinsame Gründung einer Unternehmung an, die sich auf diese Aufgabenstellungen spezialisiert.

Eine andere Form der Kooperation können Unternehmen eingehen, die zu jeweils aufeinander folgenden Wirtschaftsstufen angehören. Beispiele hierfür sind vor allem Allianzen von Zulieferern und Herstellern oder von Herstellern und dem Handel. Die Beteiligten konzentrieren sich aus Gründen der Verminderung der Vielschichtigkeit und von Kosten jeweils auf ihr branchenspezifisches Fachwissen (Kernkompetenz).

4.4 Der Nutzen durch BeComE

Mitarbeiter sind zugleich auch Verbraucher und Teil der zu beliefernden Märkte. In dieser Rolle sind sie mit ihren Bedürfnissen wertvolle Informationsträger für Kundenwünsche oder Kundenbedürfnisse sowie für Marktentwicklungen.

Sie erinnern sich: BeComE bezieht die Mitarbeiter in die von Unternehmern zu treffenden Entscheidungen ein. Auf diese Weise werden auch deren Verbraucher- und Marktkenntnisse in einer vernetzten Wissensstruktur verfügbar. Das neue gemeinsame Bild des Wissens wird dadurch zu einem stabilen, selbstwertbewussten Kraftfeld für den Erfolg.

68 Vgl. Statistisches Jahrbuch der Bundesrepublik Deutschland

5. Die Kunden

5.1 Die Arten

Bisher wurde mit dem Begriff Kunde der Endkunde am Markt beschrieben. Diese Definition erweitert sich zunehmend in die unternehmensinternen Bereiche. Als Kunden gelten heute auch die Abteilungen und Bereiche des eigenen Unternehmens. Wenn Unternehmer überlegen »Selbst herstellen oder kaufen?« (Make or buy?) werden interne Lieferanten an externen Anbietern gemessen. Diese Frage stellen sich mittlerweile schon Unternehmer auf Teilgebieten ihrer Kernkompetenz.

5.2 Die Anforderungen

Kunden stellen vor allem hinsichtlich Qualität, Service und Preis zunehmend höhere und individuellere Ansprüche. Sie sind ergänzend dazu umfassend über die Verfügbarkeit der von ihnen benötigten Produkte und deren Anbieter informiert. Darüber hinaus ist in vielen Branchen (wie z. B. bei den Banken) die bisher übliche Kundentreue nicht mehr anzutreffen. Aus diesem Grund ist es notwendig geworden, die aktuellen Kundenwünsche immer stärker systematisch zu hinterfragen. Nur so können der interne Aufbau sowie die Abläufe auf diese Kundenbedürfnisse ausgerichtet werden.

5.3 Der Nutzen durch BeComE

Sie erinnern sich: Mit Hilfe von BeComE können die von Menschen ausgehenden Wirkungen zum Wohle des gemeinsamen Ganzen (also einschließlich der Kunden) wirkungsvoll umgesetzt werden. Der Kunde kann mit diesem Vorgehen in die *Lernende Organisation* eingebunden und an neue Marktentwicklungen leichter herangeführt werden.

Der so handelnde Unternehmer bindet seine Kunden auf einem hohen geistigen Niveau an die von ihm hergestellten Produkte oder Dienstleistungen. Seinen Marktanteil kann er dadurch wesentlich einfacher und kostengünstiger absichern bzw. erweitern.

6. Die Unternehmen

6.1 Die Produktentwicklung

Der internationale Wettbewerb ist gekennzeichnet durch ständige Neuerungen. Dadurch verkürzen sich zunehmend sowohl die Vermarktungsdauer als auch die zur Verfügung stehende Entwicklungszeit. Mit folgenden Techniken können sich Unternehmen auf diese Entwicklungen einstellen:

- Teambildung,
- nebeneinander verlaufende Geschäftsprozesse,
- moderne Informationsverarbeitung, wie z. B. elektronische interne Netze, Internet, E-Mail,
- gleichzeitiges Gestalten von Herstellungs- und Arbeitsabläufen sowie
- Einbringen des fachlichen Sachverstandes von allen am Lebenszyklus eines Produkts beteiligten Mitarbeitern, Lieferanten und Kunden.

6.2 Die Organisation

Sie erinnern sich: Der Zeitaufwand zum Abarbeiten von Arbeitsmengen wurde in den letzten Jahrzehnten durch die fortschreitende Technisierung und Industrialisierung immer geringer. Viele Wirtschaftsgüter konnten dadurch immer schneller, kostengünstiger und in immer größerer Anzahl hergestellt werden. Das Konsumdenken war geboren.

Und: Die Wirtschaft und die Behörden haben zusätzlich ihre Organisationen arbeitsteilig aufgebaut und die Arbeitskräfte sowohl in der Produktion als auch in der Verwaltung spezialisiert. Damit konnten weitere Zeiteinsparungen beim Abarbeiten der Arbeitsmengen erzielt werden. Die Vorteile der Technik werden dadurch sehr gut, die Leistungsfähigkeit der Menschen nur teilweise genutzt. Die Beschäftigten arbeiten für das Ziel des Unternehmers, wiederkehrende Tätigkeiten möglichst schnell zu erledigen. Damit können die Arbeitskräfte nur Bruchteile ihrer Fähigkeiten, ihres Wissens und ihrer Erfahrung einsetzen. Diese Einstellung herrscht immer noch bei vielen Führungsverantwortlichen vor. Dadurch fehlt den betroffenen Mitarbeitern das Verständnis des Gesamtzusammenhangs und damit ein wichtiger Motivationsfaktor. Diese Entwicklung wirkt sich negativ auf den Leistungswillen aus. Sie ist auch gefährlich, da sie darüber hinaus gegensätzlich (kontraproduktiv) zur Vermehrung des Wissens und der immer anspruchsvoller werdenden beruflichen Anforderungen verläuft.

In den klassischen Organisationsstrukturen werden die Aufgaben in kleine Arbeitsschritte gegliedert und auf mehrere Abteilungen aufgeteilt. Bei großen Arbeitsmengen erspart diese Stückelung der Arbeit Zeit und damit Geld (Vorbild: Fließbandarbeit). Die heutige Vielschichtigkeit (Komplexität) und Schnelllebigkeit der Kundenbedürfnisse hat der klassischen Organisationsstruktur Grenzen gesetzt.

Sie erinnern sich: Eine weit größere Gefahr sind jedoch Organisationsstrukturen, die rein auf interne Bedürfnisse abgestellt sind und dabei auch noch miteinander konkurrieren. Ein Beispiel aus der Wirtschaft sind Anbieter von Produkten oder Dienstleistungen der Kommunikationstechnik. Auf diesem Gebiet wäre eine Beratung, Versorgung und Betreuung des Kunden im Hinblick auf Hard- und Software nach seinen besonderen Bedürfnissen »aus einer Hand« sehr sinnvoll.

Und: Ein wesentlich gravierenderes Beispiel liefern die Behörden. Die zur Lösung ihrer Probleme von den Bürgern benötigten Beratungen, Informationen oder Dienstleistungen müssen sie sich oft bei mehreren Stellen zusammenholen. Dazu sind vielfach mehrere Telefonate erforderlich und auch noch weite Wege in Kauf zu nehmen. Der »Buchbinder-Wanninger-Effekt« arbeitsteiliger Organisationsstrukturen wird hier besonders deutlich.

Und: Diese Form der Informationsversorgung erfordert einen hohen und unproduktiven Arbeitsaufwand. Zudem sind bei verteilten Zuständigkeiten, die tatsächlichen (wahren) Bedürfnisse oder Absichten eines Kunden oder Bürgers nur schwer zu erkennen. Zu leiden haben darunter in erster Linie die Ehrlichen und Zuverlässigen. Sie stehen nicht selten lustlos wirkenden Gesprächspartnern gegenüber oder müssen sich mit unwissenden oder desinformierten Mitarbeitern (Beamten) auseinandersetzen.

Und: Dem würden vernetzte Informationssysteme mit klarer Regelung der dafür zu tragenden Verantwortung entgegenwirken.

Der Kunde will nur zu einer Stelle seines Lieferanten Kontakt und verlangt z. B. die gesamtheitliche Abwicklung von Aufträgen. Dies erleichtert ihm seine Verwaltungsarbeit und verringert seinen Aufwand für Kommunikation. Für den Lieferanten bedeutet dies z. B. die Auftragsabwicklung organisatorisch zusammenzufassen. Dazu muss diese neue Organisationseinheit mit einer hohen Entscheidungsbefugnis ausgestattet werden. Die Kunden können dadurch, wie gewünscht, individuell, sachverständig und umfassend betreut werden.

Parallel hierzu setzt sich immer mehr die standardisierte elektronische Kundenbeziehung durch. Sie ist dann geeignet, wo es den Kunden mehr um günstige Preise sowie schnelle Abwicklung und weniger auf Individualität ankommt. Schlagworte hierfür sind beispielsweise Electronic Mail, Homebanking und Online-Bestellung.

6.3 Die Spezialisierung

Der Trend zu vermehrtem Fremdbezug ist seit längerem erkennbar und nimmt ständig zu. Die Ursache liegt insbesondere an den Kosten. Zusätzliches Personal oder Produkte für evtl. außergewöhnlich große Nachfrage vorzuhalten (Flexibilitätspotential) belastet die Fixkosten. Ebenso verhält es sich wenn im Produktionsbereich sowie bei Testserien umgestellt werden muss. Darüber hinaus haben sich Konkurrenten zumeist schon auf ihre Kernkompetenzen ausgerichtet.

Dieser Druck zwingt dazu, sich ebenfalls zu spezialisieren. Als Folge davon verringert sich die Zahl der angebotenen Produkte. Ergänzend dazu werden Aufgaben, die nicht zu den Kernkompetenzen gehören ausgelagert (Outsourcing). Die daraus resultierenden schlanken Abläufe erlauben eine schnelle und individuelle Reaktion auf Marktänderungen.

6.4 Die Betriebsformen

Auf die Neuentwicklung der Märkte haben die Unternehmen mit neuen Betriebsformen reagiert:

Zeitalter	Marktsituation	Betriebsformen
Vorindustrielle Zeit	Einzelnachfrage	Handwerksbetriebe
Industrie-Zeitalter	Massennachfrage Einfache Produkte Standardisierte Produkte Langer Produktlebenszyklus	Fabrik
Heutige Zeit	Käufermarkt Vielschichtige Produkte Vielfältige Formen Kurzer Produktlebenszyklus	Langfristige Zusammenschlüsse
Zukunft	Vorherrschaft des Kunden	Langfristige Zusammenschlüsse Unternehmensnetzwerke spezialisierter Unternehmen

6.5 Der Nutzen durch BeComE

Sie erinnern sich: Das Bildungswesen ist in seiner Gesamtheit auf einem sehr hohen Niveau. Aus- und Weiterbildung weisen also einen sehr hohen Standard auf. In der Arbeitswelt wird dieser außergewöhnliche Wissensstandard durch die derzeit noch praktizierte Arbeitsteilung nur teilweise genutzt. Dadurch liegt Wissen brach, das in der Regel mit großem Aufwand erworben wurde.

BeComE führt die in einem Unternehmen oder organisatorischen Einheit verfügbaren Fähigkeiten, das vorhandene Wissen und die gewonnenen Erfahrungen zusammen. Grundlage für dieses Vorgehen ist das Bedürfnis des Menschen sich auszutauschen. Nur auf dieser Basis kann er sich wirkungsvoll einbringen und sich gleichzeitig persönlich weiterentwickeln. Wer diesem Bedürfnis zuwiderhandelt vergeht sich nicht nur an der Gesundheit der unter seiner Verantwortung arbeitenden Mitarbeiter. Auch das eigene Bedürfnis bleibt ungestillt.

Persönliche Lernfragen

- Welche Bildungsmöglichkeiten würden Sie gerne wahrnehmen?
- Auf welches vorhandene Wissen würden Sie gerne zugreifen?
- Welches extern verfügbare Wissen benötigt das Unternehmen, für das Sie arbeiten?
- Auf welchen Wissensgebieten werden von Ihnen Leistungen gefordert?
- Auf welchen Wissensgebieten macht es Ihnen Freude Leistungen zu erbringen?
- Welchen Wert legt das Unternehmen für das Sie arbeiten auf menschliche Werte wie Glück und Sicherheit (sehr viel, viel, wenig, sehr wenig, keinen)?
- Welche von Ihnen zu erfüllenden Aufgaben entsprechen nicht Ihren menschlichen Werten?
- Auf welchen Ihrer Wissensgebiete motivieren Sie sich selbst?
- Auf welchen Ihrer Wissensgebiete werden Sie von anderen Menschen motiviert?
- Welche modernen Informations- und Kommunikationstechniken wenden Sie an?
- Welche modernen Informations- und Kommunikationstechniken wendet das Unternehmen für das Sie arbeiten an?
- Welche modernen Informations- und Kommunikationstechniken könnten Ihnen neue Chancen eröffnen?
- Welche modernen Informations- und Kommunikationstechniken könnten Ihrem Unternehmen für das Sie arbeiten neue Chancen eröffnen?
- Auf welchen Gebieten könnten Sie aus der beschleunigten Wechselwirkung von Informations- und Reaktionszeit Vorteile erzielen?
- Auf welchen Gebieten könnte das Unternehmen für das Sie arbeiten aus der beschleunigten Wechselwirkung von Informations- und Reaktionszeit Vorteile erzielen?
- Welche von Ihnen benötigten Produkte oder Dienstleistungen könnten nach Ihrer Erfahrung verbessert werden?
- Welche Produkte oder Dienstleistungen könnte das Unternehmen für das Sie arbeiten auch in neuen Märkten (anderen Regionen) anbieten?
- Welche Bereiche haben in dem Unternehmen für das Sie arbeiten interne Lieferanten oder Kundenfunktion?
- Bei welchen Produkten entsprechen die Ihnen bekannten Angebote nicht Ihren Bedürfnissen als Kunde?
- In welchen Dienstleistungsbereichen vermissen Sie das auf Ihr persönliches Gesamtinteresse abgestellte Angebot?
- Welches Ihrer Wissensgebiete liegt brach?

Kapitel 8
Die Bedeutung zielorientierten Handelns

Ziel dieses Kapitels ist es, die Bedeutung zielorientierten Handelns zu vermitteln. Dazu werden

- der Sinn, sich Ziele zu setzen, verdeutlicht,
- die dem Menschen innewohnenden Kräfte aufgezeigt,
- der Vorgang und die Methodik, Ziele zu formulieren, vorgestellt,
- der Prozess der Zielbewertung erläutert und
- der Motivationsgewinn aus der Zielkontrolle nachgewiesen.

Die entscheidende Bedeutung dieses Vorgangs für den Erfolg wird durch praktische Beispiele belegt.

1. Die Grundlagen

Erfolgsorientiertes Handeln setzt klar festgelegte Ziele voraus. Dies um so mehr, weil Spitzenleistungen erforderlich sind, um sich auch in schwierigen Situationen (z. B. Unternehmen in fremden Märkten) zu behaupten. Konsequenterweise werden daher für die ganzheitliche Entwicklung (z. B. eines Menschen) zuerst die Ziele formuliert.

1.1 Die Begriffsbestimmung

Sie erinnern sich: Nach Frank J. Tipler ist Leben durch natürliche Auslese bewahrte Information. Und: Die Vervollständigung unseres Seins liegt in der Zukunft, die Gott als Vorbild und Träger für zielorientiertes Handeln repräsentiert (nach außen vertritt).

Die Organisationslehre versteht unter einem Ziel einen *angestrebten Zustand* oder eine *erwünschte Wirkung*. Ziele beschreiben also zukünftige Ergebnisse, die durch bestimmte Maßnahmen oder Lösungen erreicht werden sollen.[69] Um die erwünschte Wirkung zu erzielen ist es also unverzichtbar, sich Ziele zu setzen. Die Mitglieder einer Gruppe (z. B. die Mitarbeiter eines Unternehmens) benötigen für diesen Zweck gemeinsame Ziele. Andernfalls handeln sie nach ihrer ganz persönlichen Zielvorstellung.

69 Vgl. Götz Schmidt, Methode und Techniken der Organisation, Seite 236

1.2 Die Zielvorstellungen

Sich Ziele zu setzen, ohne eine Vision (Vorstellung in bezug auf ein für die eigene Zukunft entworfenes Bild[70]) zu haben, ist problematisch. Zu leicht gerät man in die Gefahr, die eigenen Ziele aus den Augen zu verlieren. Sie erinnern sich: BeComE gibt Hilfen bei der Suche des Weges zu den ganz persönlichen Zielen und damit zu einer ausgeglichenen Persönlichkeit, die ihr Leben in Frieden verbringen kann.

So trivial (alltäglich anmutend) die Forderung Ziele zu formulieren klingt – sind Sie in der Lage in diesem Augenblick im Detail zu benennen und schriftlich festzuhalten

- Ihre persönlichen Ziele,
- die Ziele der Gruppen, in denen Sie sich bewegen (z. B. dem Unternehmen für das Sie arbeiten),
- die Ziele deren Mitglieder (z. B. der Familie in der Sie leben) sowie
- die Ziele Ihrer sonstigen Mitmenschen (z. B. Kunden des Unternehmens für das Sie arbeiten)?

Sie zu kennen ist entscheidend. Denn letztendlich bestimmen die persönlichen Ziele das Verhalten von Menschen. Je deckungsgleicher deren Ziele in einer Gruppe (z. B. einem Unternehmen, seinen Lieferanten und Kunden) sind, um so erfolgreicher kann sich ein Mensch in einer Gruppe bzw. diese Gruppe sich in ihrem Umfeld bewegen (z. B. Unternehmen in Märkten). So nutzt also z. B. ein betriebsinterner Wettbewerb zum Verfolgen persönlicher Ziele niemandem. Von dieser Einsicht sollten sich leitende und ausführende Mitarbeiter eines Unternehmens leiten lassen. Unter dieser Voraussetzung ist der erste und wesentliche Schritt für eine positive Entwicklung dieses Unternehmens und seiner Funktionsbereiche getan.

1.3 Der Wandlungsprozess

Werden Ziele verfolgt, ist damit ein Wandlungsprozess bei den Betroffenen verbunden. Unverzichtbar dafür ist ein individuell nutzbarer geistiger Freiraum. Nur so können sich die schöpferischen Kräfte entfalten. Sind diese Voraussetzungen geschaffen, können persönliches Wissen und Erfahrung in den Wandlungsprozess für eine Erfolg versprechende Zukunft eingebracht werden.

1.3.1 Der Leiter

Sie erinnern sich: Unternehmerische Herausforderungen anzunehmen bzw. Chancen wahrzunehmen ist Chefsache. Dazu gibt er Denkanstöße oder entscheidet aus

70 Vgl. Duden, Fremdwörterbuch, Ausgabe 1990

seiner Gesamtverantwortung für das Unternehmen. Mit Hilfe von BeComE wird in diesen Prozess die geistige Leistungskraft der Mitarbeiter eingebunden und zum Aufbau einer *Lernenden Organisation* genutzt. Der Leiter einer Gruppe (z. B. der Unternehmer) ist damit auch Initiator für den zum Verfolgen von Zielen erforderlichen Wandlungsprozess. Er entscheidet über die umzusetzenden Maßnahmen aus seiner Gesamtverantwortung.

1.3.2 Die Gruppenmitglieder

Auch die Mitglieder einer Gruppe tragen Verantwortung:
• in der Familie z. B. die Eltern aus ihrer Liebesbeziehung zum beiderseitigen Wohl bzw. für das Wohl ihrer Kinder;
• in einem Unternehmen mit ihren Fähigkeiten und ihrem Wissen zum Erfolg aller in einem Betrieb beschäftigten Menschen.

Zu diesem Zweck werden Ziele formuliert und von der Leitung der Gruppe Leistungen gefordert. Gemeinsam erarbeitete Lösungen motivieren alle Beteiligten ihre beste Leistung zu bringen.

1.3.3 Der Berater

Zur Unterstützung der Leitung einer Gruppe ist die Einschaltung eines in der Anwendung von BeComE ausgebildeten Beraters hilfreich. Er arbeitet wie ein Trainer und nimmt eine neutrale Stellung zu den Aufgaben und Zielen der Gruppe ein. Zusätzlich bringt er seine persönlichen Fähigkeiten, sein Fachwissen sowie seine Erfahrung ein und ist damit
• methodisches Element für den gemeinsamen (z. B. betrieblichen) Wandlungsprozess,
• auslösender Impuls für den Organisationalen Lernvorgang sowie
• neutraler Zeuge für den Fortschritt.

Zu diesem Zweck hat der Berater außerdem die Aufgabe, die erarbeiteten Lösungen zu gliedern, schriftlich festzuhalten und das Umsetzen zu kontrollieren. Nachfolgend sind die Aufgaben des Beraters und die Chancen für ein Unternehmen aus seiner Arbeit dargestellt:

Aufgabe des Beraters
• Transparent machen, was die Betroffenen nur selbst wissen können,
• schneller Input sinnvoller und notwendiger Methodik,
• Motivation der beteiligten Mitarbeiter zu eigenem maximalen Input.
⇩
Die Chancen für ein Unternehmen hieraus sind
• aus eigenen Erfahrungen zu lernen,
• sich neue Ziele zu setzen,

- neue Ideen zu realisieren,
- eine folgerichtige und einsichtige Ordnung zu schaffen,
- eventuell verbrauchte Motivation zu erneuern und
- die neue Ordnung gemeinsam zu tragen.

2. Das Menschenbild

Sie erinnern sich: Das eigenständige Wesen »Mensch« wird durch seine unverwechselbaren Merkmale zur Persönlichkeit. Durch geistiges Training kann er seinen Intelligenzquotienten steigern. Er ist also in der Lage, sich aus eigener Kraft positiv weiterzuentwickeln. Nachfolgend sind wesentliche Merkmale sowie Voraussetzungen und Möglichkeiten des Menschen für das Anstreben von Zielen aufgeführt.

2.1 Das Anspruchsdenken

Hier ist die Wirkung von Ansprüchen schematisch dargestellt:

Die grundsätzliche Wirkung von Ansprüchen

⇩

Das Stellen von Ansprüchen und das Streben nach eigenverantwortlicher Erfüllung von Aufgaben sind Voraussetzungen für die positive Entwicklung von Menschen.
Durch die Kultur einer Gruppe (z. B. einer Familie, eines Unternehmens) kann dieses Bedürfnis gefördert werden.

Ein Statement zum Mittelmaß

⇩

Mäßig in den Ansprüchen an sich selbst und in den Mitteln der Selbstforderung ist nur der Mittelmäßige.
Im Gegensatz dazu stellt er oft hohe Ansprüche an andere oder an die Gemeinschaft.[71]

Ein Statement zum Übermaß

⇩

Hohe Ansprüche an sich selbst kann nur der leben, der sie aus einem starken Willen Verantwortung zu tragen heraus umsetzt bzw. umsetzen kann.
Wer nach einem Rückzug oder Verlust der Motivation nicht über den Einsatz seiner Kräfte und Fähigkeiten (Ressourcenallokation) nachdenkt wird (auch gesundheitlich) scheitern.

71 Vgl. Reinhold Messner

Kernaussage der drei letzten Bilder: Der (Selbst-)Wert einer Gruppe (z. B. eines Unternehmens) bestimmt sich aus den Ansprüchen, welche sie an sich selbst stellt. Oder: Je positiver und deutlicher der Selbstwert einer Gruppe erkennbar ist, desto reizvoller wird der Fremdwert (der erkennbare objektive oder subjektive Nutzen aus der Arbeit einer Gruppe, z. B. von Politikern für das Wohl der Gesamtheit der von ihnen vertretenen Bürger).

Bezogen auf das Spannungsfeld des Verhältnisses zwischen Hersteller bzw. Dienstleister und seinen Kunden ergibt sich z. B. folgende Situation:

2.1.1 Der Hersteller oder Dienstleister

Sie erinnern sich: Ohne eine Aufgabe gibt es für Menschen keinen Anwesenheitssinn in Organisationen. Zur Aufgabenerfüllung ist eine Leistung des Menschen erforderlich (Leistung als Ergebnis aus Leistungsfähigkeit, Leistungsbereitschaft und Leistungsmöglichkeit verstanden).

Den (Selbst-)Wert eines organisatorischen Systems (z. B. eines Unternehmens) bestimmen deshalb die aus eigener Überzeugung an sich selbst gestellten Ansprüche. Sowohl für den Einzelnen als auch die Gruppe.

2.1.2 Der Kunde

Der für den Kunden erkennbare Fremdwert (der objektive oder subjektive Nutzen der gekauften Güter oder Dienstleistungen) hängt von der Größe des Selbstwerts eines Herstellers oder Dienstleisters ab. Die Deutlichkeit, mit welcher dieser Wert erkennbar ist, bestimmt den Anreiz des Kunden für den Kauf.

2.2 Die Verantwortung[72]

Sie erinnern sich: Bezüglich der Leistungsfähigkeit des Gehirns haben alle Menschen die gleichen Chancen. Oder: Die Leistungsfähigkeit ist unabhängig von Alter, Geschlecht, Rasse oder Religion.

Bei der Leistungsbereitschaft gibt es jedoch erhebliche Unterschiede. Sie ist andererseits aber *die Grundvoraussetzung*, Verantwortung tragen zu können. Diese Fähigkeit ist in der Menschheit etwa wie folgt verteilt:

72 Vgl. Christian Spitschka, Geschäftsprozessoptimierung durch Vernetzung von Wertschöpfungsketten, 1996, Seite 108

Entwicklung	Stagnation	Regression	Zerstörung
⇩	⇩	⇩	⇩
Verantwortung übernehmen 10 %			
	Verantwortung mittragen 30 %		
		Neutral verhalten 30 %	
			Verantwortung ablehnen 30 %

In jeder Gruppe von Menschen setzen sich also nur etwa 10 % der Mitglieder eigeninitiativ verantwortlich ein. Diese Verteilung der Verantwortungsintensität kann positiv beeinflusst werden. Hierzu ist es für jeden Betroffenen erforderlich

- sich seines Verhaltensmusters bewusst zu sein und
- sich das Ziel zu setzen, die nächsthöhere Verhaltensebene zu erreichen.

Sie erinnern sich: Zur Verdeutlichung der Verantwortung werden von BeComE zunächst Ziele formuliert. Im Anschluss daran werden die dazu anfallenden Aufgaben festgestellt und den Menschen (Aufgabenträger) ihren Fähigkeiten entsprechend zugeordnet. Dadurch werden Wirkungen, die von Menschen ausgehen, sachbezogen voneinander abgegrenzt und die damit verbundene Verantwortung personenbezogen deutlich. Und: Als organisatorisches Hilfsmittel für die Abgrenzung von Aufgabe und Verantwortung dient die Stellenbeschreibung.

Verantwortung eigeninitiativ übernehmen zu können, muss deshalb die *Grundvoraussetzung* für die Auswahl Leitender Mitarbeiter sein. Andererseits beginnt Verantwortung schon im Kleinen. Beispiel: Ein Ausfall der Beleuchtung, wodurch die Weiterarbeit erschwert wird. Ein verantwortungsbewusster Mitarbeiter holt unaufgefordert aus dem Materiallager eine Glühbirne. Verhaltensweisen dieser Art zeigen Menschen, welche die Voraussetzungen zum eigeninitiativen Tragen von Verantwortung mitbringen.

2.3 Der Selbstwert

Jeder Mensch benötigt als Triebfeder für positives Handeln die Anerkennung seiner Leistungen durch seine Mitmenschen (in der Familie z. B. die Kinder durch die Eltern). Diese Rückmeldung ermöglicht es ihm, den Wert seiner persönlichen Fähigkeiten als etwas Besonderes wahrzunehmen.

2.3.1 Wissen, Können und Wollen

Beeinflusst werden
- Wissen durch Schulung,
- Können durch Training und
- Wollen durch Forderung und Anerkennung von Leistungen.

Menschen wird ihr Selbstwert deutlich, wenn sie gefordert und Leistungen anerkannt werden (mündlich unmittelbar beim Erfüllen von Aufgaben, finanziell nach Erreichen von gemeinsam vereinbarten Zielen). In der nachfolgenden Übersicht sind diese Elemente dargestellt:

Handlungen durch Wissen	Handlungen durch Können ⇧	Handlungen durch Wollen ⇧ ⇧
⇧ Selbstwert	⇧ Selbstwert	⇧ Selbstwert
⇧ Schulung	⇧ Training	⇧ Ziele setzen und Anforderungen stellen Aufgaben den Menschen entsprechend verteilen Leistungen anerkennen

Verantwortung tragen muss man also wollen. Menschen, die diesen Willen am stärksten in sich tragen, sind für Leitende Aufgaben am besten geeignet. Unabhängig von der Einstufung in der Rangordnung (z. B. in der betrieblichen Hierarchie) gilt:
- Lob motiviert sehr,
- sachliche Kritik mit gemeinsam getragenen Lösungsansatz motiviert,
- unsachliche Kritik demotiviert,
- Ignorieren einer Leistung beleidigt,
- Kritik an guten Leistungen macht krank.

2.3.2 Lob und Kritik

In der Regel halten Menschen ihre besten Fähigkeiten für nichts Besonderes, weil ihnen die damit verbundenen Aufgaben sehr leicht fallen. Wird in einer Gruppe der Grundsatz gelebt, *Positives wird gelobt, Negatives wird sachlich kritisiert*, wirkt man dieser Einstellung entgegen. Daraus kann bei *allen* Gruppenmitgliedern der Wunsch nach (immer mehr) Lob erwachsen. Auf die Vergangenheit bezogenes positives Denken wird auf diese Weise umgewandelt in zukunftsbezogenes positives Handeln.

2.3.3 Die Motivation

Eine Gruppe ist und bleibt ein Netzwerk von Beziehungen von Gedanken in und zwischen Menschen. Daran können z. B. in einem Unternehmen auch die beteiligten Technologien nichts ändern. Die Basis für effiziente (leistungsfähige) und effektive (wirkungsvolle) Strukturen und Arbeitsabläufe ist deshalb nur mit einer zielorientierten Kommunikation (Verständigung) zu erreichen. In Verbindung mit klarer Zuordnung der Aufgaben und der damit verbundenen Verantwortung entsteht die nötige Motivation für den Erfolg.

Sie erinnern sich: BeComE fördert die schöpferischen Prozesse, die Assoziationen (Verknüpfung von Vorstellungen, von denen die eine die andere hervorgerufen hat[73]) zwischen mehreren Gehirnen ermöglichen. Und: Teamarbeit ist nichts anderes, als das Ausschöpfen und Zusammenwirken geistiger Fähigkeiten von Menschen. Aus der daraus entstehenden Freude am Gelingen entsteht eine unerhört starke Motivation zum weiteren Vordringen ins Unbekannte.

Eine Anmerkung hierzu: *Unterforderte* Mitarbeiter, die erfolglos nach höherwertigen Aufgaben streben, werden krank. Aber auch solche, die von den ihnen übertragenen Aufgaben *überfordert* sind. Am schlimmsten trifft es diejenigen, die sich in neue Wirkungskreise der Erkenntnis vorwagen. Sie laufen Gefahr, von ihren Mitmenschen als »verrückt« bezeichnet zu werden. Dabei haben sie sich nur aus ihrem freien Willen heraus in eine neue Dimension (Ausdehnung[74]) des Wissens begeben. Sie haben sich also durch ihr Wollen selbst verrückt. »Sich selbst verrücken« ist eine Reflexion und bedeutet, *sich selbst in einen Gedankengang vertiefen.*[75]

Ein prominentes Opfer der Leistungsbereitschaft durch geistige Bewegung ist Galileo Galilei. Die Reaktion der Menschen der damaligen Zeit auf seine heute unumstrittenen Erkenntnisse haben ihn der Legende nach zu dem Ausspruch veranlasst:

»Und sie (die Erde) bewegt sich doch.«

73 Vgl. Duden, Fremdwörterbuch, Ausgabe 1990
74 Vgl. Duden, Fremdwörterbuch, Ausgabe 1990
75 Vgl. Duden, Fremdwörterbuch, Ausgabe 1990

Galileo Galilei (1564–1642) musste 1633 der kopernikanischen Lehre abschwören.[76] Heute wird das etwas anders gehandhabt: Der amerikanische Mathematiker John Nash galt 25 Jahre als unheilbar schizophren. Dann bekam er den Nobelpreis.[77]

BeComE verfolgt das Ziel, den Gehirnströmen den Freiraum zur geistigen Bewegung zu belassen.

2.4 Das Leistungsvermögen

Sie erinnern sich: Alle Mitglieder einer Gruppe (z. B. die Mitarbeiter eines Unternehmens) tragen Verantwortung für die von ihnen zu erfüllenden Aufgaben. Die Verantwortung für das Wohl aller Mitglieder einer Gruppe trägt allein deren Leiter (z. B. der Geschäftsführer eines Betriebes). Die anzustrebenden Ziele sind deshalb *top down* an die Mitarbeiter weiterzugeben (vertikale Verantwortung). Die Lösungen hingegen werden *bottom up* erarbeitet (horizontale Verantwortung).

Auf diese Weise wird mit Hilfe der vorgegebenen Ziele das gesamte Wissen, die Erfahrungen und das Leistungsvermögen aller Mitarbeiter verantwortungsbezogen genutzt. Über die Verteilung der damit verbundenen Aufgaben entscheidet der Gesamtverantwortliche. Jedem Betroffenen wird auf diese Weise seine Verantwortung für die ihm übertragenen Aufgaben bewusst gemacht. Gleichzeitig wird damit die Akzeptanz aller zu treffenden Entscheidungen gesichert. Werden fortwährend neue Ziele angestrebt, wird der Wandlungsprozess zum *Perpetuum mobile* (das sich ständig Bewegende[78]). Die sinnvolle Reihenfolge des Handelns beim Anstreben von Zielen ist nachfolgend dargestellt:

Schritt	Richtung	Wirkung
Ziele den leitenden Mitarbeitern weitergeben	von oben nach unten *top down*	Die vertikale Verantwortung wird deutlich.
Mitarbeiter über deren Vorgesetzte informieren	von oben nach unten *top down*	Die Verantwortung wird horizontal ausgedehnt.
Lösungen durch die Mitarbeiter erarbeiten	von unten nach oben *bottom up*	Das Leistungsvermögen aller Mitarbeiter wird genutzt, die Akzeptanz gesichert

Sie erinnern sich: Der wirkungsvolle (effektive) Einsatz der produktiven Kräfte (Ressourcenallokation) bestimmt wesentlich die Leistungsfähigkeit (Effizienz) eines Unternehmens. Qualität und Ausmaß der verfügbaren unternehmenseigenen

76 Vgl. Der Brockhaus, in einem Band, Ausgabe 1994

77 Vgl. André Behr, Süddeutsche Zeitung Magazin vom 14.01.2000, Seite 38 ff.

78 Vgl. Duden, Fremdwörterbuch, Ausgabe 1990

Kernkompetenzen (branchenspezifisches Fachwissen) sind darüber hinaus wesentliche Erfolgsfaktoren. Die Ressourcenallokation ist deshalb eine Aufgabe von zentraler Bedeutung für ein Unternehmen. Als Hilfsmittel für diesen Zweck dient der Lebenslauf. Er kann darüber hinaus als Spiegelbild des Leistungsvermögens dienen.

2.5 Die Zusammenarbeit

Zu einer erfolgreichen Zusammenarbeit im Team ist die Harmonie innerhalb der Gruppe eine wichtige Voraussetzung. Die nachfolgend aufgeführten *Goldenen Regeln* können als Grundlage dafür dienen:

1. An verbindenden Zielen orientieren
2. Den anderen ernst nehmen
3. Die Argumente des andern respektieren
4. Sichtweisen anderer annehmen
5. Selbstkritik üben
6. Die eigene Meinung revidieren
7. Störungen ansprechen

Mit Hilfe dieser Verhaltensregeln wird es allen Mitgliedern einer Gruppe erleichtert

- schwierigste Probleme anzupacken,
- zwischen persönlichen und gemeinsamen Zielen zu unterscheiden,
- gemeinsame Ziele zu erarbeiten sowie
- gemeinsame Lösungen zu finden.

Auf der mit den *Goldenen Regeln* geschaffenen Grundlage können sogar emotional verfahrene Situationen wieder versachlicht werden. Durchsetzen kann sie jedoch nur der von einer Gruppe in seiner Fach- und Führungskompetenz respektierte Leiter.

2.6 Die Ordnung in der Gruppe

Nur mit einem auf Ordnung ausgerichteten Verhalten einer Gruppe können qualifizierte Ergebnisse erzielt werden. Dies gilt insbesondere für das Erarbeiten von Zielen und das Finden von Lösungsansätzen. BeComE verwendet dafür das Brainwriting (Technik zum Finden von Ideen mit Kärtchen[79]) und verdeutlicht dabei den Teilnehmern die Notwendigkeit

- einer an gemeinsamen Zielen orientierten Denkweise,

79 Vgl. Rudolf Buechi und Reiner Chrobok, GOM – Ganzheitliches Organisationsmodell, Ausgabe 1994, Seite 297

- eines eindeutig und genau formulierten Plans bezüglich des Vorgehens,
- den eigenen Fähigkeiten zu vertrauen,
- Assoziationen mit anderen Teilnehmern entstehen zu lassen.

Folgende formalen Grundregeln sind beim Anwenden der Technik des Brainwriting zu beachten:
- *Eine Idee pro Kärtchen*
- *Knappe Formulierungen mit einer konkreten Aussage*
- *Maximal 7 Worte pro Aussage*
- *Eine Aussage pro Kärtchen*
- *Keine Kritik an den Formulierungen anderer*
- *An Ideen der anderen anknüpfen (ist erwünscht)*
- *Je mehr Vorschläge, desto besser*
- *Dauer nicht länger als 20 Minuten*

Kernaussage: Ein qualifizierter Output kann nur durch einen entsprechenden Input aller Teilnehmer erzielt werden. Der in BeComE ausgebildete Berater moderiert die dazu erforderlichen Sitzungen. Seine Aufgabe ist es, auf der Grundlage des Gesetzes von Ursache und Wirkung
- die Freude der Teilnehmer am Gelingen aufrecht zu erhalten,
- die erarbeiteten Lösungen sachbezogen zu strukturieren und
- deren Umsetzung kontrollierend zu begleiten.

Sie erinnern sich: Mit diesem Vorgehen wird gleichzeitig ein gemeinsames Urbild des Wissens aufgebaut. Und: Wenn Assoziationsmuster in der Teamarbeit zusammenwirken, entstehen aus der Kommunikation (Verständigung) mehrerer Gehirne Ergebnisse, die kein noch so begabtes einzelnes erzielen könnte. Oder: Teamarbeit ist nichts anderes, als das Ausschöpfen und Zusammenwirken geistiger Fähigkeiten mehrerer Menschen.

Jede so arbeitende Gruppe kann auf diese Weise herausragende Arbeitsergebnisse erzielen. Das einzelne Mitglied kommt dadurch seinem persönlichen Omegapunkt des Wissens schneller näher als er es alleine jemals könnte. Dieser geistig schöpferische Prozess kann nur erfolgversprechend umgesetzt werden, wenn der Leiter einer Gruppe sowohl fach- als auch führungskompetent ist.

3. Ziele formulieren

Das Formulieren von Zielen dient dem Erkennen von Problemen und dem Erarbeiten von Lösungen. Die nachstehend aufgeführten methodischen Elemente werden in der Praxis anhand von Folien dargestellt oder mittels Brainwriting erarbeitet. Mit folgenden Elementen regt BeComE die Teilnehmer zum positiven Handeln an:

3.1 Die Erwartungen feststellen

Die Erwartungshaltung der Teilnehmer zu kennen, ist eine wichtige Voraussetzung für das Erfolg versprechende Anstreben von Zielen. Aus diesem Grund sind die Vorstellungen der Teilnehmer über das erwartete Ergebnis als erstes zu hinterfragen. Erst danach kann mit dem Abfragen von Zielen begonnen werden. Auch für diesen Zweck wird die Technik des Brainwriting eingesetzt.

Den Teilnehmern wird zunächst die Notwendigkeit verdeutlicht, den Erfolg am Ende der Untersuchung zu messen. Dies wird durch das Feststellen der Erwartungshaltung ermöglicht. Den Teilnehmern wird dazu folgende Frage gestellt:

»Welche Erwartungen haben Sie an das Ergebnis der vor Ihnen liegenden Untersuchung?«

Bei der Beantwortung werden häufig Erwartungen mehrfach genannt oder Ziele mit Erwartungen gemischt. Dies ist zulässig, da die Abfrage in erster Linie zum Ziel hat, die zukunftsbezogenen Vorstellungen den Teilnehmern gegenseitig bekannt zu machen. Die von den Teilnehmern beschrifteten Kärtchen werden auf Packpapier geklebt und entweder an einer Pin- oder Zimmerwand befestigt. Ein praktisches Beispiel hierzu, das in einer Druckerei erarbeitet wurde:

Handwerkszeug, um Ziele gemeinsam zu erreichen	Ehrliche, neutrale Beurteilung des Unternehmens	Arbeitsabläufe organisieren
Arbeitsabläufe miteinander verbessern	Das Miteinander trainieren	Die Unternehmung soll auf gesunden Beinen stehen.
Der Infofluss soll besser werden	Unser Know-how-Potential soll optimal genutzt werden	Freude am Arbeiten
Mehr Umsatz, um Löhne und Arbeitsplätze zu sichern	Nicht nur reden, sondern auch handeln	Das Gehörte soll auch umgesetzt werden.

Mit diesem gemeinsamen Bild der individuellen Erwartungshaltungen haben die Teilnehmer einen ersten Input für das weitere gemeinsame Vorgehen. Oder: Aus der Teamarbeit ist das erste *gemeinsame Urbild des Wissens* entstanden.

3.2 Die Ziele differenzieren

Sie erinnern sich: Die psychologische Typenlehre nach C.G. Jung ist Grundlage für die von BeComE entwickelte Methode der Zieldifferenzierung. Dadurch können Menschen auf der Grundlage

- klar formulierter Zielvorstellungen (individuelle oder gemeinsame Lebensbilder),
- einer übereinstimmenden Wissensbasis (gemeinsames Urbild des Wissens) sowie
- des erarbeiteten äußeren Tatbestandes (Ist-Zustand)

die Bewusstseinsfelder für sich selbst oder einer Gemeinschaft (z. B. in einem Unternehmen) erkennen und gestalten. Im nachfolgenden Bild ist der Zweck der Zieldifferenzierung schematisch dargestellt:

Menschliches Streben nach Verbesserung und Fähigkeit Verantwortung zu tragen ...

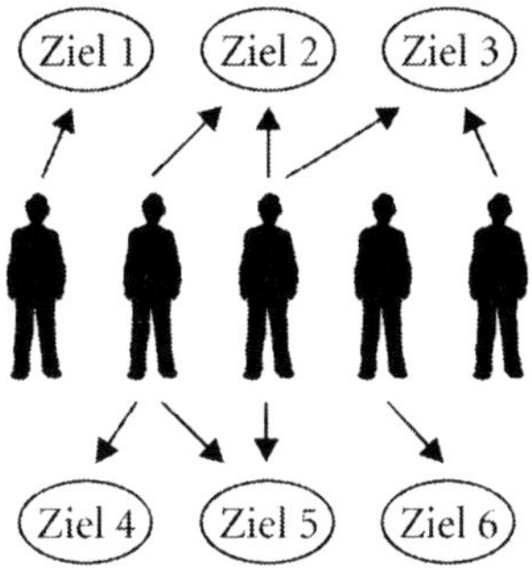

... auf definierte personen- *oder* unternehmensbezogene Handlungsziele konzentrieren

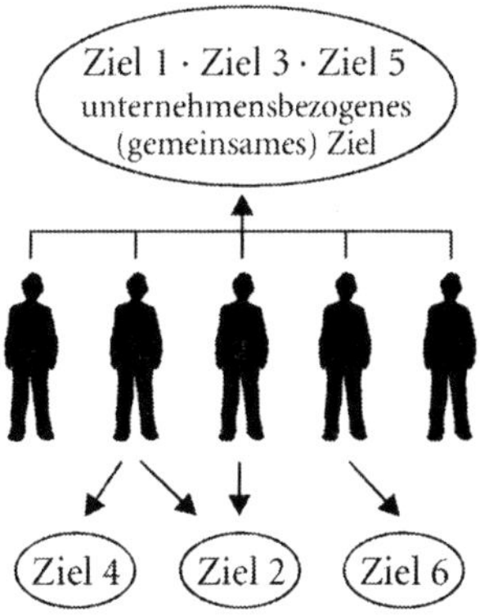

Zweck der Zieldifferenzierung: Jeder Betroffene muss sich vor seinem Handeln entscheiden, ob er mit seinem Tun ein persönliches oder ein Unternehmensziel erreichen will. Dieses Verhalten setzt die Fähigkeit Verantwortung zu tragen voraus

- für sich selbst,
- die Gruppe, in der er lebt (z. B. Familie oder Unternehmen),
- Menschen des persönlichen Umfeldes (z. B. Familienmitglieder) sowie
- Menschen eines gemeinsamen Umfeldes (z. B. Kolleginnen oder Kollegen, Lieferanten, Kunden).

Das konsequente Auseinanderhalten unterschiedlicher Zielvorstellungen (Zieldifferenzierung) verdeutlicht allen Betroffenen den Sinn ihres eigenen Handelns. Dadurch können sich in der Gemeinschaft die Kräfte zur Erneuerung frei entfalten. Alle Mitglieder einer Gruppe übernehmen die ihnen übertragenen Aufgaben mit der damit verbundenen Verantwortung gern und beginnen – am Erfolg für das Gemeinwohl orientiert – mitzugestalten. Daraus entwickelt sich aus der schöpferischen Kraft jedes Einzelnen

- ein Prozess teilhabender Unternehmensentwicklung,[80]
- auf der Grundlage der gemeinsamen Ziele eine leistungsorientierte Kommunikation,
- eine Lernende Organisation mit einem von allen Betroffenen getragenen Frühwarnsystem[81] sowie
- ein enormer Rationalisierungseffekt durch reduzierte Reibungskosten.

Entbehrlich wird dadurch für alle Beteiligten z. B.

- das Aufbauen oder Überwinden von Widerständen,
- Besprechungen zum Verbessern der Verständigung,
- schriftliche Stellungnahmen zur Rechtfertigung bzw. zum Zuweisen von Schuld.

Kurz: die besten Voraussetzungen für den Gesamterfolg der Gruppe (z. B. eines Unternehmens) sind geschaffen. In der unternehmerischen Praxis werden damit auch die Vorschriften des Mitbestimmungsrechts (Betriebsverfassungsgesetz, Arbeitsrecht) mehr als gesetzlich vorgeschrieben erfüllt.

BeComE setzt die Technik der Zieldifferenzierung in allen Stufen der ganzheitlichen Beratung ein. Grundlage dafür ist das Ganzheitliche Organisationsmodell (GOM) der Gesellschaft für Organisation[82]. Dieses Vorgehensmodell geht davon aus, dass es sinnvoll ist, komplexe Problemstellungen in einzelnen klar voneinander abgrenzbaren systematischen Stufen anzugehen. BeComE betrachtet den Menschen als ein geistig schöpferisch wirkendes Untersystem eines geordneten Ganzen. Auf diese Weise hat er die Möglichkeit als Keimzelle des eigenen und gemeinsamen Erfolgs zu wirken.

3.3 Die Zielträger differenzieren

Alle Betroffenen wollen möglichst viele ihrer Ziele verwirklichen. Ein Ziel haben in jedem Falle alle gemeinsam: den Erfolg. Die Aussichten dafür sind am besten, je mehr Beteiligte gemeinsame Ziele verfolgen. Die Größe des gemeinsamen Zielfeldes ist dazu nicht ausschlaggebend.

80 Vgl. Knut Bleicher, Die Organisationsaufgabe im Wandel, Ausgabe 1991, Seite 915

81 Vgl. Rudolf Buechi und Reiner Chrobok, GOM – Ganzheitliches Organisationsmodell, Ausgabe 1994, Seite 22

82 Vgl. Rudolf Buechi und Reiner Chrobok, GOM – Ganzheitliches Organisationsmodell, Ausgabe 1994

3.3.1 Das Zielträgermodell[83]

Das Ganzheitliche Organisationsmodell berücksichtigt die unterschiedlichen Ziele aller im Unternehmen Beschäftigten. BeComE erweitet dieses Vorgehen auf gemeinsame Ziele und erreicht dadurch das *Ganzheitliche Unternehmensmodell.* Dabei werden alle gedanklichen Voraussetzungen (Können und Wissen) gegenständlich definiert (Aufgabe) und differenziert (personenbezogen voneinander getrennt). Mit diesem Vorgehen werden die sinnlich erfahrbaren eigenen und gemeinsamen Bewusstseinsfelder deutlich. Aus diesem Grund ist es wichtig, die Ziele aller Betroffenen zu kennen. Nur wenn die Ziele bekannt sind, können

- Wege zum Erfolg gesucht und gefunden,
- die Reihenfolge des erforderlichen Handelns begründet und
- dem Gemeinwohl Rechnung tragende Lösungen verwirklicht werden.

Aufgabenbezogen gibt es (z. B. in einem Unternehmen) folgende Zielträgergruppen:

- Leiter des Unternehmens (z. B. Geschäftsführer),
- Leitende Mitarbeiter (der/des betroffenen Bereiche/s),
- unmittelbar betroffene Mitarbeiter,
- interne oder externe Kunden der betroffenen Bereiche.

In einem Unternehmen können in dieses Zielträgermodell auch noch der Betriebs- oder Personalrat, die Revision sowie die Abteilung/en für Organisation und Datenverarbeitung einbezogen werden.

83 Vgl. Götz Schmidt, Methode und Techniken der Organisation, Seite 240 ff.

3.3.2 Die Zielträger in der Praxis

Für eine Telefonzentrale könnte das Zielträgermodell in der Praxis z. B. wie nachstehend gezeigt aussehen.

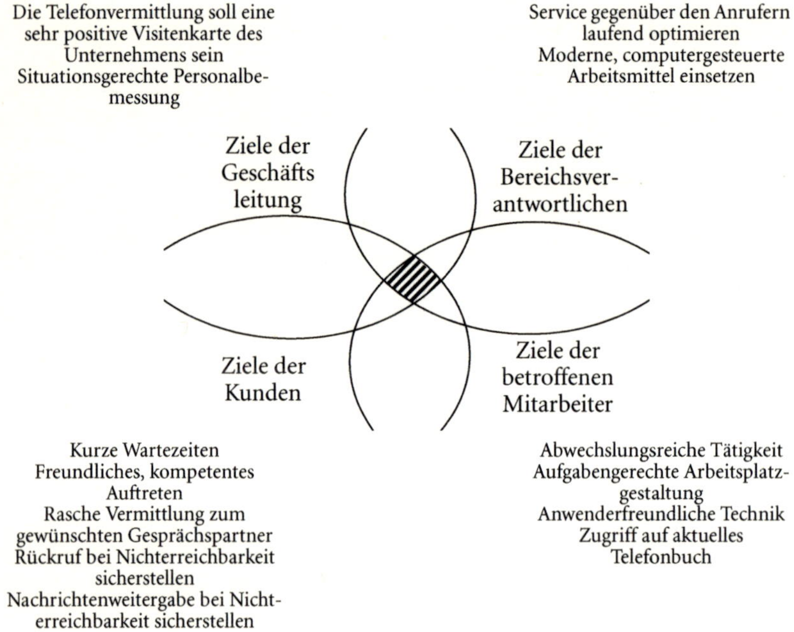

Kernaussage dieses Bildes: Die Aussichten auf Erfolg sind dann am besten, wenn alle Beteiligten ein Ziel verfolgen. Die Größe des gemeinsamen Zielfeldes ist dazu nicht ausschlaggebend. Entscheidend ist in jedem Fall, dass jedem Beteiligten alle Ziele bekannt sind. Diese Information bildet die Voraussetzung für das wirkungsvolle Anstreben des Erfolgs auf der Basis der persönlichen Fähigkeiten jedes Einzelnen. Auf dieser Grundlage können alle Beteiligten mit ihren Aufgaben verantwortlich zum Erfolg beitragen.

3.4 Die Problemquellen

Das Finden von Problemquellen bzw. deren Lösung wird erleichtert durch das Vorgeben von Ansatzpunkten. BeComE bietet an, folgende Elemente zu hinterfragen:

3.4.1 Die organisatorischen Elemente

Bereich möglicher Verbesserungen	Beispiele für Problemquellen
Aufgabe	Nicht erforderlich
Mitarbeiter	Über- oder unterfordert
Sachmittel	Unzureichende Software
Information	Unzureichende Versorgung
Kommunikation	Schwer erreichbar
Aufbauorganisation	Zuständigkeiten unklar
Ablauforganisation	Unterbrechungen des Arbeitsablaufs

Kernaussage dieses Bildes: Beim Formulieren von Zielen geht es um Probleme und deren Lösung bzw. um Verbesserungen. Als mögliche Ansatzpunkte für Lösungen oder Verbesserungen bzw. Problemquellen bietet sich an, die obigen 7 Elemente organisatorischer Systeme zu hinterfragen.

3.4.2 Die betriebswirtschaftlichen Elemente

Zur Zielformulierung kann eine tiefergehende Untersuchung erforderlich sein. In solchen Fällen sind Zielebenen (Unternehmensgrundsätze, Strategie, Taktik sowie unmittelbar wirkende Maßnahmen) sowie die elementaren Funktionsbereiche (vor allem Produktpolitik, Absatzpolitik, Betriebspolitik, Finanzpolitik und Organisation) gemeinsam und gleichzeitig zu berücksichtigen.

Die nachfolgende Übersicht zeigt die Unternehmensgrundsätze sowie die strategischen, taktischen und operativen Ziele einschließlich der sie mitbestimmenden Umstände (Faktoren):

- Unternehmensgrundsätze und ihre Faktoren,
- Strategische Ziele und ihre Faktoren,
- Taktische Ziele und ihre Faktoren,
- Operative Ziele und ihre Faktoren.

Ein Unternehmenszielsystem kann demzufolge wie folgt dargestellt werden:

Produktpolitik	Absatzpolitik	Betriebspolitik	Finanzpolitik	Organisation
		Unternehmensgrundsätze und ihre Faktoren		
Branchen	Image	Betriebsgröße	Beteiligungen	Rechtsform
Diversifikation	Kooperation	Fertigungsort	Eigenkapital	Bereiche
Produkte	Marktanteile	Kooperation	Fremdkapital	Dezentralisierung
		Strategische Ziele und ihre Faktoren		
Eigene Produkte	Absatzmengen	Auftrag, Lager	Bankverbindung	Aufbauorganisation
Handelsware	Imagepflege	Fertigungstiefe	Liquidität	Information
Konstruktion	Käuferschicht	Lizenzen, Know how	Partnerschaften	Kontrollmechanismen
Produktmischung	Vertriebsorganisation	Maschinenpark	Rentabilität	Logistik
Zusammenarbeit	Werbepolitik	Masse, Serie	Reserven	Personalpolitik
		Taktische Ziele und ihre Faktoren		
Interne Normung	Absatzförderung	Abläufe	Beschaffung	Delegation
Konstruktion	Lieferbereitschaft	Auslastungsgrad	Finanzplanung	Dokumentation
Preis zu Qualität	Preispolitik	Durchlaufzeiten	Materialwesen	EDV-System
Stückpreis	Kundendienst	Modernisierung	Versicherungen	Informationsfluss
Wertanalyse	Werbung	Produktivität	Wirtschaftlichkeit	Stellenbesetzung
		Operative Ziele und ihre Faktoren		
Aufgabenlisten	Absatzplan	Arbeitsvorbereitung	Budgetierung	Innendienst
Einsatzpläne	Lagerbelegung	Produktionsplan	Finanzbuchhaltung	Liegenschaften
Produktprüfung	Werbebudget	Vorrichtungsbau	Kostenrechnung	Rechtsabteilung

Kernaussage dieser Bilder: Will man beim Formulieren von Zielen mehr in die Tiefe gehen, so sind sowohl die Zielebenen (Unternehmensgrundsätze, Strategie, Taktik und operatives Vorgehen) als auch die elementaren Funktionsbereiche (vor allem Produktpolitik, Absatzpolitik, Betriebspolitik, Finanzpolitik und Organisation) gemeinsam und gleichzeitig zu berücksichtigen. Für das Finden von Problemquellen sind *alle* betriebswirtschaftlichen Ansätze für Verbesserungen heranzuziehen. Für die zu verwendenden Grundlagen sind andererseits die anzustrebenden Ziele maßgebend. Daran orientiert sich auch der Teilnehmerkreis von Workshops, Besprechungen, etc.

3.5 Die Zielvorstellungen

Sie erinnern sich: Die in einer Gruppe (z. B. einem Unternehmen) mit ihren Wechselwirkungen verfügbaren unzähligen Assoziationsmuster eröffnen für den Einzelnen nicht vorstellbare Möglichkeiten. Und: Teamarbeit ist deshalb nichts anderes, als das Ausschöpfen und Zusammenwirken geistiger Fähigkeiten mehrerer Menschen. BeComE schafft die Grundvoraussetzungen zum Gelingen und gleichzeitig die Motivation zum weiteren Vordringen ins Unbekannte. Die einzelnen Stufen des Gelingens werden als Erfolg bezeichnet. Das »große« Ziel wird also in mehreren Stufen (Schritten) erreicht. In China gibt es dafür ein sehr aussagekräftiges Sprichwort: *Die weiteste Reise beginnt mit dem ersten Schritt.*

3.5.1 Die übergeordneten Ziele

Als primäre Ziele der Leitung eines Unternehmens werden unter anderem immer wieder genannt:
- Gewinnmaximierung,
- Umsatzsteigerung
- vom Markt akzeptierte Preise sowie
- vom Markt verlangte Qualitäten.

Die aus dieser elementaren Zielsetzung eines Unternehmens erkennbaren Probleme stehen in der Prioritätenliste des Lösungsbedarfs an erster Stelle. Dazu gibt die ganzheitliche Beratung nach BeComE wertvolle Hilfestellungen. Mit ihr treten Beschränkungen auf Ziele wie z. B. »Kosten um 20 % senken« gar nicht erst auf. Sie hätten im übrigen den gleichen Effekt wie die Ermahnung der Geschäftsleitung, »den Umsatz im nächsten Jahr um 20 % zu erhöhen«.

3.5.2 Die vorgeschalteten Ziele

Im Wesentlichen gilt: Ziele müssen realistisch (wirklichkeitsnah) sein. Deshalb empfiehlt sich für das Ansteuern von Zielen Schritt für Schritt vorzugehen. Dadurch können auch kleine Erfolge zur Motivation beitragen.

Sie erinnern sich: Informationen werden im Gehirn sequenziell aufgenommen, vernetzt gespeichert und sequenziell wieder abgerufen. Ein wirklichkeitsnahes Ziel ist deshalb vom menschlichen Gehirn am leichtesten zu verstehen.

BeComE fokussiert (Lichtstrahlen auf den zentralen Punkt richten[84]) als erstes die oben erwähnten übergeordneten Sachziele sowie den Stil für Verhalten und Kommunikation. Danach werden die einzelnen Schritte zum Erreichen der großen Ziele festgelegt. Beispiele für wirklichkeitsnahe, den großen Zielen vorgeschaltete Schritte sind:

84 Vgl. Duden, Fremdwörterbuch, Ausgabe 1990

- Den Umsatz durch Zukauf von Unternehmen steigern,
- Kosten durch Straffen der Arbeitsprozesse senken,
- entlang der Wertschöpfungskette und im Wertschöpfungsnetzwerk reibungslos zusammenarbeiten,
- die vorgegebenen gemeinsamen Ziele beachten,
- Aufgaben im Unternehmen menschengerecht verteilen,
- neues, dauerhaft verfügbares Wissen aufbauen,
- die *Goldenen Regeln* beachten.

Selbstverständlich sind auch die Mitarbeiter interessiert, erfolgreich zu sein. Deshalb ist es auch für sie unerlässlich, Probleme zu lösen und Störungen zu vermeiden. BeComE empfiehlt zu diesem Zweck, den Teilnehmerkreis an Workshops für den Wandlungsprozess aufgabenbezogen festzulegen. Wer teilnehmen soll bzw. wird, entscheidet der Leiter der Gruppe (z. B. der Geschäftsführer eines Betriebes).

4. Ziele bewerten

Der Prozess der Bewertung von Zielen ist geprägt von den individuellen Vorstellungen der in einer Gruppe verbundenen Menschen. Am Beispiel von zwei unterschiedlichen Unternehmen soll dies hier aus der Praxis verdeutlicht werden.

4.1 Ziele sammeln

Für den Erkenntnisprozess wurde wiederum die Technik des Brainwriting eingesetzt. Den Teilnehmern wurden folgende Fragen gestellt:

- »Welche Ziele haben Sie, die Sie selbst, Ihre Kollegen bzw. das Unternehmen verfolgen sollen?
- In welchen Bereichen sehen Sie Ansätze für Verbesserungen?«

Das gemeinsam erarbeitete Zielmodell wurde aus den folgenden, von den Teilnehmern genannten, Vorschlägen erarbeitet:

4.1.1 Die Versicherungswirtschaft (Buchhaltung)

An dem dazu abgehaltenen Workshop nahmen die mittlere und untere Führungsebene sowie die betroffenen Mitarbeiter teil. Sie nannten folgende Ziele:

- Arbeitsaufwand kundenbezogen darstellen,
- Servicebereitschaft überprüfen,
- Produktpalette nach entbehrlich und neu bereinigen,
- Arbeitsabläufe straffen, standardisieren und zusammenführen,
- Sachmittel (EDV) funktional ausrichten,
- Zuständigkeiten auf die evtl. veränderten Erfordernisse abstellen,
- Aufgabe, Kompetenz und Verantwortung überprüfen.

4.1.2 Das Druckereigewerbe

An dem dazu abgehaltenen Workshop nahmen die oberste und mittlere Führungsebene sowie die betroffenen Mitarbeiter teil. Sie nannten folgende Ziele:

- Reibungslosen Zahlungsfluss sichern,
- EDV einführen (neue Software),
- Urlaubs- und Weihnachtsgeld sicherstellen,
- Teamgeist entwickeln,
- Telefonischen Kundenkontakt sicherstellen,
- Kompetenzbereiche genau abgrenzen,
- Umsatz erhöhen,
- Verfügbare Kapazitäten besser nutzen,
- den Informationsfluss verbessern,
- die Arbeitsprozesse straffen (freie Kapazitäten schaffen),
- neue Produkte entwickeln,
- neue Märkte erschließen.

4.2 Die Bedeutung bestimmen

Sie erinnern sich: Ziele haben für verschiedene Menschen unterschiedliche Bedeutung. Andererseits tragen alle Menschen für sich oder in einer Gruppe Verantwortung. Die Reihenfolge des Handelns richtet sich nach der erzielbaren positiven und wirklichkeitsnahen Wirkung. Der Einzelne orientiert sich dabei an dem für sich selbst angestrebten Erfolg. Der Gesamtverantwortliche in einem Unternehmen hat zusätzlich das Wohl aller Betroffenen zu berücksichtigen.

Aus diesem Grund ist allen Beteiligten die Bedeutung der von ihnen als anstrebenswürdig bezeichneten Ziele zu verdeutlichen.

4.2.1 Die Regeln

Dazu verwendet BeComE die Methode der Punktvergabe. Zu diesem Zweck werden die auf Kärtchen formulierten Ziele durch die Vergabe von Punkten bewertet. Das Ergebnis wird nach folgender Faustregel ermittelt:

- Die Gesamtzahl der pro Teilnehmer zu vergebenden Punkte entspricht der Hälfte der anwesenden Mitglieder der Gruppe,
- pro Ziel dürfen nicht mehr als 2 Punkte vergeben werden.

An dieser Bewertung nehmen alle an der Zielformulierung Beteiligten ohne Rücksicht auf die hierarchische Einstufung teil.

4.2.2 Die Bewertung

Die oberste und mittlere Führungsebene eines Druckereibetriebes bewertete die von ihr in einem Brainwriting festgelegten Ziele wie folgt (bei 8 Teilnehmern):

Ziele	Punkte
EDV einführen (neue Software)	8
Urlaubs- und Weihnachtsgeld sicherstellen	6
Reibungslosen Zahlungsfluss sichern	3
Umsatz erhöhen	3
Den gesamten Informationsfluss verbessern	3
Verfügbare Kapazitäten besser nutzen	3
Teamgeist entwickeln	3
Kompetenzbereiche genau abgrenzen	2
Telefonischen Kundenkontakt sicherstellen	1
Neue Märkte erschließen	–
Arbeitsprozesse straffen (freie Kapazitäten schaffen)	–
Neue Produkte entwickeln	–

Im Anschluss an das Ermitteln der gruppenspezifischen Zielprioritäten ist die Rangfolge für deren Verwirklichung zu erarbeiten und zu begründen. Dabei kann sich ein von der Gruppe als weniger wichtig eingeschätztes Ziel als besonders bedeutend bzw. als wirklichkeitsnah zu erreichen erweisen. Beispiel dafür ist das oben erwähnte Ziel des reibungslosen Zahlungsflusses (ausreichende Liquidität). Die Schwierigkeiten entstanden, weil den Kunden die Rechnung erst nach Lieferung der Ware zugeschickt wurde. Der daraus entstandene Verzug im Zahlungseingang hat zu unnötigem Kapitalverlust und Zinsaufwand geführt. Bei gleichzeitiger Zustellung von Ware und Rechnung können aus dem Zahlungsfluss sogar Zinserträge erwirtschaftet werden. Der Leiter des Unternehmens hat deshalb entschieden, dieses Problem als erstes zu lösen.

4.2.3 Die Prioritäten

Die von der Gruppe erarbeitete Prioritätenliste ist ein gemeinsames *Urbild des Wissens* und wichtig für die Motivation. In Verbindung mit der Entscheidung des Firmenleiters ergibt sich eine unzweifelhafte Zielrichtung für das weitere Vorgehen.

Aus dieser Entscheidung kann jedoch noch keine objektive Bewertung der Ziele aus der Verantwortung für das Gesamtunternehmen abgeleitet werden. Dazu ist es erforderlich, die Ziele unter den Parametern (kennzeichnende Größen[85]) von

85 Vgl. Duden, Fremdwörterbuch, Ausgabe 1990

Wichtigkeit und *Dringlichkeit* zu analysieren. Für diese Analyse werden folgende 4 Prioritätsstufen herangezogen:

• Priorität A: *Ziele, deren Verwirklichung für das Unternehmen wichtig und dringlich ist.*
Sofort von der Leitung des Unternehmens umzusetzen (1. Stufe).

• Priorität B: *Ziele, deren Verwirklichung wichtig, jedoch nicht dringlich ist.*
Im Anschluss an die Ziele der Priorität A mit Terminvorgabe von der Leitung des Unternehmens umzusetzen (2. Stufe).

• Priorität C: *Ziele, deren Verwirklichung für das Unternehmen dringend jedoch unwichtig sind.*
Bei ausreichend vorhandenem Personal parallel zu den Zielen der Prioritäten A und B von qualifizierten Mitarbeitern umzusetzen (3. Stufe).

• Priorität D: *Ziele, deren Verwirklichung für das Unternehmen weder dringlich noch wichtig sind.*
In diesen Fällen ist zu prüfen, ob sich das Umsetzen lohnt. Dabei können neben finanziellen Überlegungen auch Fragen zur Motivation des Personals eine Rolle spielen.

4.2.4 Die Entscheidung

Sie erinnern sich: Die Reihenfolge des Handelns für das Erarbeiten von Lösungen orientiert sich an dem Nutzen für das Unternehmen. In dem unter Ziffer 4.2.2 vorgestellten Beispiel hat die Geschäftsleitung folgende Reihenfolge der Dringlichkeit und Wichtigkeit für die zu erfüllenden Aufgaben festgelegt:
1. Die Kundenrechnungen parallel zur Warenauslieferung bearbeiten.
2. Kundenangelegenheiten bearbeiten.
3. Angebote bearbeiten.

Mit dieser Reihenfolge der Aufgabenerfüllung werden folgende Ziele angestrebt:
• Den Zahlungsfluss verbessern und dadurch Kapitalausfall und Zinsverluste vermeiden.
• Die Reaktionszeit auf Kundenwünsche reduzieren.
• Die Lieferzeit für Aufträge verkürzen (die Mehrzahl der Angebote führt zu Aufträgen).

4.2.5 Der Zeitrahmen

Ein Zeitrahmen zum Verfolgen von Zielen erleichtert
• die Kontrolle des erzielten Fortschritts und
• das Anpassen der Rangfolge für die Lösung von Problemen an veränderte Umstände.

Das nachfolgende Beispiel eines Zeitrahmens betrifft einen Druckereibetrieb:

Ziele	Zeitraum
EDV einführen (neue Software)	(sobald Geldmittel vorhanden sind)
Urlaubs- und Weihnachtsgeld sicherstellen	(ist von der Liquidität abhängig)
Reibungslosen Zahlungsfluss sichern	permanent
Umsatz erhöhen	permanent
Den gesamten Informationsfluss verbessern	permanent
Verfügbare Kapazitäten besser nutzen	permanent
Teamgeist entwickeln	permanent
Kompetenzbereiche genau abgrenzen	25. Mai
Telefonischen Kundenkontakt sicherstellen	permanent
Neue Märkte erschließen	30. Oktober
Arbeitsprozesse straffen (freie Kapazitäten schaffen)	30. Oktober
Neue Produkte entwickeln	permanent

5. Ziele kontrollieren

Sich Ziele zu setzen, ohne den erzielten Erfolg zu kontrollieren, führt zu Motivationsverlust. Auf der anderen Seite löst jeder noch so kleine Fortschritt Freude am Gelingen aus. Letzteres ist ein wesentliches Ziel bei der Anwendung von BeComE.

Sie erinnern sich: BeComE ermöglicht es, auf der Grundlage
- klar formulierter Zielvorstellungen,
- einer übereinstimmenden Wissensbasis sowie
- des erarbeiteten Ist-Zustandes

die Bewusstseinsfelder für sich selbst oder die Gemeinschaft positiv zu gestalten. Dazu nutzt BeComE die schöpferischen Prozesse aus den Assoziationen (Verknüpfung von Vorstellungen) mehrerer Gehirne.

Diese Vorgänge sind die bestimmenden Elemente der Teamarbeit. Aus diesem Zusammenwirken entsteht weit mehr, als auch der begabteste Einzelne hervorbringen könnte. Aus diesem Grund sollten Ziele mit Hilfe eines in der Anwendung von BeComE erfahrenen Beraters kontrolliert werden. Dazu sind im Einzelnen folgende Maßnahmen zu ergreifen:

5.1 Das Urbild des Wissens

Das gemeinsame *Urbild des Wissens* verändert sich beim Anstreben von Zielen ständig. Aus diesem Grund ist die dafür erforderliche geistige Übereinstimmung immer wieder herzustellen. Zu diesem Zweck werden die wesentlichen positiven Erkenntnisse zum Abschluss eines Vortrags oder Workshops wiederholt. Damit prägen sich die Sachverhalte übereinstimmend und motivierend ein.

5.2 Der Lernvorgang

Zum Abschluss der Zusammenkunft wird der neueste Stand des Erkenntnisprozesses auf einer Folie, einem Flipchart oder einer Pinwand visualisiert (in ein Bild umgesetzt[86]). Vor der nächsten Besprechung ist dieses Bild im Format DIN-A-4 jedem Teilnehmer als persönliches Exemplar auszuhändigen. Diese fachliche und emotionale Auseinandersetzung in der Form von Bildern ist für den Lernprozess und zur Vorbereitung der nächsten Schritte unverzichtbar. Diese »Beschäftigung« erleichtert den weiteren Weg ins Unbekannte. Damit wird gleichzeitig auch der Aufbau der Lernenden Organisation vorangebracht und ein Kontrollmechanismus eingebaut.

5.3 Der Input

Mit dem oben geschilderten Vorgehen werden die Voraussetzungen für einen qualitativ hochwertigen Input geschaffen. Jetzt ist es Aufgabe des Gruppenleiters, die geistig produktiven Kräfte zu wecken (Ressourcenallokation). Zu diesem Zweck werden die Teilnehmer gebeten, die von ihnen zu erfüllenden Aufgaben festzuhalten. Dieser Aufgabenkatalog wird vom verantwortlichen Leiter der Gruppe (z. B. eines Unternehmens) mit dem Aufgabenträger einvernehmlich dokumentiert (beweiskräftig festgehalten). Das Ergebnis fließt in die einzelnen Stellenbeschreibungen ein.

5.3.1 Die Analyse

Im nächsten Schritt werden die produktiven Kräfte analysiert (zergliedert[87]). Dazu wird zunächst festgestellt, inwieweit die Ausbildung der Aufgabenträger den Ansprüchen den von ihnen zu erfüllenden Aufgaben entspricht. Weiteres Kriterium (kennzeichnendes Merkmal[88]) ist der Zeitaufwand für das herzustellende Produkt (Erzeugnis). Dieses Produkt muss als sinngebender Gegenstand für Menschen geistig oder körperlich (be)greifbar sein. Beispiele dafür sind ein in der Schule ge-

86 Vgl. Duden, Fremdwörterbuch, Ausgabe 1990
87 Vgl. Duden, Fremdwörterbuch, Ausgabe 1990
88 Vgl. Duden, Fremdwörterbuch, Ausgabe 1990

schriebener Aufsatz oder ein in der Fabrik hergestelltes Auto. Der Zeitaufwand für die Herstellung hängt in erster Linie davon ab, welche der dabei zu lösenden Probleme neues Wissen erfordern. Je höher die Hindernisse zur Überwindung des damit verbundenen Unbekannten, desto größer ist der Bedarf an Zeit. Die produktiven (leistungsstarken[89]) Kräfte setzen ihre Fähigkeiten ein, ohne auf den Zeitaufwand für das zu erzielende Ergebnis zu achten.

Sie erinnern sich: Theoretisch können dem Bewusstseinsfeld keine Grenzen gesetzt werden, da es sich in unbestimmten Umfang zu erweitern vermag. Das Ergebnis eines geistigen Prozesses an eine Zeitvorgabe zu koppeln, bedeutet deshalb die Leistungsfähigkeit einzuengen. Oder: Die Erweiterung des Bewusstseinsfeldes eines Menschen zu behindern, übertrifft die Wirkung des schlimmsten Gefängnisses.[90]

5.3.2 Die Erfahrung

Wesentlicher Input zur Ressourcenallokation sind die verfügbaren Erfahrungswerte. BeComE sammelt zu diesem Zweck positive Erinnerungen aller Art und teilt sie in verdichteter Darstellung als Bild allen Mitgliedern einer Gruppe (z. B. eines Unternehmens) mit. Aus den in der Vergangenheit erlebten Erfolgen (erkennbar gemacht durch positives Denken) können Maßnahmen für positives Handeln zur Gestaltung der Zukunft abgeleitet werden. In einer Gruppe dieser Art ergibt sich, bereichert durch erlerntes neues Wissen und erlebte Erfahrung, ein sinnvolles Streben für die zu erwartende Freude in der Zukunft.

Sie erinnern sich: Einsichtiges (positives) Denken hilft, negative Erfahrungen aus der Vergangenheit leichter zu verarbeiten. In positives Handeln für die Zukunft umgesetzt, wird die Gefahr »Unrecht zu tun« in der Gegenwart abgebaut.

Aus diesem Verständnis heraus werden alle Mitglieder einer Gruppe ermuntert, Lösungen auszuarbeiten und ihrem gesamtverantwortlichen Leiter mitzuteilen. Auf diese Weise können die gesteckten Ziele laufend kontrolliert und neuen Erfordernissen angepasst werden.

5.3.3 Die Zielkontrolle

Sie erinnern sich: Der in BeComE geschulte Berater ist ein hilfreicher Begleiter im Wandlungsprozess. Seine Aufgabe ist es,
- die Besprechungen zur Zielkontrolle zu moderieren,
- die erzielten Erfolge zu dokumentieren,

89 Vgl. Duden, Fremdwörterbuch, Ausgabe 1990
90 Vgl. Michael Kläsgen, Süddeutsche Zeitung vom 28.07.2004, Arbeit macht krank

- die damit verbundenen Aufgaben festzuhalten (z. B. in Stellenbeschreibungen) sowie
- die zu treffenden Maßnahmen fortzuschreiben.

Das nachfolgende Beispiel ist dem Protokoll über die Zielkontrolle in einer Druckerei entnommen:

- *Reibungslosen Zahlungsfluss sichern: Wie im Protokoll vom 2. Februar dokumentiert wurde, bestimmt dieses Ziel die Umsetzbarkeit anderer Ziele. In diesem Zusammenhang wurde als Priorität A festgelegt, die Abrechnung mit der Warenauslieferung zu bearbeiten. Verzögerungen kommen derzeit nur noch bei wenigen Aufträgen mit kleinen Beträgen vor.*

- *Urlaubs- und Weihnachtsgeld sicherstellen: Das Erreichen der Ziele und deren Zeitpunkt ist vor allem vom Erfüllen der vorherigen Ziele abhängig. Bei weiterhin unveränderter Sachlage kann das Urlaubs- und Weihnachtsgeld als gesichert angesehen werden.*

5.4 Das externe Fachwissen

Ziele zu kontrollieren ist eine diffizile (schwierig zu lösende[91]) Aufgabe. Grund dafür ist die Vielschichtigkeit ihrer Bedeutung für den Einzelnen und die Gruppe (z. B. ein Unternehmen).

Daraus leitet sich die Aufgabe des Beraters ab. Er garantiert die objektive Kontrolle von Zielen. Aus seiner Tätigkeit können folgende Vorteile gezogen werden:
- Aufbau unternehmensbezogenen Fachwissens durch sachverständiges Insourcing (Hereinnahme durch Wissen dienstleistender Fremdfirmen),
- zielorientierte Dokumentation des erzielten Fortschritts,
- neutrale Sicht des Ist-Zustandes,
- fortwährende Motivation der leistungswilligen Kräfte.

Darüber hinaus kann der Berater Aufträge zur Lösung von Problemen übernehmen und Vorschläge für das weitere Vorgehen erarbeiten. Ergänzend dazu kann er für spezielle Fragen der Analyse sowie der Gestaltung oder Schulung herangezogen werden. Dadurch wird er geistig in die Gruppe (z. B. ein Unternehmen), mit einem steuerbaren finanziellen Aufwand, eingebunden. Beispiele für den Einsatz externen Fachwissens:

91 Vgl. Duden, Fremdwörterbuch, Ausgabe 1990

5.4.1 Analyse und Gestaltung

- Controlling
- Corporate Identity
- DV-Systeme
- Geschäftsprozessoptimierung
- Internationale Kontakte für neue Märkte
- Kapitalbeschaffung
- Kauf und Verkauf von Unternehmen
- Logistik
- Marketing
- Personalentwicklung
- Personalplanung
- Qualitätsmanagement
- Rationalisierungen
- Sanierungen
- Strategische Unternehmensplanung
- Vertrieb

5.4.2 Schulungen

- Kommunikation
- Kundenbetreuung
- Management
- Moderation
- Motivation
- Persönlichkeitsentwicklung
- Präsentation
- Telefongesprächstechnik
- Verkauf

Bei entsprechender Betriebsgröße kann diese Fachkompetenz auch durch eigenes Personal aufgebaut und verfügbar gehalten werden (Stabsstelle).

Persönliche Lernfragen

- Nennen Sie die Namen von Menschen mit denen Sie gemeinsam Ziele anstreben.
- Nennen Sie die Namen von Menschen, die Sie motivieren, Ihre beste Leistung zu bringen.
- Nennen Sie eigene Ideen, die Sie gerne realisieren möchten.
- Entsprechen die von Ihnen hergestellten Produkte oder Dienstleistungen Ihren an sich selbst gestellten Ansprüchen?
- In welche Verhaltensebene ordnen Sie sich selbst ein?

- Welche der von Ihnen zu erfüllenden Aufgaben fallen Ihnen besonders leicht?
- In welchen Ihrer Wissensgebiete fühlen Sie sich von anderen gut verstanden?
- In welchem Ihrer Aufgabengebiete wird Ihnen die Gesamtverantwortung von anderen Menschen abgenommen oder streitig gemacht?
- Können Sie sich an die *Goldenen Regeln* halten auch wenn andere sie Ihnen gegenüber missachten?
- Halten Sie sich für fähig, die Freude einer Gruppe von Menschen am Gelingen von Aufgaben aufrecht zu erhalten?
- Welche der von Ihnen zu erfüllenden Aufgaben erledigen Sie lieber allein, welche lieber in der Gruppe?
- In welchen Ihrer Aufgabengebiete halten Sie sich für fach- oder führungskompetent?
- Auf welchem Ihrer Aufgabengebiete mischen sich andere Menschen in Ihre Angelegenheiten?
- Mit welchen Ihrer Fähigkeiten sind Sie überzeugt, für sich selbst den größten Erfolg erzielen zu können?
- Erarbeiten Sie ein Zielträgermodell für Ihren beruflichen Aufgabenbereich.
- Welches sind die Quellen für die derzeit bei Ihnen zu bewältigenden Probleme?
- Welche primären Ziele verfolgen Sie?
  - persönlich
  - beruflich
- Welche Ziele sind Ihren primären Zielen vorgeschaltet?
  - persönlich
  - beruflich
- Welches der von Ihnen genannten Ziele hat für Sie die größte Bedeutung?
- Welches der von Ihnen genannten Ziele hat für das Wohl aller davon betroffenen Menschen die größte Bedeutung?
- Ordnen Sie die von Ihnen genannten Ziele nach den 4 Prioritätsstufen.
- Erarbeiten Sie einen Zeitrahmen für die von Ihnen genannten Ziele.
- Erstellen Sie einen Katalog Ihrer wichtigsten Ziele und der dazu von Ihnen zu erfüllenden Aufgaben.
- Erhalten Sie Zeitvorgaben für den schöpferischen Teil der von Ihnen zu erbringenden Leistung?
- Welche anerkennende Rückmeldungen erhalten Sie für von Ihnen eingebrachte Ideen?
  - mündlich
  - finanziell

Kapitel 9
Die Kraft der geistigen Ordnung

Ziel des Kapitels ist es, die grundlegende Bedeutung einer optimalen Ordnung im einzelnen Mitarbeiter und im Unternehmen aufzuzeigen. Dazu werden folgende Themen behandelt:

- Bedeutung und Wert der öffentlichen und persönlichen Ordnung.
- Abhängigkeit persönlicher oder unternehmerischer Zielsetzungen vom wirkungsvollen Einsatz der verfügbaren Kräfte (Ressourcenallokation).
- Lebenslauf und Stellenbeschreibung als wesentliche Elemente zur Verbindung von Fähigkeiten, Wissen und Erfahrung mit Aufgaben im Unternehmen.
- Bedeutung der anfallenden Arbeitsmengen sowie den dafür erforderlichen Zeitaufwand für die Mitarbeiter-, Aufgaben- und Stellenbewertung.
- Erkenntnisse aus der Mitarbeiter-, Aufgaben- und Stellenbewertung als Grundlage für die Struktur eines ersten Organigramms (»top down«) und dessen Optimierung (»bottom up«).
- Information als wesentlicher Motivationsfaktor für die Aufgabenträger beim Gestalten der Geschäftsprozesse.
- Unternehmenspolitische Zielsetzungen und deren Abhängigkeit von den dafür zu erbringenden Arbeitsleistungen sowie den Kundenanforderungen.

Die dafür wichtigen organisatorischen Methoden und Techniken werden vorgestellt und durch Beispiele aus der Praxis ergänzt.

1. Die Ordnung

Das Zusammenleben und Zusammenwirken der Menschen wird immer schwieriger. Neue und besondere Herausforderungen sind die immer dynamischer verlaufende Globalisierung sowie die immer weiter fortschreitende Technisierung, insbesondere auf dem Gebiet der Kommunikation. Darüber hinaus werden die wirtschaftlichen, rechtlichen und politischen Verhältnisse immer schwerer durchschaubar. Das erfordert eine neue, auf sich verändernde Verhältnisse abgestellte, und leicht durchschaubare Ordnung in den Unternehmen.

Einfache Beispiele für die Notwendigkeit Ordnung zu halten, finden wir im täglichen Leben in der Verkehrsregelung sowie dem notwendigen Zusammenspiel der produzierenden Kräfte bei der Herstellung von Autos, Flugzeugen, Bauten aller Art, elektronischen Geräten usw. Wesentliche Voraussetzung für eine gute Ordnung ist die Vorgabe eindeutiger Ordnungsmerkmale, sorgfältiges Arbeiten sowie ein klar geregeltes Informationsmanagement. Grundlegende Ordnungsmerkmale sind:

1.1 Die öffentliche Ordnung

Die moderne Welt hält immer größere Herausforderungen an die öffentliche Ordnung bereit. Beispiele dafür sind Probleme der Sicherheit im Zusammenhang mit dem Betrieb von Kernkraftwerken, der Aufklärung oder Verhinderung von Terroranschlägen oder dem Flugverkehr. Auf diesen Gebieten hat die Menschheit leidvolle Erfahrungen sammeln müssen. Denken Sie nur an

- den Atomunfall in Tschernobyl am 25.04.1986,
- die Anschläge auf das World Trade Center am 11.09.2001 und die schier unendliche Reihe nachfolgender Terroranschläge,
- die Kollision zweier Flugzeuge über dem Bodensee am 01.07.2002.

1.2 Die persönliche Ordnung

Der so wichtigen öffentlichen Ordnung ist der einzelne Bürger nahezu hilflos ausgesetzt. Aus diesem Grund sollten wir da für Ordnung sorgen, wo wir sie beeinflussen können: In unserem persönlichen Leben oder in unserer Verantwortung als Leiter oder Mitarbeiter eines Unternehmens. »Ordnung hilft haushalten«, sagt der Volksmund. Oder: »Ordnung ist das halbe Leben«. Friedrich Schiller nennt sie die »segensreiche Himmelstochter« und Heinrich Heine »Laufsteg zum Erfolg«. Freilich darf Ordnung nie sklavisch und starr sein. Sie sollte nie in Pedanterie ausarten. Sie soll eingebettet bleiben in Menschlichkeit, d.h. in sittliches Wollen und Handeln und die Bedürfnisse und Ziele von Menschen oder Unternehmen respektieren.

Sie erinnern sich: BeComE vermittelt sittliches Wollen und Handeln als hilfreich für eine positive Lebensgestaltung zu verstehen. Und: Nur mit einem auf Ordnung und Qualifikation ausgerichteten Verhalten können gute bis sehr gute Ergebnisse erzielt werden. Dies gilt insbesondere für das Erarbeiten von Zielen und das Finden von Lösungsansätzen.

BeComE befasst sich in diesem Sinne mit der Ordnung von Fähigkeiten, Wissen und Erfahrung von Menschen oder Organisationen. Dabei ist es wichtig, den einzelnen Menschen nur Aufgaben zu übertragen, die ihrer Qualifikation entsprechen. Nur dann sind sie in der Lage die dafür zu tragende Verantwortung zu übernehmen und zu einer sinnvollen Ordnung beizutragen.

2. Die Ressourcenallokation

Sie erinnern sich: Der wirkungsvolle (effektive) Einsatz der produktiven Kräfte (Ressourcenallokation) bestimmt wesentlich die Leistungsfähigkeit (Effizienz) eines Unternehmens. Qualität und Ausmaß der verfügbaren unternehmenseigenen Kernkompetenzen (branchenspezifisches Fachwissen) sind darüber hinaus wesentliche Erfolgsfaktoren. Die Ressourcenallokation ist deshalb eine Aufgabe von zentraler Bedeutung für ein Unternehmen.

Und: Die einzelne Person und die Gruppe handeln auf der Basis von BeComE selbständig und können sich dadurch fortwährend geänderten Bedingungen anpassen. Darüber hinaus kann jeder Mensch seine Entwicklung nach eigener Entscheidung steuern. Aus diesem Grund ist eine fundierte Ressourcenallokation für den Erfolg eines Unternehmens besonders wichtig. Dazu tragen im wesentlichen bei:

2.1 Der Lebenslauf

Sichtbar gemachte Ordnung, Verantwortung und Qualifikation drücken sich aus im Lebenslauf. In ihm sind die wesentlichen Stationen des persönlichen Werdegangs und der Qualifikation festgehalten. Aus diesem Grund ist der Lebenslauf für BeComE die wesentliche Grundlage für die Einteilung der dem Unternehmer zur Verfügung stehenden geistigen Kräfte.

Sie erinnern sich: Qualität und Ausmaß der verfügbaren unternehmenseigenen Kernkompetenzen (branchenspezifisches Fachwissen) sind wesentliche Erfolgsfaktoren.

Zu Beginn des Lebens eines Menschen liegt der besondere Wert in der Darstellung des auf dem neusten Stand der Wissenschaft erworbenen bzw. erlernten Wissens. Im Laufe des Lebens verlagert sich die Bedeutung auf die übernommenen bzw. übertragenen Aufgaben, die damit verbundene Verantwortung und die gemachten Erfahrungen. Zu diesem Zweck ist der Lebenslauf ständig und möglichst lückenlos auf der Grundlage der eigenen Zielvorstellungen fortzuschreiben.

Sie erinnern sich: Sich Ziele zu setzen, ohne eine Vision (Vorstellung in Bezug auf ein für die eigene Zukunft entworfenes Bild) zu haben, ist problematisch. Aus diesem Grund ist es für den einzelnen Menschen, insbesondere aber für den Leiter eines Unternehmens, wichtig, sich ständig mit der eigenen Vision zu beschäftigen. Dieser Vorgang sollte regelmäßiger geistiger Begleiter in allen Lebenslagen sein.

Der Lebenslauf ist nicht nur eine Visitenkarte der Persönlichkeit und ihrer Qualifikation sondern auch die entscheidende Richtschnur für den Werdegang. Für die eigenen Zwecke sollte der Lebenslauf sehr umfangreich sein, also viele Details der einzelnen Lebensstationen enthalten. Das erleichtert spätere Entscheidungen über die Gestaltung des eigenen Lebensweges. Für eine Bewerbung z. B. kann es jedoch schon genügen, sich auf die für die angestrebte Stelle wichtigen Daten zu beschränken. Mit dieser »Auslese« ist für den Bewerber gleichzeitig ein Entscheidungsprozess verbunden, mit dem er sich selbst Aufschluss geben kann, über die Übereinstimmung der persönlichen Vorstellungen mit den Anforderungen der angestrebten Stelle.

Aus der nachfolgenden Darstellung des Lebenslaufes des Verfassers sind die für seine persönlichen Bedürfnisse und Ziele (unternehmerische Selbständigkeit) wichtigen Ereignisse nachvollziehbar:

1953
Abschluss der Wirtschaftsoberrealschule, München mit Mittlerer Reife
Eintritt in die Münchener Rückversicherungs-Gesellschaft

1955
Abschluss der Ausbildung zum Transport-Versicherungskaufmann
in der Münchener Rückversicherungs-Gesellschaft
Abteilung Transportversicherung der Münchener Rückversicherungs-Gesellschaft

1966
Ausbildung in den Sachbranchen der Erstversicherung auf der Grundlage
der Bedingungen des englischen Marktes in Pakistan und Bangladesh
Wahl zum Leiter der Fußballabteilung des SV Weißblau-Allianz München e.V.

1967
Abteilung Betriebsinspektion der Münchener Rückversicherungs-Gesellschaft

1969
Abteilung Rückversicherung, Entwicklung und Forschung
der Münchener Rückversicherungs-Gesellschaft

1972
Wahl zum Betriebsrat der Münchener Rückversicherungs-Gesellschaft
mit späterer stv. Leitung
Wahl in den Vorstand des SV Weißblau-Allianz München e.V.
mit späterer stv. Leitung

1974
Wahl zum Arbeitnehmervertreter im Aufsichtsrat
der Münchener Rückversicherungs-Gesellschaft

1980
Abteilung Betriebsorganisation der Münchener Rückversicherungs-Gesellschaft

1984
Abschluss an der Akademie für Organisation, Gießen als Fachkaufmann
für Organisation

1985
Gründung der Utz Reisen KG (Vermittlung von Pauschalreisen, Veranstaltung von Gruppenreisen)

1996
Beendigung des Arbeitsverhältnisses mit
der Münchener Rückversicherungs-Gesellschaft

1997
Gründung der EuroPart Unternehmensberater EWIV
Wahl zum Geschäftsführer der EWIV
Beginn der Beratungstätigkeit nach den Grundsätzen von BeComE.

2.2 Die Kern- bzw. Fachkompetenz

Sie erinnern sich: Der wirkungsvolle (effektive) Einsatz der produktiven Kräfte (Ressourcenallokation) bestimmt wesentlich die Leistungsfähigkeit (Effizienz) eines Unternehmens. Qualität und Ausmaß der verfügbaren unternehmenseigenen Kernkompetenzen (branchenspezifisches Fachwissen) sind darüber hinaus wesentliche Erfolgsfaktoren. Die Ressourcenallokation ist deshalb eine Aufgabe von zentraler Bedeutung für ein Unternehmen. Als Hilfsmittel für diesen Zweck dient der Lebenslauf.

Branchenspezifisches Fachwissen bzw. unternehmensrelevante Kernkompetenzen entstehen aus Fähigkeiten, Wissen und Erfahrung. Die Kern- bzw. Fachkompetenz des Verfassers resultiert im Wesentlichen aus folgenden Aufgaben- bzw. Verantwortungsbereichen:

1955
Abteilung Transportversicherung
- Bereich zur Abwicklung der Rückversicherung von Waren-Erstversicherungen geleitet
- Verlauf des weltweiten Rückversicherungsgeschäftes überprüft und die Ergebniszahlen für die Bilanz aufbereitet
- Problemstellungen zu Rückversicherungsverträgen bearbeitet sowie die dazu erforderliche Korrespondenz für die Verhandlungen mit Kunden im Ausland geführt

1966
Ausbildung in den Sachbranchen der Erstversicherung in Pakistan und Bangladesh
- Erstversicherungsgeschäft im Innendienst bearbeitet
- Schadenfälle im Außendienst besichtigt und im Innendienst bearbeitet
- Erstversicherungsgeschäft im Außendienst bearbeitet

• Organisatorischen Aufbau einer Erstversicherungs-Gesellschaft in Pakistan kennen gelernt

Leitung der Fußballabteilung des SV Weißblau-Allianz München e.V.
• Die Abteilung nach den Grundsätzen eines Wirtschaftsunternehmens geführt
• Mit einem Reiseveranstalter Gruppenreisen zur Erschließung von Einnahmequellen veranstaltet
• Internationale Erfahrung im Reisegeschäft sowie im Fußballsport gesammelt

1967
Zentralbereich Betriebsinspektion
• Raumplanung für drei Bürogebäude aufbereitet
• Pläne für die Möblierung von Geschäftsräumen für drei Bürogebäude erstellt
• Betriebliche Anordnungen ausgearbeitet und verwaltet
• Informationsblatt für die zeichnungsberechtigten Mitarbeiter redaktionell aufbereitet
• Zentrale Serienbriefschreibung für die Bearbeitung vorbereitet

1970
Zentralbereich Rückversicherung, Entwicklung und Forschung
• Mitglieder und Protokollführer der für die Entwicklung und Forschung gebildeten Arbeitsgruppen vorgeschlagen und betreut
• Sitzungsprotokolle erstellt, überprüft und den Stand der Arbeiten kontrolliert
• Arbeitsergebnisse redaktionell überarbeitet und für die Genehmigung durch den Vorstand sowie für die Veröffentlichung vorbereitet
• Übersetzungen der Arbeitsergebnisse in die englische, französische und spanische Sprache überwacht, an die weltweit verteilten Empfänger verschickt und verwaltet
• Veröffentlichungen internationaler Rückversicherereinrichtungen (in London, New York, Toronto und Sydney) sowie von Veranstaltungen mit vergleichbarer Bedeutung ausgewertet
• Kontakt zu den weltweit verteilten Tochtergesellschaften und Außenstellen gehalten

1980
Zentralbereich Betriebsorganisation
• EDV-Informationssystem über den Bestand der weltweiten Kundenadressen einschließlich damit verknüpfter Kennungen für das dezentrale Schreiben von Einzel- und Serienbriefen reorganisiert, betreut und die Anwender beraten
• Weltweit verfügbares EDV-Informationssystem über die pro Kunden relevanten Vertragsdaten, die erzielten Geschäftsergebnisse sowie Problemstellungen aufgebaut, betreut und die Anwender beraten

• Internationale Bürokommunikation zwischen dem Home Office in München und den weltweit verteilten Tochtergesellschaften und Außenstellen organisatorisch betreut
• Die Umwandlung einer Außenstelle im europäischen Ausland in eine Aktiengesellschaft organisatorisch aufbereitet und betreut
• Die Buchhaltungen von zwei eigenständigen Geschäftsbereichen reorganisiert
• Veranstaltungen des Generaldirektors für wichtige interne Anlässe und zur Betreuung von Geschäftspartnern organisatorisch vorbereitet und betreut

1985
Utz Reisen KG
• Internationale Erfahrungen im Reisegeschäft durch die Veranstaltung von Gruppenreisen vertieft
• Internationalen Reisemarkt und seine Problematik kennen gelernt

1997
EuroPart Unternehmensberater EWIV
• Erfahrungen mit den Besonderheiten der Gründung und der Leitung einer EWIV gesammelt
• Mit der Beratungstätigkeit nach den Grundsätzen von BeComE begonnen

2.3 Die Stellenbeschreibung

Die Stellenbeschreibung ist ein Verfahren zur schriftlichen Darstellung von Zweck, Aufgaben zur Zweckerfüllung, Kompetenz, Verantwortung und Kommunikationsgrundlagen einer Stelle. Mit ihr können folgende organisatorische Ziele erreicht werden:
• Abgrenzung von Aufgabenkomplexen (Zusammenfassung zusammengehöriger Teilaufgaben),
• Harmonisierung von Aufgabe, Kompetenz und Verantwortung als Grundlage für Zielvereinbarungen,
• Feststellung der Bedeutung einer Stelle für den Zweck der Organisation,
• Einordnung einer Stelle in das Liniensystem einer Organisation,
• Grundlage für Stellvertretung und Nachfolge.[92]

92 Vgl. Rudolf Buechi und Reiner Chrobok, GOM – Ganzheitliches Organisationsmodell, Ausgabe 1994, Seite 248

2.3.1 Die Darstellung im Prinzip

Im Prinzip ist die Stellenbeschreibung wie folgt aufgebaut:

Stellenbeschreibung	
Stellenbezeichnung	Position des Stelleninhabers im Unternehmen
Stelleninhaber	Name des Stelleninhabers
Unterstellung	Übergeordnete Stellen
Überstellung	Untergeordnete Stellen
Stellvertretung	Vertretende Stellen
Ziel der Stelle	Oberste Orientierungspunkte für das Verhalten
Aufgabenbereich	Genaue Formulierung der Aufgaben mit Abgrenzung der Aufgabenbereiche
Befugnisse	Beschreibung der Handlungsvollmachten

Eine genaue Stellenbeschreibung ist darüber hinaus eine wichtiges Fundament für die optimale wirtschaftliche Wertschöpfung aus den personellen Ressourcen. Zur Optimierung der Wertschöpfung ist es zusätzlich unerlässlich,

- die Verständigung (Kommunikation) zwischen den Aufgabenträgern zu regeln,
- die erforderliche Offenheit der Mitarbeiter dafür herzustellen bzw. zu erhalten,
- die Bandbreiten der über die eigene Verantwortung hinausgehende Erfüllung von Aufgaben abzugrenzen,
- Ungenauigkeiten aufzudecken und
- den Erfolg zu kontrollieren.

2.3.2 Die Darstellung in der Praxis

Nachfolgend das Beispiel einer Stellenbeschreibung aus dem Druckereigewerbe:

Stellenbeschreibung	
Stellenbezeichnung	Sachbearbeiter Kundenbetreuung
Stelleninhaber	Herr G.
Unterstellung	Leiter der Geschäftsführung, Herr S.
Überstellung	Produktionsleiter Druck
Stellvertretung	Herr H1., Herr H2., Herr St.
Ziel der Stelle	Aufträge bearbeiten Aufträge beschaffen
Aufgabenbereich	Kunden akquirieren (Neukunden und bestehende)
	Kunden telefonisch akquirieren
	Kunden mit Werbematerial akquirieren
	Angebote kalkulieren
	Aufträge abwickeln
	Wiederholungsaufträge bei bestehenden Kunden
	Neuaufträge von bestehenden Kunden
	Neuaufträge von Neukunden
	Aufträge vor- und nachbereiten sowie kontrollieren
	Arbeit vorbereiten
	Produktion planen,
	Mitarbeiter einteilen,
	Fremdaufträge vergeben,
	Material einkaufen,
	Reparaturservice organisieren
	Arbeit kontrollieren
	Arbeitsabwicklung überwachen,
	Produktion überwachen,
	Produktion von Fremdfirmen überwachen,
	Termine überwachen
	Arbeit nachbereiten
	Qualität kontrollieren,
	Aufträge abrechnen,
	Aufträge nachkalkulieren
	Warenauslieferung organisieren,
	Versand überwachen
	Produktion steuern
Befugnisse	Kaufmännische Abwicklung der Aufträge

2.4 Die Stellenbesetzung

Das Erreichen von Unternehmenszielen bestimmt sich primär aus dem zielgerichteten Einsatz der verfügbaren Kräfte. Nur wenn alle Ressourcen, vor allem die personellen, zur richtigen Zeit am richtigen Ort in der richtigen Menge und Qualität verfügbar sind, kann sich ein Unternehmen auf dynamischen und sich ständig verändernden Märkten behaupten. Dazu ist es erforderlich, die verfügbaren Kräfte zu analysieren und entsprechend ihren Fähigkeiten einzusetzen.

Diese Analyse soll vor allem helfen
- die Kompetenzen zu dokumentieren (Lebenslauf verfassen),
- die Verantwortungen zu verdeutlichen (Stellenbeschreibung erarbeiten),
- die zu erfüllenden Aufgaben zu verteilen (Mitarbeiterfunktionen definieren),
- die Bandbreiten von Aufgabenwechseln abzustecken (Geschäftsprozesse gestalten),
- die Ordnung im Unternehmen darzustellen (Organigramm erarbeiten),
- die Mitarbeiter zielgerichtet zu informieren (aufgabenbezogenes Informationssystem einrichten),
- die Offenheit der Mitarbeiter zueinander zu erhalten oder herzustellen (aufgabenbezogene Kommunikation fordern bzw. fördern) und
- Ungenauigkeiten oder Probleme aufzudecken und zu lösen.

2.4.1 Die Qualifikation

Unternehmer beschränken sich beim Besetzen von Stellen oft auf möglichst qualifizierte Abgänger von Schulen und Universitäten sowie auf eigene oder fremde Fachkräfte. Sie lassen dabei häufig die versteckte große Leistungsfähigkeit, die andere Bewerber oder sonstiges eigenes Personal mitbringen (z. B. kommunikative oder soziale Fähigkeiten) außer Acht. Sie verbinden mit einer Stelle lediglich bestimmte Aufgaben. Und diese (und nur diese) sollen ausschließlich und mit möglichst großem Eifer auf der Grundlage von Vorschriften bearbeitet werden. Der Vorgang der Besetzung von Stellen verläuft dadurch rein statisch, lässt also keinen Freiraum für die Kreativität der Stelleninhaber.

Das eigene verfügbare Potential wird bei einem derartigen Vorgehen vernachlässigt. Dies kann zu Motivationsverlusten mit fatalen Folgen führen, wie z. B. Dienst nach Vorschrift, innere Kündigung, Erhöhung der Ausfallzeiten oder sogar Krankheit.

2.4.2 Die Zusammenarbeit

Wichtig für den Unternehmenserfolg ist auch die reibungslose Zusammenarbeit der Mitarbeiter auf der Grundlage der vorgegebenen Ziele. Daraus kann der Einzelne die Bedeutung der eigenen Aufgabe und das Ausmaß der persönlichen Verantwortung aus dem Gesamtzusammenhang erkennen.

Die Bedeutung dieser Erkenntnis und deren Auswirkung auf die Arbeitsergebnisse und damit auf die Kundenbeziehung wird in der Regel vernachlässigt. Schlimm wird es, wenn Aufgabenträger in sich überlappenden Aufgabenbereichen aus fehlender Kenntnis des Gesamtzusammenhangs oder der organisatorischen Strukturen aus eigener »Machtvollkommenheit« handeln oder untereinander »Grabenkämpfe« austragen bzw. sich »einschachteln«. Verursacher sind in der Regel »Stellenneulinge« (aus reiner Unkenntnis der strukturellen Organisation). Dramatisch wirkt sich dies insbesondere dann aus, wenn erfahrene Kräfte fehlen. Dann besteht die große Gefahr, dass sich dieses Verhalten nicht nur intern, sondern auch auf die Kundenbeziehung negativ auswirkt. Das betriebsinterne Problem wird auf diese Weise nach außen getragen mit gravierend negativen Folgen für den Unternehmenserfolg.

2.5 Der Nutzen durch BeComE

2.5.1 Die Qualifikation

Nach BeComE soll die Stellenbeschreibung auch dazu beitragen die innere Stabilität und Qualität des Unternehmens zu sichern und die Kundenbindung zu festigen. Zu diesem Zweck sind die benötigten Arbeitskräfte mit ihren Fähigkeiten, ihrem Wissen und ihrer Erfahrung in der richtigen Qualität und Menge, zur richtigen Zeit und am richtigen Ort, einzusetzen. Wird die Ressource Mensch optimal genutzt, kann ein Unternehmen höchsten Ansprüchen gerecht werden.

Sie erinnern sich: Ziel von BeComE ist es, die schöpferische Kraft (Kreativität) und die Intelligenz von Menschen zu steigern und damit ihre Leistungsfähigkeit (Produktivität) zu erhöhen. Dadurch können sich sowohl der Einzelne als auch Organisationen aus eigenem Antrieb geistig fortentwickeln. Damit einher geht eine ständig zunehmende berufliche Qualifikation. Alle Aufgabenträger können auf diese Weise ihre finanzielle Situation dauerhaft festigen (stabilisieren) oder sogar verbessern.

Ist das Maß für das »Arbeitsmittel Mensch« die persönliche Qualifikation, kann es damit am besten zum eigenen und zum Wohl des Unternehmens, seinen Mitarbeitern und Kunden arbeiten. Auf dieser Grundlage können sich alle Betroffenen schnell auf Veränderungen in den Märkten oder andere Änderungen der Verhältnisse, wie z. B. die Gesetzgebung, einstellen.

2.5.2 Die Zusammenarbeit

Sie erinnern sich: Wichtigstes Produktionsmittel in einer Organisation ist der Mensch. Die Produktivität (Ergiebigkeit) menschlicher Arbeit kann in der Wertschöpfung pro Mitarbeiter ausgedrückt werden.[93]

Und: Unter Wertschöpfung ist der Nutzen aus den von Menschen erbrachten Leistungen zu verstehen. Aneinandergereiht verbinden sie sich zur Wertschöpfungskette.

Das Maß der Wertschöpfung wird bestimmt von der Qualität der erbrachten Leistungen und der dafür aufgewendeten Zeit. Je zielgerichteter die verfügbaren Kräfte

93 Vgl. Henner Schierenbeck, Grundzüge der Betriebswirtschaftslehre, Ausgabe 1981, Seite 153

eingesetzt und weitergebildet werden, umso wertvoller sind die erzielten Arbeitsergebnisse. Zu diesem Zweck werden sie in komprimierter Form einschließlich aller wichtigen kundenbezogenen Probleme möglichst tagfrisch im Unternehmen zentral verfügbar gemacht und gehalten. Diese für alle gleiche Informationsstruktur bewirkt die geistige Vernetzung aller Schichten der Hierarchie und damit ein besseres Verständnis für den Gesamtzusammenhang der zu erfüllenden Aufgaben. Gleichzeitig können damit Fehler schnell erkannt und behoben, die Geschäftsprozesse beschleunigt sowie betrügerische Machenschaften verhindert werden. Zusätzlich ist ein automatisch wirkendes Frühwarnsystem für von innen oder außen einwirkende Veränderungen installiert und die Kundenzufriedenheit erhöht.

Die moderne Organisationslehre sagt hierzu: »Informationen als zweckbezogenes Wissen und arbeitsplatzbezogene Sachmittel sind unverzichtbarer Teil der Aufgabenerfüllung durch Menschen.«[94]

Information ist an sich schon ein wertvolles Wirtschaftgut. Mit Hilfe von BeComE wird Information in für alle Beteiligten übereinstimmendes Wissen umgewandelt und auf diese Weise noch wertvoller. Arbeiten Menschen auf der Grundlage von BeComE zusammen, verwandelt sich die Wertschöpfungskette in ein äußerst leistungsfähiges Wertschöpfungsnetzwerk.

2.5.3 Das Ergebnis

Das nachfolgende Gespräch über den sinnvollen Einsatz der verfügbaren Kräfte fand im Rahmen eines Workshops zwischen einem Teilnehmer (Herr F., leitender Angestellter einer Druckerei) und dem Verfasser dieses Buches statt:

Bestandteil der dem Gespräch vorausgegangenen Sitzung war die Analyse der Aufgabenverteilung aller leitenden Mitarbeiter. Damit verbunden wurde die Bitte, die eigenen Aufgaben mit Zeiten und Mengen zu quantifizieren.

F: Ihre Vorgehensweise ist recht interessant. Zum Teil machen wir in der Aufgabenanalyse mit Ihnen nichts anderes, als was wir bisher ohne externe Unterstützung alleine versucht haben. Nur – zwei Jahre lang haben wir uns immer wieder zusammengesetzt und überlegt, wo und wie wir Verbesserungen einbringen könnten, jedoch ohne konkrete Ergebnisse.

U: Sie leiten doch den Produktionsbetrieb?

F: Ja, ich teile diese Aufgabe mit einem Kollegen. 20 % mache ich Akquisition, 80 % stehe ich an den Produktionsmaschinen. Bei meinem Kollegen ist das Verhältnis umgekehrt.

94 Vgl. Rudolf Buechi und Reiner Chrobok, GOM – Ganzheitliches Organisationsmodell, Ausgabe 1994, Seite 127

U: Und wie lange sind Sie schon im Betrieb?

F: Seit über 15 Jahren, ich habe den Betrieb mit aufgebaut.

U: Das heißt doch, dass Sie von Anfang an für Akquisition mit verantwortlich waren?

F: Ja natürlich. Wir waren zu Beginn 4 Mann. Ich habe gemeinsam mit dem Firmenleiter die Kundenkontakte hergestellt und 3 Mann waren an den Maschinen.

U: Das heißt doch, dass das Unternehmen diese Größe ohne Sie hätte gar nicht erreichen können. Ein Betrieb lebt nun mal primär von den Aufträgen und wenn Sie sich Ihre Vergangenheit ansehen liegt ihre ausdrückliche Kompetenz nun mal in der Akquisition.

F: Ja, ja das stimmt schon.

U: Warum tauschen Sie denn dann die Aufgabenbereiche mit Ihrem Kollegen nicht aus? Machen Sie doch 80 % Akquisition und er 80 % Produktion.

F: Die Arbeit an den Maschinen macht mir sehr viel Spaß und er arbeitet gerne außerhalb der Anlagen.

U: Aber das kann es doch nicht sein. Ihr aller gemeinsames Ziel ist es doch nicht den Lustgewinn zu maximieren sondern das Bestehen des Unternehmens zu sichern, sich zu erweitern und dadurch entsprechend Geld zu verdienen. Machen Sie doch beides. Wenn Sie 80 % Akquisition betreiben und 20 % an den Maschinen stehen, so können Sie weiterhin Ihrem Hobby nachgehen und das Unternehmen erhält bedeutend mehr Aufträge.

F: Meinen Sie?

U: Ja natürlich. Sehen Sie sich doch das Verhältnis »Aufträge zu Arbeitszeit« von Ihnen und von Ihrem Kollegen an.

F: Denken Sie er wird einverstanden sein?

U: Das werden wir sehen. Auf alle Fälle müssen wir mit ihm reden. Wenn er sich das gemeinsame Ziel »Unternehmen« vor Augen hält sowie die Kenngröße »Aufträge zu Arbeitszeit« mitgeteilt bekommt wird er schlecht nein sagen können.

F: Dann befürchte ich fast, dass wir explodieren. Wir arbeiten jetzt schon sehr beengt.

U: Was ist denn an einer Expansion so schlimm? Dann gehen Sie halt aus diesen Räumen hier heraus. Eine Firma, die beschlossen hat nicht mehr zu expandieren stagniert. Langfristig würde sie sogar damit ihren Niedergang einläuten. Ich sage Ihnen: handeln Sie, übernehmen Sie den Schwerpunkt der Akquisition wie Sie es schon am Anfang gemacht haben und bringen Sie den Betrieb in neue Höhen. Tun Sie es!

Herr F. sagte darauf zwar nichts mehr und nickte nur schwach mit dem Kopf. Aber seine 5 Ausrufezeichen als Zustimmung für den Wortwechsel schwebten »laut« im Raum. Dieses Gespräch war der Startzeitpunkt für die nachfolgende sehr bemerkenswerte Expansion.

Das Unternehmen erwartete im Kalenderjahr des Beginns der Beratung im April ein Umsatzplus von etwa 100.000. Euro Bereits im Juli konnte ein Umsatzzuwachs von 360.000 Euro pro Jahr durch den Zukauf des Kundenpotentials eines Konkurrenten (der Firmeninhaber setzte sich zur Ruhe) und die Einstellung des dafür zuständigen Mitarbeiters realisiert werden. Durch die Einstellung eines neuen Mitarbeiters konnten die personellen Ressourcen aufgestockt und dadurch ein weiterer Umsatzzuwachs von 425.000 Euro pro Jahr erreicht werden. Insgesamt erbrachten alle getroffenen Maßnahmen bis zum Ende der Beratung eine Umsatzsteigerung 1,2 Mio. Euro pro Jahr. Die ursprünglichen Erwartungen wurden damit also weit übertroffen.

3. Die Struktur

3.1 Die Aufbauorganisation

Nach dem von dem Professor für Betriebswirtschaftslehre Erich Kosiol (1899–1990) geprägten traditionellen Vorgehen werden zunächst die Aufgaben analysiert sowie Stellen und Abteilungen gebildet. Danach wird im Rahmen der Aufbauorganisation ein hierarchisches Leitungssystem der erforderlichen Führungskräfte geschaffen. Die Arbeitsabläufe (Geschäftsprozesse) vollziehen sich im Rahmen der so vorgeformten statischen Beziehungen.[95]

Silvia Richter-Kaupp schreibt in ihrem Skript zum Vortrag »Die Konsequenzen des 6. Kondratieff für das Management der ›Human Resources‹ zum Thema Arbeitsorganisation (Nikolai Dimitrijewitsch Kondratieff, 1892–1938, war Professor für Wirtschaft und der Begründer der »Theorie der langen Wellen«, die sogenannten Kondratieffzyklen.):

»Jobs für Menschen gestalten, statt Menschen für Jobs einstellen. Das bedeutet, die einzelnen zu besetzenden Stellen an die Stärken der Mitarbeiter anzupassen statt die Mitarbeiter in bestimmte vordefinierte Stellenbeschreibungen hineinzuzwängen wo ein Teil ihrer Talente vielleicht gar nicht zum tragen kommt.«

BeComE analysiert zuerst die verfügbaren geistigen Kräfte und strukturiert danach die den Mitarbeitern zu übertragenen Aufgaben. Erst dann folgt die Stellenbildung. In ihrem Gesamtbild ergibt sie den Ist-Zustand aller zu erfüllenden Aufgaben. Daraus leitet BeComE die Führungsstruktur und das Organigramm ab.

95 Vgl. Rudolf Buechi und Reiner Chrobok, GOM – Ganzheitliches Organisationsmodell, Ausgabe 1994, Seite 122

Die methodischen Elemente dieses Vorgehens werden den beteiligten bzw. betroffenen Mitarbeitern in gemeinsamen Workshops entweder mit Hilfe von Präsentationstechniken vorgestellt oder gemeinsam mit ihnen erarbeitet. Allen daraus resultierenden Erkenntnissen liegt ein organisatorischer Lernvorgang zu Grunde. Dabei unterscheidet BeComE nach folgenden Kriterien:

3.1.1 Die Analyse

Zu diesem Zweck werden alle wesentlichen Techniken angewendet, die Transparenz (Verstehbarkeit) in die bestehenden Strukturen des Unternehmens bringen. Gleichzeitig ist mit dieser Verstehbarkeit die Voraussetzung gegeben, erforderliche Verbesserungen anzugehen und bei den Teilnehmern die dazu nötige Einsicht zu wecken.

3.1.2 Die Optimierung

In diesem Abschnitt wird über Checklisten oder gedankliche Grundlagen der Aufbauorganisation aufgezeigt, welche Vorgehensweisen für eine Optimierung der Unternehmensstrukturen sinnvoll sind. Die Teilnehmer werden unter Beteiligung des hinterfragenden Moderators in die Lage versetzt, relativ selbständig Problemlösungen zu entwickeln.

3.1.3 Die Gestaltung

Zur Gestaltung des Organigramms werden Lösungsmöglichkeiten aufgezeigt, mit denen aufbauorganisatorische Schwachpunkte beseitigt und die entwickelten Problemlösungen in eine verbesserte Unternehmensstruktur umgesetzt werden können.

3.2 Das bestehende Organigramm

Sie erinnern sich: Grundlage für das ganzheitliche Entwickeln eines Unternehmens ist die Gesamtverantwortung des Firmenleiters. Nur auf dieser Basis kann das Wohl eines Unternehmens als auch das seiner Mitarbeiter erhalten bzw. gesteigert werden. Aus diesem Grund ist es für den Leiter unabdingbar, sich über wichtige Ereignisse im Unternehmen unmittelbar informiert zu halten. Schwerfällige, eigennützige hierarchische Strukturen sind diesem Anspruch hinderlich. Aus diesem Grund werden bei der *Ganzheitlichen Unternehmensentwicklung* die unternehmensbezogenen Ziele »top down« (aus der Verantwortung von oben nach unten) weitergegeben und als erstes den Leitenden Mitarbeitern verdeutlicht (vertikale Verantwortung). Die von diesen verantwortlich betreuten Mitarbeiter werden anschließend informiert (horizontale Verantwortung).

Für das Strukturieren von Organigrammen des Gesamtunternehmens gibt es nur wenige Ratschläge. Gegliedert werden muss immer nach der jeweiligen Sachlage. Nachfolgend ein Beispiel für die rein optische Darstellungsform:

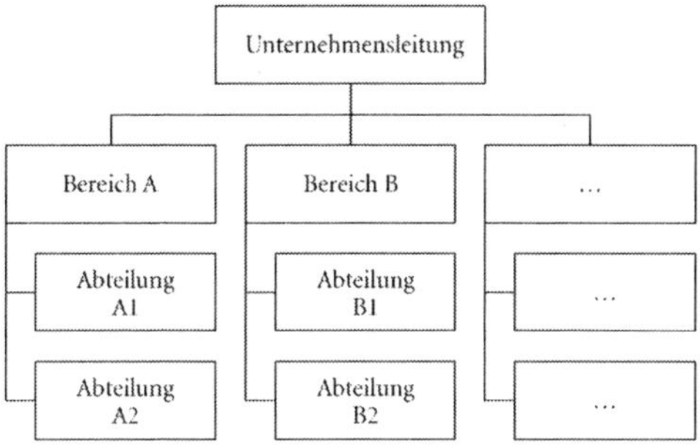

Zunächst handelt es sich dabei um eine (zumeist gewünschte) Momentaufnahme der Grobstruktur des Unternehmens. Diese Struktur beinhaltet eine erste Gliederung der Ressourcen und ist jederzeit änderbar wenn es Markterfordernisse, wie z. B. zusätzliche Serviceabteilungen oder neue Strategien (z. B. regionale Erweiterung) usw. erforderlich machen.

Der Grundsatz »top down« gilt auch für das Erarbeiten des Organigramms. Aus diesem Grund wird als Erstes das Organigramm des Unternehmens in einem Gespräch mit der Geschäftsführung besprochen. Dabei werden die folgenden gängigen Differenzierungsarten angesprochen:

- Funktionen (z. B. Personal, Einkauf, Produktion),
- Regionen (z. B. Norden, Mitte, Süden),
- Branchen (z. B. Automobilzulieferung, Flugzeugbau),
- Produkte (z. B. Einbauküchen, Türen, Badeinrichtungen),
- Kunden (z. B. Großkunden, kleine und mittlere Unternehmen),
- Unternehmen (z. B. die gekauft wurden).

In Organigrammen wird der statische Beziehungszusammenhang von Organisationsteilen (Stellen, Abteilungen, etc.) abgebildet. Sie stellen damit das Leitungssystem einer Organisation (= die Hierarchie oder Führungsstruktur) dar. Die üblichste Form eines Organigramms ist die oben abgebildete vertikale Pyramidenform. Aus ihr sind die Leistungsspanne und –tiefe erkennbar.[96]

Das Organigramm bestimmt trotz seines groben Charakters das Verhalten und die Kommunikation sowie die Interaktion von Menschen maßgeblich. Der Mensch als

96 Vgl. Rudolf Buechi und Reiner Chrobok, GOM – Ganzheitliches Organisationsmodell, Ausgabe 1994, Seite 346

»soziales Wesen« hat ein Bedürfnis nach Zugehörigkeit. Je näher er im direkten Kontakt zu einer mit einem Namen definierten (Name als stehender Begriff) und installierten (Name im Organigramm für alle einsehbar und bekannt) Gruppe steht, desto größer ist sein Identifikationsgrad mit den dazugehörigen Menschen. Ein Beispiel hierzu:

1. *Starke Identifikation* mit der im Organigramm aufgeführten Abteilung in der er beschäftigt ist.
2. *Mittlere Identifikation* mit dem Unternehmen als Ganzes.
3. *Schwache Identifikation* mit einem (kurzfristigen) Arbeitskreis (z. B. »Ergonomie am Arbeitsplatz«).

Da die Identifikation des Einzelnen mit dem Unternehmensbereich oder der Abteilung stärker ist als die mit der Gesamtunternehmung, treten oft Konkurrenzsituationen ein. Sind diese Bereiche prozessual abgegrenzt (Abläufe des einen Bereichs bedingen keinerlei Input des anderen Bereichs), können die gegenseitigen Ansprüche als Schubkraft für das gesamte Unternehmen wirken. Gefährlich wird es jedoch, wenn Geschäftsprozesse Bereiche durchlaufen, die bewusst oder unbewusst miteinander konkurrieren.

3.3 Das neue Organigramm

Ein nach der organisatorischen Literatur perfektes Bild wird kaum vorzufinden sein. Vielmehr liegen in Unternehmen historisch gewachsene Strukturen vor, die in einer aktuellen Situation durchaus ihre Berechtigung haben. Nachfolgend das Beispiel-Organigramm eines Druckereibetriebes (die in Klammer gesetzten Erläuterungen sind firmeninterne Namenskürzel der Verantwortlichen):

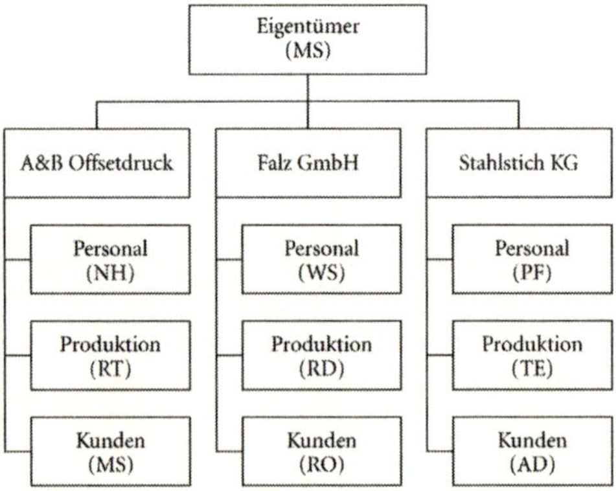

3.4 Der Nutzen durch BeComE

Sie erinnern sich: Die Lösungen zum Erreichen von Zielen werden »bottom up« (aus der Verantwortung von unten nach oben) erarbeitet. Damit können die von allen Menschen im Unternehmen ausgehenden Wirkungen berücksichtigt werden. Gleichzeitig wird dadurch die Akzeptanz der zu treffenden Maßnahmen gesichert.

Basierend auf diesem Grundsatz wird das von der Geschäftsleitung erfragte Organigramm des Gesamtunternehmens »bottom up« auf notwendige Verfeinerungen der Strukturen hinterfragt. Damit ist für die Mitarbeiter sowohl ein Lernprozess verbunden als auch die Motivation zum Input des eigenen Wissens und der bestehenden eigenen Vorstellungen geweckt.

Bei obigem Gesamtorganigramm handelt es sich um ein Beispiel aus der Praxis. Die einzelnen Bereiche, z. B. »Personal« der Firma »A&B Offsetdruck«, wurden im Gespräch mit deren Mitarbeitern aufbauorganisatorisch hinterfragt. Während diese Gruppe mit Unterstützung eines Moderators das erste Organigramm entwirft, werden die Mitarbeiter der anderen Bereiche gebeten, sich Gedanken zu ihrem Organigramm zu machen. Alle Organigramme werden im Laufe einer Sitzung präsentiert und besprochen. Dieses Vorgehen wird abgewandelt, wenn die Organigramme schon vorliegen oder die Anzahl der Mitarbeiter für eine sachdienliche Lösungsfindung zu groß wird.

4. Die Aufgaben

»Aufgaben sind dauerhaft wirksame Aufforderungen, Verrichtungen an Objekten zur Erreichung eines Zieles vorzunehmen. Aus der Definition von Aufgabe ergeben sich mit *Verrichtung* (Tätigkeiten im Rahmen der Aufgaben) und *Objekt* (Gegenstand der Aufgabe) die beiden bedeutendsten Aufgabenmerkmale.«[97]

4.1 Die Aufgabenverteilung

Der Zweck eines organisatorischen Systems (z. B. ein Unternehmen) ergibt sich aus Bedürfnissen Dritter. Dies sind in der Regel die Kunden. Deren Wünschen gerecht zu werden drückt sich aus in Aufgaben. Sobald mehrere Menschen diesem Zweck dienen, wird die Gesamtaufgabe zwischen ihnen geteilt. Aufgabenteilung erfordert, alle zu erfüllenden Aufgaben zu gliedern und zu ordnen. Notwendige Aufgaben sollen dadurch z. B. nicht doppelt oder gar nicht erfüllt werden.[98]

97 Vgl. Rudolf Buechi und Reiner Chrobok, GOM – Ganzheitliches Organisationsmodell, Ausgabe 1994, Seite 180

98 Vgl. Rudolf Buechi und Reiner Chrobok, GOM – Ganzheitliches Organisationsmodell, Ausgabe 1994, Seite 180

4.1.1 Nach Bereichen

Die Aufgabenverteilung nach Bereichen beschreibt zum einen das Unternehmen in der Gesamtheit der anfallenden Aufgaben. Zum anderen ermöglicht sie die sachliche und prinzipielle Zuordnung der Verantwortung zu den einzelnen Aufgabenträgern. Zusätzlich lassen sich alle Zuständigkeiten mit der dazugehörigen Verantwortung für sämtliche Geschäftsvorfälle wie aus einem Lexikon herauslesen.

Grundlage für das Gliedern und Ordnen der zu erfüllenden Aufgaben nach Bereichen sind die Stellenbeschreibungen. Aus ihnen werden alle Aufgaben sämtlicher Mitarbeiter ermittelt und in einer Matrix pro Bereich und Mitarbeiter festgehalten:

Bereich	Mitarbeiter 1	Mitarbeiter 2	Mitarbeiter 3	…
A				
B		Darstellungen aller Aufgaben,		
C		die jeder einzelne Mitarbeiter		
D		in den verschiedenen Bereichen wahrnimmt		
…				

Bei der Aufgabenverteilung nach Bereichen kann die Struktur des Organigramms auch verlassen werden. Wichtig ist, dass alle wesentlichen Bereichsgliederungen wie Funktionen, Regionen, Branchen, Produkte, Kunden, Unternehmen erfasst werden. Insofern ist die Aufgabenverteilung auch eine unverzichtbare Ergänzung des Organigramms.

Ist zum Zweck der Erfassung der Aufgabenverteilung nach Bereichen eine Aufgabenanalyse erforderlich, geht BeComE nach dem Prinzip »top down« vor. Dabei ist es ausreichend, die anfallenden Aufgaben bis zur Ebene vor Tätigkeiten (Verrichtungen) zu verfeinern.

4.1.2 Nach Mitarbeitern

Die Aufgabenverteilung nach Mitarbeitern gibt Aufschluss über die tatsächlich am einzelnen Arbeitsplatz anfallenden Aufgaben. Darüber hinaus lassen sich vertiefende Erkenntnisse über den richtigen Einsatz des Personals gewinnen.

Sie wird deshalb nach BeComE »bottom up« hinterfragt. Aus der Sicht der Mitarbeiter ergibt sich oftmals ein Bild, das erstaunlich von der eher subjektiven Einschätzung des bestehenden Organigramms abweicht (vgl. Ziffer 3.2). Bei dem nachfolgenden Beispiel handelt es sich um das Ergebnis der Befragung eines Mitarbeiters einer Druckerei:

Aufgabe	Drucken	Falzen	Stahlstich
Kunden akquirieren	×		
Werbung koordinieren			×
Inkasso der Mahnungen bearbeiten	×	×	×
Technische Veränderungen vorausplanen	×		
...	...	...	...

Je feiner die Aufgaben analysiert wurden, um so qualifizierter sind die Ergebnisse. Der abschließende Detaillierungsgrad ist erreicht, wenn nur noch die Ebene der Tätigkeiten oder Verrichtungen verfeinert werden kann.

4.2 Die Aufgabenarten

4.2.1 Die Gliederung

Die Gliederung der Aufgabenarten (Aufgabenstruktur) eröffnet einen Gesamtüberblick über die im Unternehmen zu erfüllenden Aufgaben. In diesem Strukturbild sind die einzelnen Aufgaben in überschaubare Arbeitspakete (z. B. Bereiche) gegliedert, die ihrerseits weiter in Arbeitseinheiten (z. B. Abteilungen) unterteilt werden können. In den ersten drei Ebenen wird von »Aufgaben« gesprochen. Dazu ein Beispiel:

Aufgabenarten	Erste Ebene	Zweite Ebene	Dritte Ebene
Primäre Aufgaben	Bestellmaßnahmen vorbereiten	Einkaufsanforderung vorbereiten	Bedarfsmeldung kontrollieren Ermittlung der Bestellmenge veranlassen Prüfung des Lagerbestandes veranlassen Anforderungsnummer vergeben
Sekundäre Aufgaben			Rüstzeiten Besprechungen Botengänge, etc.
Erholungszeiten			Pausen während der Arbeitszeit Unterbrechungen aus privaten Gründen
Ausfallzeiten			Urlaub Krankheit, etc.

Ab einer tiefer gehenden (4.) Ebene wäre der Begriff »Tätigkeit« oder »Verrichtung« angebracht. Mit diesen Begriffen wird das handwerkliche Feinbild (z. B. Einlegen des Papiers in die Schreibmaschine) beschrieben, während Aufgaben die Integration in ein organisatorisches Gesamtbild erkennen lassen. Beispiel: Die Kontrolle der Bestellmaßnahmen setzt deren Planung und Umsetzung voraus. Eine saubere Trennung der Begriffe »Aufgabe«, »Tätigkeit« und »Verrichtung« bestimmt sich jedoch letztendlich aus der gegebenen praktischen Situation.

In der Aufgabenstruktur nach Mitarbeiterfunktionen wird die Ebene der Tätigkeiten und Verrichtungen nicht berührt. Auf den Mitarbeiter bezogen ist es wichtig zu unterscheiden zwischen primären, *wertschöpfenden,* und sekundären, *nicht wertschöpfenden,* Aufgaben.

4.2.2 Der Nutzen durch BeComE

Mit dem gemeinsamen Bild des Ist-Zustandes der Aufgabenarten haben die Mitarbeiter ein weiteres gemeinsames »Urbild des Wissens« erarbeitet, das Aufgabenstrukturbild. Gleichzeitig haben sie dabei den Unterschied zwischen *wertschöpfenden* und *nicht wertschöpfenden* Aufgaben kennen gelernt. Die »Lernende Organisation« hat auf diese Weise ihrem Verständnis für die Gesamtzusammenhänge im Unternehmen einen weiteren Wissensbaustein hinzugefügt.

4.3 Die Unternehmensfunktionen

Die Darstellung der Aufgaben nach Unternehmensfunktionen (z. B. Marketing, Personalwesen, Finanzen) gibt Aufschluss über den Bedarf an fachlich erforderlicher Ressourcen. Zusätzlich können Rückschlüsse über den Aufwand an Kosten für die einzelnen Unternehmensbereiche gezogen werden. Mögliche Konsequenzen sind z. B. Entscheidungen über die Steuerung des Unternehmens für den zielgerichteten Einsatz von Personal, die Abschaffung von Doppelarbeit, die Verbesserung der Kundenorientierung, oder das Auslagern von Tätigkeiten (Outsourcing).

4.4 Die Geschäftsprozesse

Ein Geschäftsprozess ist größtenteils unabhängig von der organisatorischen Struktur und durchläuft oft mehrere Abteilungen. Er ist ein am Kerngeschäft orientierter Arbeits-, Informations- und Entscheidungsvorgang mit einem für den Unternehmenserfolg relevanten Resultat. Der Prozessoutput steht dabei in Verbindung mit einem konkreten Kundennutzen oder liefert einen nachvollziehbaren Beitrag zum Zielsystem des Unternehmens.

Sie erinnern sich: Sich Ziele zu setzen, ohne eine Vision (Vorstellung in Bezug auf ein für die eigene Zukunft entworfenes Bild) zu haben, ist problematisch. Aus diesem Grund ist es für den einzelnen Menschen, insbesondere aber für den Leiter eines Unternehmens, besonders wichtig, sich ständig mit der eigenen Vision zu beschäftigen. Dieser Vorgang sollte regelmäßiger geistiger Begleiter in allen Lebenslagen sein.

Und: Die Wurzel allen *Selbstwertbewusstseins* liegt in den selbst erbrachten Leistungen. Menschen, die Aufgaben zufriedenstellend erledigen, sind sich ihres eigenen Wertes bewusst. Dabei ist es völlig egal, ob sie sich als wasserscheuer Mensch zum Schwimmenlernen überwinden oder für die Firma einen heiß begehrten Kunden gewinnen. Wichtig ist nur, dass sie sich danach viel wertvoller fühlen. Dafür haben sie nur eines getan: Sie haben ihr Talent erkannt und durch eine entsprechende Zielsetzung ausgereizt. Dabei kommt es darauf an, sich nicht zu hohe Ziele zu setzen, das ist nur frustrierend. Selbstwertbewusste haben einen realistischen Zielkatalog und leben danach.

Die Beschreibung der Aufgaben nach Unternehmensfunktionen oder Geschäftsprozessen ist die erste Betrachtungsebene, die es jedem Mitarbeiter erlaubt, seine prinzipielle persönliche Zuordnung zu erkennen. Als zweiter Schritt folgt eine tiefergehende Aufgabenanalyse für den einzelnen Mitarbeiter. Sie dient dem besseren Verständnis des Gesamtzusammenhangs und damit einer Steigerung der Effizienz sowie der Motivation.

5. Die Arbeitsleistung

Als nächster Schritt folgt die Bewertung der Arbeitsleistung. Zu diesem Zweck werden die anfallenden Arbeitsmengen sowie die dafür aufzuwendende Zeit den einzelnen Aufgaben zugeordnet. Daraus ergibt sich ein quantitatives Bild von Zeiten und Mengen. Damit sind qualifizierte Aussagen zum Verhältnis von *wertschöpfenden* zu *nicht wertschöpfenden* Aufgaben sowie den sinnvollen Einsatz der geistigen Kräfte der Mitarbeiter möglich. Die Form der Darstellung ist von der gewünschten Aussage abhängig. Zumeist beschränkt man sich auf die Komponenten Aufgabe, Menge pro Jahr, angefallene Zeit pro Jahr sowie den Zeitbedarf pro Mengeneinheit.

5.1 Die analytische Zeitschätzung

In der analytischen Form der Zeitschätzung sind alle Zeiten, auch die Erholungszeiten oder die Ausfallzeiten, zu berücksichtigen. Sie hat den Vorteil sehr schnell Richtwerte zu bringen und bedarf nur geringen Arbeitsaufwandes. Nachfolgend als Beispiel die Darstellung einer analytischen Zeitschätzung pro Mitarbeiter, die sich an der unter Ziffer 4.2 behandelten Erhebung der Aufgabenarten im Bestellwesen orientiert und alle Ebenen umfasst:

- Bestellmaßnahmen vorbereiten 10 %
- Bestellen 30 %
- Sonstige Aufgaben 20 %
- Sekundäre Aufgaben 20 %
- Erholungszeiten 10 %
- Ausfallzeiten 10 %

Ergänzend dazu sind die bewältigten Arbeitsmengen zu ermitteln. Der Zeitaufwand pro Arbeitsmenge gibt Hinweise, ob ein Mitarbeiter die ihm übertragenen Aufgaben mit dem richtigen Können bzw. dem richtigen Wollen erfüllt. Für die Bearbeitung von Vorgängen die nicht zu den wiederkehrenden Geschäftsprozessen zählen (z. B. das Lösen komplexer Problemfälle) sind Zeitvorgaben problematisch. Diese Aufgaben erfordern Einfühlungsvermögen in das betroffene Problemfeld, für das Verständnis seines Entsehens sowie Kreativität zum Erarbeiten von Lösungen. Das kostet in der Regel Zeit. Aus diesem Grund sollten auftauchende Probleme möglichst rasch geklärt und beseitigt werden. Wegen ihrer Bedeutung für eine gute Kundenbeziehung sind Problemfälle so lange in der Zentraldatei wichtiger kundenbezogener Kerndaten aufzuzeigen bis sie gelöst sind.

Sie erinnern sich: Das Erreichen von Unternehmenszielen bestimmt sich primär aus einem zielgerichteten Einsatz der verfügbaren Kräfte. Nur wenn die Ressourcen (dazu gehören vor allem die personellen) zur richtigen Zeit am richtigen Ort in der richtigen Menge und Qualität eingesetzt werden, kann sich ein Unternehmen auf dynamischen und sich ständig verändernden Märkten behaupten.

5.2 Die Zeitaufschreibung

Die Ermittlung von Zeiten und Mengen sowie die Tiefe einer Aufgabenanalyse sind eng miteinander verknüpft. Die Organisationslehre bietet dafür eine Reihe von Methoden und Techniken an. Bei der Auswahl kommt es auf den gewünschten Detaillierungsgrad bzw. die erforderliche Genauigkeit an. Darüber entscheidet der Leiter des Unternehmens in Abstimmung mit seinem Berater bzw. dem von ihm beauftragten Mitarbeiter seiner evtl. dafür bestehenden Stabsstelle.

5.2.1 Die Arbeitstage pro Jahr

Die Zeitaufschreibung bringt im Gegensatz zur Zeitschätzung genauere Werte für die Stellenbildung. Ausgangspunkt für die Zeitaufschreibung ist die Regelarbeitszeit (z. B. 8 Stunden pro Tag) in Verbindung mit den Arbeitstagen pro Jahr. Letztere werden wie folgt ermittelt:

Kalendertage		365
Wochenenden	104	
Feiertage	15	
Urlaub*	20	
Krankheit*	3	-142
Arbeitstage pro Jahr		223

*Werte aus der Statistik des Unternehmens für das vorangegangene Jahr.

Die Arbeitstage pro Jahr sind vor Beginn eines jeden Geschäftsjahres zu ermitteln.

5.2.2 Die Arbeitszeit pro Jahr

Die tatsächlich verfügbare Arbeitszeit pro Jahr errechnet sich wie folgt: Regelarbeitszeit pro Tag × Arbeitstage pro Jahr (223) × Personalkapazität (Anzahl der Mitarbeiter). Dazu ein Beispiel aus einem Betrieb mit einer Personalkapazität von insgesamt 10 Mitarbeitern:

Personalkapazität	Regelarbeitszeit pro Tag Stunden	Arbeitszeit pro Jahr Stunden
Mitarbeiter 1	8	1.784
Mitarbeiter 2	8	1.784
...	...	...
Mitarbeiter 10	8	1.784
10 Mitarbeiter à 8 Stunden pro Tag	80	17.840
10 Mitarbeiter à 7 Stunden pro Tag	70	15.610
Fehlende Personalkapazität:	10	2.230

Bei einem Bedarf von 17.840 Arbeitsstunden pro Jahr benötigt der Betrieb bei einer Regelarbeitszeit von 8 Stunden 10 Mitarbeiter. Mit dieser Personalkapazität ist es möglich, die anfallenden Aufgaben zu bewältigen. Auf der Grundlage dieser Richtgrößen kann z. B. die Menge der benötigten Mitarbeiter variiert werden. Dazu wieder ein Beispiel:

Reduziert man die Regelarbeitszeit von 8 auf 7 Stunden pro Tag, leisten die 10 bereits vorhandenen Mitarbeiter zusammen 15.610 Stunden. Die noch fehlende Personalkapazität von 2.230 Stunden entspricht bei einer Regelarbeitszeit von 7 Stunden pro Tag 1,42 Stellen (2.230 : 1.561). Auf diese Weise könnten also bei gleichbleibendem Gesamtbedarf an Arbeitszeit von 17.840 Stunden pro Jahr knapp 1,5 Stellen (= Arbeitsplätze) neu geschaffen werden. Bei Teilzeitmodellen werden bereits unterschiedliche Regelarbeitszeiten angewendet.

5.2.3 Die geistige Leistung

Sie erinnern sich: Neue Chancen bietet jetzt das Informationszeitalter. Mit Hilfe der modernen Kommunikationstechnik sind problemlos effiziente kunden- bzw. bürgerorientierte Netzwerke realisierbar. Gleichzeitig wird wirksam und gezielt Information in Wissen umgesetzt und die Leistungsfähigkeit von Menschen direkt »on the job« gesteigert. Dies ist sowohl in der Wirtschaft als auch bei den staatlichen Behörden möglich. Allerdings werden dann noch weniger Arbeitskräfte gebraucht. Die verbliebene Arbeit ist deshalb gerecht zu verteilen (z. B. mit Hilfe von Teilzeitmodellen) und die noch freiwerdenden Kapazitäten als Freizeit zu vergüten. Damit ließen sich neue Arbeitsplätze in der Freizeitindustrie schaffen. Gleichzeitig könnten die verantwortungsbewussten und arbeitswilligen Bürger daraus neue Motivation schöpfen.

Und: An den erzielten Gewinnen der Wirtschaft sind die Werktätigen zu beteiligen. Der Arbeitslohn ist dann eine Mischung aus Festvergütung und erfolgsorientierter Gewinnbeteiligung. Damit wäre, abgestellt auf die Verantwortung, eine gerechte Verteilung des Ertrags auf Arbeit und Kapital gewährleistet. BeComE zielt darauf ab und will damit vor allem dem Schutz der ehrlichen und zuverlässigen Bürger dienen.

Die Möglichkeit zur Steigerung der geistigen Leistungsfähigkeit »on the job« ist der eigentliche Kern für den Wertegewinn beim Vorgehen nach BeComE.

5.3 Die Bewertung

Fallen Mitarbeiter überdurchschnittlich positiv auf, so können deren Fähigkeiten, Wissen und Erfahrung noch gezielter für den Unternehmenserfolg eingesetzt werden. Zeigt sich ein nicht befriedigendes oder unterdurchschnittliches Bild der Aufgabenerfüllung sind die Gründe zu hinterfragen. Gründe hierfür könnten sein: Erschwerter Zugriff auf Informationen, fehlende oder zu geringe Motivation, nicht ausreichendes Können. In diesen Fällen ist es ratsam, Maßnahmen zu ergreifen, wie z. B. zusätzliche Schulungen, bessere Anbindung an das Informations- bzw. Kommunikationsnetz, Versetzung in ein Aufgabenfeld, das den Fähigkeiten des Mitarbeiters eher entspricht. Zu Letzterem siehe auch Ziffer 2.4 (Die Stellenbesetzung).

6. Die Optimierung

Unter Optimierung versteht BeComE die besten Lösungen auf dem Weg zu den angestrebten Zielen zu verwirklichen. Jedes Unternehmen bildet ein eigenständiges und lebendes System (vergleichbar mit einem lebenden Organismus). Aus diesem Grund und wegen der unterschiedlichen Zielsetzungen kann der Vorgang der Optimierung nie nach dem gleichen Schema ablaufen und auch nie vollständig alle Bereiche perfekt umfassen. Deshalb kann man nur einzelne Teilsysteme verbessern und das auch nur für eine gewisse Zeit. Aus dem gleichen Grund muss der damit verbundene Vorgang periodisch wiederholt werden. In jedem Fall muss er sich aber an den von der Geschäftsleitung vorgegebenen Zielen orientieren, also »top down« eingeleitet werden.

Die Verbesserungen sollten so weit wie möglich aus dem Unternehmen selbst kommen. Aus diesem Grund kommt es darauf an, die Mitarbeiter in den Prozess der Lösungsfindung einzubeziehen. Dies geschieht nach den Grundsätzen von BeComE »bottom up«. Wesentliche Ansatzpunkte dafür sind:

6.1 Teilhabende Unternehmensführung

Das beste Potential für die teilhabende Unternehmensführung sind die Mitarbeiter. Sie sind in der Lage, Störungen bereits in einer sehr frühen Phase zu erkennen. Aus diesem Grund sollen sie darauf reagieren und auf erforderliche Verbesserungen hinweisen. Häufig kennen sie sogar die Problemquellen sowie die Möglichkeiten zu deren Beseitigung. Diesen großen Vorteil sollte die Unternehmensführung nutzen. Dazu ist es wichtig Strukturen zu schaffen und eine Kultur zu entwickeln, die Mitarbeiter entsprechend motiviert.

6.2 Förderung und Forderung des Leistungswillens

Effektive und effiziente Strukturen können erst dann gebildet werden, wenn die Unternehmensführung das Wollen zur Leistung von allen Mitarbeitern fordert aber auch fördert, je nach Bedarf. Dies erfordert durchaus die Abkehr von gewohnten Strukturen bzw. die Einführung einer Organisationskultur, die das *Selbstwertbewusstsein* der einzelnen Mitarbeiter als zentralen Motor einer positiven Leistungsentfaltung sieht.

6.3 Der Nutzen durch BeComE

Sie erinnern sich: Sich Ziele zu setzen, ohne den erzielten Erfolg zu kontrollieren, führt zu Motivationsverlust. Auf der anderen Seite löst jeder noch so kleine Fortschritt Freude am Gelingen aus. Letzteres ist ein wesentliches Ziel bei der Anwendung von BeComE.

Und: BeComE ermöglicht es, auf der Grundlage
- klar formulierter Zielvorstellungen,
- einer übereinstimmenden Wissensbasis sowie
- des erarbeiteten Ist-Zustandes

die Bewusstseinsfelder für sich selbst oder die Gemeinschaft positiv zu gestalten. Dazu nutzt BeComE die schöpferischen Prozesse aus den Assoziationen (Verknüpfung von Vorstellungen) mehrerer Gehirne. Diese Vorgänge sind die bestimmenden Elemente der Teamarbeit. Aus diesem Zusammenwirken entsteht weit mehr, als auch der begabteste Einzelne hervorbringen könnte.

In der Praxis wird dadurch im Zuge der Optimierung eine Kultur teilhabender Unternehmensführung geschaffen, die allen Beteiligten einen hohes Maß an Sicherheit und Zufriedenheit bringt. In einem solchen Umfeld werden alle Betroffenen zu Beteiligten, die hoch motiviert sind.

Nachfolgend werden Möglichkeiten aufgezeigt, wie ein Unternehmer die geistigen Kräfte der eigenen Mitarbeiter als auch die der Kunden und Lieferanten nutzen kann:

Teilhabende Entwicklung von Produkten oder Dienstleistungen	Die Mitarbeiter der einzelnen Organisationseinheiten verfügen über wertvolles Wissen im Umgang mit den Produkten oder Dienstleistungen bei der Aufgabenerfüllung, unter Umständen sogar als Verbraucher. Aus diesem Grund ist es sehr sinnvoll in die Entwicklung neuer Produkte oder den Gang in neue Märkte alle Organisationseinheiten einzubeziehen.
Vernetzung mit der Umwelt	Lieferanten, Vertriebspartner und Kunden verfügen als Außenstehende über wertvolle Informationen und darauf aufbauendes Wissen. Sie ergänzen bzw. bereichern dadurch das im eigenen Unternehmen verfügbare Know-how. Dies wird besonders deutlich und wertvoll bei der Entwicklung von Produkten oder Dienstleistungen.
Ganzheitliche Geschäftsprozesse	Verstehen sich die Bereiche Entwicklung, Einkauf, Produktion oder Dienstleistung, Verkauf und Vertrieb als eigenständig, fehlt das Verständnis für die Zusammenhänge. Aus diesem Grund ist es wichtig, die Geschäftsprozesse in ihrer ganzheitlichen Bedeutung über alle Bereiche hinweg zu verstehen. Deshalb sind die zielführenden Arbeitsinhalte zu erläutern und die Geschäftsprozesse darauf abgestellt zu gestalten.
Logistische Vernetzung	Lieferanten, die in den Verarbeitungs- oder Dienstleistungsprozess logistisch einbezogen sind, können sich besser und damit kostengünstiger auf die Bedürfnisse ihrer Kunden einstellen.
Mut zum Delegieren	Eine Unternehmensleitung muss deshalb den Mut haben zu mehr Dezentralität (Delegation von Verantwortung) und Flexibilität (mehr Problemlösungen durch die Mitarbeiter selbst). Das heißt, sich bis zu einem definierten Punkt von der Berechenbarkeit lösen.
Teambildung	Aus logistischer Vernetzung gepaart mit mehr Dezentralität und Flexibilität entsteht produkt- oder dienstleistungsbezogene Teamarbeit. Das Team arbeitet abteilungs- bzw. funktionsübergreifend gemeinsam für ein Produkt oder eine Dienstleistung. Dabei bleibt die Bedeutung der eigenen Leistung der einzelnen Standorte stets transparent und damit bewusst.
Gemeinsame Willensbildung	Planung und deren Umsetzung sowie die Lösung der dabei auftretenden Probleme werden innerhalb von Entscheidungsspielräumen vom Team im Konsens (sinngemäße Übereinstimmung von Wille und Willenserklärung zweier Vertragspartner[a]) entschieden.
Eigenverantwortlichkeit	Jedes Team und damit jeder Mitarbeiter ist in seinem Aufgabenfeld mitverantwortlich an der Planung, deren Umsetzung, der Lösung der damit verbundenen Probleme und dem erzielten Ergebnis beteiligt.

a. Vgl. Duden, Fremdwörterbuch, Ausgabe 1990

Persönliche Lernfragen

- Welche Ordnungsmerkmale halten Sie für Ihr Privatleben für besonders wichtig?
- Auf welchem/n Fachgebiet/en können oder wollen Sie Ihre Leistungsfähigkeit einbringen?
- Wann haben Sie letztmals Ihren Lebenslauf auf den neuesten Stand gebracht?
- Gibt es eine Stellenbeschreibung für Ihren Arbeitsplatz?
- Inwieweit entsprechen die Anforderungen Ihres Aufgabengebietes Ihrer Qualifikation?
- Sind Sie sich über die Gesamtzusammenhänge in der Organisation für die Sie arbeiten ausreichend informiert?
- Gibt es ein Organigramm der Organisation für die Sie arbeiten?
- Ist Ihr Aufgabengebiet darin dokumentiert?
- Gibt es für Aufgabengebiet eine innerbetriebliche Konkurrenzsituation?
- Sind die Aufgaben des Bereiches in dem Sie tätig sind auf mehrere Mitarbeiter verteilt?
- Sind Sie weisungsbefugt oder sind Sie einem Vorgesetzten gegenüber verantwortlich?
- Welche von Ihnen zu erfüllenden Aufgaben erachten Sie für besonders wertschöpfend? Für Sie persönlich, für die Organisation, für die Sie tätig sind?
- Sind Sie in Geschäftsprozesse eingebunden, die auch andere Bereiche durchlaufen?
- Wie groß ist Ihr Zeitaufwand für die von Ihnen als wertschöpfend beurteilten Aufgaben gegenüber den nicht wertschöpfenden?
- Welche Problemquellen haben Sie bei sich oder der Organisation für die Sie tätig sind erkannt?
- Wie würden Sie diese Problemquellen beseitigen? Bei Ihnen selbst, bei der Organisation für die Sie tätig sind?

Kapitel 10
Die Vernetzung der geistigen Kräfte

Ziel des Kapitels ist es, die Vorteile aus der Vernetzung geistiger Kräfte für den einzelnen Menschen sowie für Organisationen aufzuzeigen. Dazu werden folgende Themen behandelt:

- Der Mensch und sein Mitwirken zum erfolgreichen Führen von Organisationen.
- Möglichkeiten und Anwendungsbeispiele der modernen Kommunikationstechnik.
- Umwandlung von Information in Wissen im Zusammenwirken mit der modernen Kommunikationstechnik.
- Aufbau eines firmeninternen Wissenspools durch geistige und elektronische Vernetzung der Mitarbeiter von Organisationen untereinander.
- Praktische Anwendung am Beispiel eines Unternehmens der Versicherungswirtschaft.
- Chancen durch die von der Europäischen Union geförderten Gesellschaftsform einer EWIV (Europäische wirtschaftliche Interessenvereinigung) mit Beispielen aus den Bereichen Unternehmensberatung und Automobilindustrie.
- Erläuterung des Nutzens aus der Anwendung von BeComE.

1. Die Vernetzung

Sie erinnern sich: Die zwischen den Systemen (und Menschen) bestehenden Beziehungen werden von BeComE als Netzwerk dargestellt. Wesentlichster Bestandteil dieses Netzwerks ist der wahrheitsgetreue Austausch sowie die entsprechende Verfügbarkeit von Informationen. Dieser Ordnungsgrundsatz wird auf die gesamte Organisation (z. B. ein Unternehmen) mit allen seinen internen und externen Aufgaben übertragen.

In Kapitel 8 wurden die Merkmale und Vorteile der sinnvollen Ordnung der geistigen Kräfte von Menschen und Organisationen behandelt. Bei der Vernetzung der geistigen Kräfte unterscheidet BeComE zwischen

- den vom Menschen ausgehenden Wirkungen,
- den Möglichkeiten der Anwendung der modernen Kommunikationstechnik sowie
- den Anforderungen, die aus der immer dynamischer ablaufenden Globalisierung der Märkte resultieren.

1.1 Der Mensch

1.1.1 Die Leistungsfähigkeit

Sie erinnern sich: Eine Gruppe von Menschen ist und bleibt ein Netzwerk der Beziehungen von Gedanken in und zwischen Menschen. Daran können, z. B. in einem Unternehmen, auch die beteiligten Technologien nichts ändern. Die Basis für effiziente (leistungsfähige) und effektive (wirkungsvolle) Strukturen und Arbeitsabläufe ist deshalb nur mit einer zielorientierten Kommunikation (Verständigung) zu erreichen. In Verbindung mit klarer Zuordnung der Aufgaben und der damit verbundenen Verantwortung entsteht die nötige Motivation für den Erfolg.

Und: BeComE fördert oder fordert die schöpferischen Prozesse, die Assoziationen (Verknüpfung von Vorstellungen, von denen die eine die andere hervorgerufen hat[99]) zwischen mehreren Gehirnen ermöglichen.

BeComE stellt deshalb den Menschen und sein Mitwirken in den Mittelpunkt des Interesses für das erfolgreiche Führen von Organisationen. Die Motivation für diesen Ansatz ist

- die unerhörte Leistungskraft des menschlichen Gehirns mit seinem riesigen Reservoir an bestehendem Wissen,
- die schier unendliche Kapazität für neu aufzunehmende Informationen sowie
- der immer mehr zunehmende Bedarf oder sogar Zwang während des gesamten Lebens zu lernen, also ständig Information in Wissen umwandeln zu müssen.

Die Technik allein macht nur etwa 20 Prozent des Erfolgs aus. Die restlichen 80 Prozent kommen vom Menschen. Nur der Mensch kann die Potentiale der Technik erkennen und nutzen. Das setzt voraus, dass er selbst seine eigenen virtuellen (der Kraft oder Möglichkeit nach vorhandenen[100]) Potentiale kennt und nutzt, also all seine Talente und Möglichkeiten einsetzt. Keine Innovation lässt sich in einem Unternehmen sinnvoll umsetzen, wenn die Mitarbeiter sie nicht mit tragen. Denn nur die Menschen sind kreativ und innovativ. Maschinen und Strukturen sind das nicht.

1.1.2 Das Verhalten

Ziel von BeComE ist es, Menschen zu veranlassen, Visionen in Ziele und Strategien (genauer Plan des eigenen Vorgehens[101]) umzusetzen. Auch aus diesem Grund werden die Menschen aktiv in die damit verbundenen Veränderungsprozesse mit einbezogen. Durch diese Einbindung wird ihnen klar gemacht, dass sie ihre »Umwelt« verantwortlich mitgestalten können.

99 Vgl. Duden, Fremdwörterbuch, Ausgabe 1990
100 Vgl. Duden, Fremdwörterbuch, Ausgabe 1990
101 Vgl. Duden, Fremdwörterbuch, Ausgabe 1990

Zu diesem Zweck werden die Ziele »top down« vom Management vorgegeben (vertikale Verantwortung) und Lösungsvorschläge »bottom up« von den Mitarbeitern zur Entscheidung aufbereitet (horizontale Verantwortung). So wird sowohl das virtuelle als auch das kreative Potential genutzt und die Identifizierung der Mitarbeiter mit ›ihrem‹ Unternehmen, ›ihrer‹ Behörde, ›ihrem‹ Verein verstärkt.

Zugleich werden ihnen die Einflussfaktoren auf den Erfolg sowie ihre individuelle Verantwortung bewusst. So wird der Mensch zentraler Leistungserbringer und zum Informationsträger für die flexible und erfolgreiche Weiterentwicklung der Unternehmensstruktur sowie dessen Kultur. Werden die Menschen nicht miteinbezogen, sind sie von Änderungen eben nur »betroffen«.

1.2 Die Kommunikation

Sie erinnern sich: Wichtig für die Verständigung zweier Menschen, also für die Verständigung zwischen dem eigenen und dem fremden Muster, ist ihre Resonanz. Das heißt, dass beide Muster gleiche Schwingungen aufweisen. Das können sie aber nur, wenn sie in ihrer Sturktur ähnlich sind. Wir lernen immer von einem Partner. Und wir lernen dann gut, wenn wir uns in einem Partner wiedererkennen. Das heißt, wenn unser eigenes Assoziationsmuster mit dem eines Partners in Einklang steht.[102]

1.2.1 Die Leistungsfähigkeit

Jeder Mensch, jedes Unternehmen, jede Maschine hat virtuelles Potential. Diese Leistungsfähigkeiten müssen aber, sowohl beim Menschen als auch bei den von ihm eingesetzten Maschinen aktiv genutzt werden, sonst hat weder der Einzelne noch die Gemeinschaft etwas davon. Die virtuelle Kraft von Produktionsmaschinen wird bereits hervorragend genutzt. Denken Sie nur an die Automobilindustrie.

1.2.1.1 Die Technik

Die Vorteile der modernen Kommunikationstechnik sind allgemein bekannt. Eine breite Öffentlichkeit verbringt sowohl privat als auch beruflich sehr viel Zeit vor dem Computer oder mit dem Handy. Zu welchem Zweck auch immer.

Sie erinnern sich: Die Beurteilung von Technik und Technologien hat sich in den letzten 100 Jahren bedeutend gewandelt. Vor ca. 110 Jahren gründete der Philosoph Ernst Kapp die Technikphilosophie im engeren Sinn. Er definierte die Technik als Mittel zur kulturellen und moralischen Höherentwicklung des Menschen. Dies entsprach dem damaligen Stimmungsbild. Noch 1927 erweiterte Friedrich Dessauer diesen Ansatz. In seiner Philosophie sah er die Technik als Weiterschöp-

102 Vgl. Frederic Vester, Denken, Lernen, Vergessen, Ausgabe 2002, Seite 48 ff.

fung. In ihr wurde das Werk Gottes durch den Menschen vollendet. Die Technik wurde also als Möglichkeit angesehen, die Natur vollständig zu beherrschen. Der Mensch sollte hierdurch frei werden.

Wie ist das Stimmungsbild heute? Die virtuellen Potentiale von Fest- oder Mobiltelefon, Telefax, Internet oder E-Mail binden uns an die Technik. Machen uns also von ihr abhängig. Ist das die von uns gewünschte Form der Freiheit? Kann diese intensive Bindung an die Technik unser wirkliches Ziel sein? Oder ist sie bereits Selbstzweck oder sinnlos verwendetes »Spielzeug«?

Langfristig sichert sich nur der einen bleibenden Nutzen und persönliche Unabhängigkeit aus dem Einsatz der Technik, der ihrer Anwendung einen Sinn gibt. Was die Kommunikationstechnik betrifft, nutzt BeComE ihre besondere virtuelle Kraft zum Nutzen des Menschen im Sinne von Ernst Knapp zu seiner moralischen und kulturellen Höherentwicklung.

1.2.1.2 Der Mensch

Dazu ist jedoch die geistige Leistungsfähigkeit des Menschen unentbehrlich. In der virtuellen Struktur gewinnen durch die Lernfähigkeit des Einzelnen auch alle anderen. Wesentliche Voraussetzung ist der sinnvolle Einsatz der Technik. Beide Potentiale, die des Menschen und die der Technik, gilt es durch Motivation, Förderung oder sogar Forderung zu nutzen und zu aktivieren. Damit kann man mehr bewegen als mit Kritik. Sie bremst die Menschen nur aus oder veranlasst sie zum Rückzug. Die mit dem Lernvorgang und seiner Umsetzung verbundenen eigenen Erfahrungen wirken im übrigen intensiver als »par ordre du mufti« aufgepfropfte Erkenntnisse oder kritikloser »Technikfetischismus«.

Die Erfahrungen und Leistungen aller Mitarbeiter können durch sinnvolle Vernetzung mit Internet, Intranet und E-Mail allen Mitarbeitern einer Organisation – sogar über die Zeitgrenzen hinweg – zugänglich gemacht werden. In diesem Zusammenhang wird das Mobiltelefon für die interpersonale Kommunikation den höchsten Stellenwert besitzen.

Ständig fließen neue Informationen hinzu. Dadurch wird Information zu Wissen. Dieses Prinzip bezeichnet BeComE als ›Organisationales Lernen‹. Das Unternehmen baut so den firmeninternen Wissenspool ständig aus. Das ermöglicht ihm, sich fortlaufend an geänderte Bedingungen anzupassen, verschafft ihm selbständig handelnde Mitarbeiter und handfeste Wettbewerbsvorteile.

2. Die Anwendung

Sie erinnern sich: Den Fortbestand der Welt hat die Gesamtheit aller Menschen zu verantworten. Aus diesem Grund stehen die Wirkungen, die von Menschen ausgehen, auch beim *Ganzheitlichen Unternehmensmodell* im Mittelpunkt. Grundlage für dessen Entwicklung ist die Darstellung der unternehmensbezogenen Strukturen in Systemen. Dazu wird die Vielschichtigkeit (Komplexität) des Unternehmens, seinem Umfeld (Lieferanten, Kunden) bis hin zum einzelnen Mitarbeiter in beherrschbaren Ganzheiten (Systemen) dargestellt. Um die Zusammenhänge leichter begreifen zu können, werden komplexere Systeme zusätzlich in Untersysteme gegliedert. Die in einem Unternehmen beschäftigten Menschen bzw. Menschengruppen werden ebenfalls als Untersysteme behandelt. Das auf diese Weise entstandene Gesamtbild des Unternehmens drückt sich aus im Organigramm.

Und: Die zwischen den Systemen (und Menschen) bestehenden Beziehungen werden als Netzwerk dargestellt. Wesentlichster Bestandteil dieses Netzwerks ist der wahrheitsgetreue Austausch sowie die entsprechende Verfügbarkeit von Informationen. Dieser Ordnungsgrundsatz wird auf die gesamte Organisation (z. B. ein Unternehmen) mit allen seinen internen und externen Aufgaben übertragen.

Werden technische Möglichkeiten und das Selbstwertmanagement nach BeComE zusammen angewendet, entstehen völlig neue, zukunftsorientierte Unternehmensstrukturen. Die nachfolgenden Beispiele sollen zeigen, wie BeComE in der Praxis umgesetzt werden kann bzw. könnte.

2.1 Die Technik

Die Umwelt des Menschen und sein alltägliches Leben werden immer mehr von der Technik bestimmt. Sie erinnern sich:

2.1.1 Die Voraussetzungen

Moderne Rechnernetze sind weltweit verbreitet. Als Kommunikationssprache auf elektronischen Märkten für den Datenaustausch dient dabei EDI (Electronic Data Interchange). Durch Ausdehnung dieser Technik auf das Internet ist die qualitative, quantitative sowie zeitliche Verfügbarkeit von Information von ausgezeichneter Qualität. Die Nutzung dieser Technologien wird deshalb zu einem kritischen Erfolgsfaktor für alle Unternehmen werden.

2.1.2 Die Möglichkeiten

Die Büroarbeit ist im wesentlichen gekennzeichnet durch die Verarbeitung von Informationen. Dazu bestehen vielfältigste Möglichkeiten. Zentrale Bedeutung hat deswegen der Einsatz von Informations- und Kommunikationstechniken. Sie tragen entscheidend zur innerbetrieblichen Informationsverarbeitung und zur Kommunikation innerhalb der Organisation und deren Umfeld bei. Client/Server-Architekturen, Multiprocessing, Video Conferencing, Mobiles Computing und Telearbeit ermöglichen in Verbindung mit Netzwerken vollkommen neue Lösungen. Wesentliche

Vorteile dieses Technikeinsatzes sind die Auflösung der Ortsgebundenheit und die schnelle Wechselwirkung von Informations- und Reaktionszeit. Das Geschäft kann z. B. dort gemacht werden, wo die Kundenorientierung es erfordert.

2.1.3 Der Nutzen durch BeComE

BeComE verteilt die anfallenden Aufgaben auf die einzelnen Menschen (Aufgabenträger) deren Fähigkeiten entsprechend. Organisatorisches Hilfsmittel dafür ist die Stellenbeschreibung. Mit diesem Verfahren werden Wirkungen, die von Menschen ausgehen sachbezogen voneinander abgegrenzt. Die Verantwortung für die Erfüllung der Aufgaben kann mit Hilfe von BeComE personenbezogen nachvollzogen werden. Auf dieser Grundlage ist es möglich, die moderne Informations- und Kommunikationstechnik raum- und zeitübergreifend einzusetzen, ohne die Kontrolle über die Zuordnung der Verantwortung zu verlieren.

Sie erinnern sich: In den nachfolgenden Beispielen werden die mit Hilfe von BeComE bestehenden Möglichkeiten des Einsatzes moderner Informations- und Kommunikationstechnik aufgezeigt:

2.1.3.1 Die Telearbeit

Telearbeit besitzt im Hinblick auf die Anwendung von BeComE folgende charakteristische Eigenschaften:
- Telearbeit liefert als Ergebnis einen Informationsbestand und ist am Bildschirm zu erledigen;
- Arbeitsort und Verwendungsort der Arbeitsergebnisse sind räumlich voneinander getrennt;
- Arbeitsaufträge, Arbeitsunterlagen und Arbeitsergebnisse werden elektronisch übermittelt und gespeichert;
- alle Informationen können im Hinblick auf Zeit und Raum beliebig oft neu erzeugt bzw. wieder hergestellt werden.

Ziele für die Nutzung von Telearbeit können sein:
- Dienstleistungen näher zum Kunden zu bringen;
- die Verfügbarkeit von Dienstleistungen räumlich auszubauen;
- Märkte für informationsbezogene Dienstleistungen zu erschließen;
- Personal bedarfsgerecht einzusetzen;
- Kosten einzusparen durch Verlagern von Arbeiten in Regionen mit geringerem Lohnniveau;
- Arbeitsplätze in Regionen mit hoher Arbeitslosigkeit zu schaffen;
- besonders qualifizierte Mitarbeiter dem Unternehmen zu erhalten;
- Wegstrecken zwischen Wohn- und Arbeitsort zu reduzieren (Energie sparen, Umwelt schützen);
- die in Ballungszentren sehr hohen Mietaufwendungen zu vermeiden.

2.1.3.2 Die Videokonferenz

Die Videokonferenz ermöglicht die Kommunikation über Bildschirm zwischen verschiedenen Orten. Dabei können gleichzeitig neben einem Bewegtbild auch Sprache, Daten und Texte übertragen und Dokumente ausgetauscht werden. Die Arbeitsergebnisse können in einer zentralen Konferenzdatei gespeichert und für alle – auch örtlich und zeitlich getrennt arbeitende – Benutzer bereitgestellt werden.

Diese Technik ist also ein hocheffizientes Medium zum sinn- oder geistesorientierten Erfassen und Weitergeben von Informationen. Auf diese Weise können also neben Wissen, auch sinnbezogene (emotionale) Informationen ausgetauscht werden. Nutzen können daraus vor allem global arbeitende Unternehmen ziehen. Mit Hilfe der Videokonferenz ist es z. B. möglich

- die emotionale Bindung zum Home Office aufrechtzuerhalten,
- schnelle Entscheidungen bei aktuellen Problemen herbeizuführen,
- aktuelle Fragen von Kunden schnell und sehr persönlich zu beantworten und dadurch
- die Vorgangsbearbeitung zu beschleunigen und Dienstreisen einzusparen.

2.1.3.3 Das Multimedia-System

Das Multimedia-System ist eine EDV-Anwendung, die auf einer einzigen CD mehrere Medien enthält. Dabei verbindet die optisch-numerische, vom Computer gesteuerte CD, einzelne oder bewegte Bilder (Video), Ton, Text und Daten. Diese Art die Medien gleichzeitig (simultan) zu kombinieren, ist die eigentliche technische Umwälzung. Die Vorteile (Mitarbeiter- und Kundenzufriedenheit) liegen in der schnellen Wechselwirkung von Informations- und Reaktionszeit. Auf lange Sicht kann das Multimedia-System auf das gesamte Arbeitsaufkommen eines Unternehmens abgestellt werden. Dabei ist das System sowohl für wiederkehrende Aufgaben als auch bei schöpferischen Tätigkeiten (produktive Kreativität) leicht anzuwenden. Außerdem passt es sich uneinheitlichen (heterogenen) Informationsquellen gut an.

2.2 Die Versicherungswirtschaft

An diesem Beispiel wird aufgezeigt, wie in einem weltweit operierenden Unternehmen der Versicherungswirtschaft die Vorteile der modernen Kommunikationstechnik mit dem Bedarf an schneller, zuverlässiger Information sowie der Notwendigkeit möglichst fehlerfrei zu arbeiten miteinander verknüpft werden können.

2.2.1 Die Ausgangssituation

In diesem Unternehmen waren die Kunden nach Kontinent- bzw. Ländergruppen zusammengefasst. Die pro Kunde anfallenden Aufgaben waren andererseits auf viele Arbeitsplätze in der Zentrale sowie bei der weltweiten Auslandsorganisation verteilt. Die Aufbauorganisation sowie die Geschäftsprozesse waren dadurch sehr stark arbeitsteilig gegliedert. Mit dieser Organisationsform der Arbeitsteilung war es möglich, die anfallenden problemfreien Geschäftsvorfälle schnell abzuarbeiten. Gleichzeitig war damit das Potential der Mitarbeiter nur teilweise genutzt bzw. gefordert (Stichwort: Spezialisierung).

2.2.2 Die Probleme

Für das Verwalten und Kontrollieren sowie das Bereitstellen kundenbezogener Geschäftsdaten fehlte eine zentrale Datei. Diese Kerndaten einer Kundenbeziehung
- mussten mit hohem Arbeitsaufwand manuell aufbereitet werden,
- waren dadurch häufig nicht ausreichend schnell verfügbar,
- nur eingeschränkt in ihrer vollen Aussagekraft einsetzbar und
- boten auf diese Weise auch keine zweifelsfreie Aussage (Sicherheit) über Geschäftsvorfälle einschließlich der damit verbundenen aktuellen Probleme.

Als Folge der weltweit verteilten Verantwortung für die Pflege der Kundenbeziehungen, der Verwaltung der Kundendaten sowie der zu bearbeitenden Geschäftsvorfälle kam es bei den verschiedenen organisatorischen Einheiten zu unterschiedlichen Lösungen für gleichartige Probleme. Mögliche Synergieeffekte (positive Wirkung die sich aus dem Zusammenschluss oder der Zusammenarbeit zweier Organisationen ergibt[103]) blieben ungenutzt. Neben den bereits genannten Problemen war diese Lösung auch sehr kostenintensiv und erleichterte es den Kunden, ihre Wünsche durchzusetzen.

Die zunehmende Globalisierung der Märkte führte zu einer noch intensiveren Internationalisierung der kapitalmäßigen und organisatorischen Verflechtungen der Kunden. Dadurch wurde es noch wichtiger, die kundenbezogenen Daten möglichst schnell, korrekt und sicher verfügbar zu haben. Zum einen wegen der immer schwerer zu überschauenden Risiko- und Haftungsverhältnisse der versicherten Unternehmen. Zum anderen wegen deren großer geographischen Streuung.

2.2.3 Die organisatorische Lösung

Auf der Grundlage von BeComE sowie der modernen Kommunikationstechnik wurde folgende organisatorische Lösung angestrebt:
- Die weltweit erarbeiteten und verteilten Arbeitsergebnisse einschließlich aktueller Probleme zu einer Zentraldatei wichtiger kundenbezogener Kerndaten verdichten.
- Für die pro Kunde zu bearbeitenden Geschäftsvorfälle sinnvolle organisatorische Einheiten bilden.

103 Vgl. Duden, Fremdwörterbuch, Ausgabe 1990

• Das vorhandene Know-how der Mitarbeiter besser nutzen (Abbau der Spezialisierung).
• Mit Intranet und E-Mail die organisatorischen Einheiten miteinander vernetzen.
• Damit die Zentraldatei kundenbezogener Kerndaten der weltweiten Organisation verfügbar halten.
• Auf diese Weise ein Frühwarnsystem für Fehlerquellen bzw. Marktveränderungen schaffen.

Sie erinnern sich: BeComE erhebt den Ist-Zustand (gegenwärtige Wirklichkeit). Dadurch verfügen alle beteiligten Menschen über ein übereinstimmendes Ausgangsbild. Dieses gemeinsame Grundwissen wird dokumentiert und für die weitere Gestaltung der Zukunft als »Urbild des Wissens« verfügbar gehalten. ... Auf diese Weise können im weiteren Verlauf der Wissensbildung Fehler schnell beseitigt oder Missverständnisse geklärt werden. Außerdem wird das Durchsetzen persönlicher Interessen (Stichwort: Unsittliches Wollen bzw. Handeln) erschwert bzw. nahezu unmöglich.

Die Zentraldatei wichtiger kundenbezogener Kerndaten bildet das »Urbild des Wissens«. Alle Mitarbeiter sind weltweit übereinstimmend über die Ergebnisse und Probleme kundenbezogener Geschäftsvorfälle informiert. Auf dieser Grundlage des gleichen Informationsstandes bzw. Wissens können sie wirkungsvoll und mit geringem Fehlerrisiko zusammenarbeiten.

2.2.4 Die Führungsstruktur

Sie erinnern sich: Intelligenz ist die innere Fähigkeit zum Kombinieren, Zusammenhänge zu erkennen und die Gedächtnisleistung zu erbringen (Schlussfolgerungen daraus zu ziehen). Ausschlaggebend dafür sind nicht die eigenen Grundmuster des Gehirns, sondern die Kommunikation mit der Außenwelt. Diese Notwendigkeit setzt BeComE als schöpferische Kraft für die menschliche Leistungsfähigkeit ein. Diese schöpferische Kraft freizusetzen bzw. zu nutzen ist Aufgabe des Gesamtverantwortlichen im Unternehmen, also eine Führungsaufgabe.

Der Ehrenvorsitzende der GfürO, Hans-Martin Müller-Nobiling, schreibt dazu in der zfo 5/1999:

»Führung ist nicht nur eine Sache des Verhaltens der Führungsperson, sondern soll durch Leitlinien (z. B. Führungsrichtlinien) einen passenden Rahmen bekommen. Stichworte sind ›Ziele vereinbaren‹, ›informieren‹, ›Entscheidungen treffen‹, ›Verantwortung (und dazu Aufgabe und Kompetenz) delegieren‹, u. a. Die Anwendung personeller Maßnahmen und Konfliktlösungstechniken gehören im weitesten Sinne genauso zur Führung.«

Die moderne Organisationslehre bietet dafür zwei sehr unterschiedliche Lösungsansätze für die Konfiguration (Gestaltung) von Führungsstrukturen an:

2.2.4.1 Die monolytische Konfiguration

Der monolytischen Konfiguration liegen folgende Überlegungen zu Grunde:
- »Die Ansicht, dass ein einheitliches Agieren aus zentraler Sicht Synergien und Schlagkraft erzeugt.
- Macht, Einfluss und Entscheidungsgewalt konzentriert sich auf wenige Organe an der Spitze.
- Zwischen organisatorischen Einheiten werden Doppelspurigkeiten und Wettbewerb als unrational betrachtet und vermieden.
- Die Organisationsfiguration wird von oben her auf Kurs gesetzt und belebt«[104].

Die monolytische Konfiguration entsteht als Folge des Strebens nach Synergien. Sie sollen erreicht werden aus der weitgehenden Zentralisation von Funktionen an oder in der Nähe der Spitze[105]. Das nachfolgende Schaubild einer monolytischen Führungsstruktur zeigt die hohe Verdichtung von Aufgabe, Verantwortung und Kompetenz an der Spitze bzw. in der Zentrale des Unternehmens:

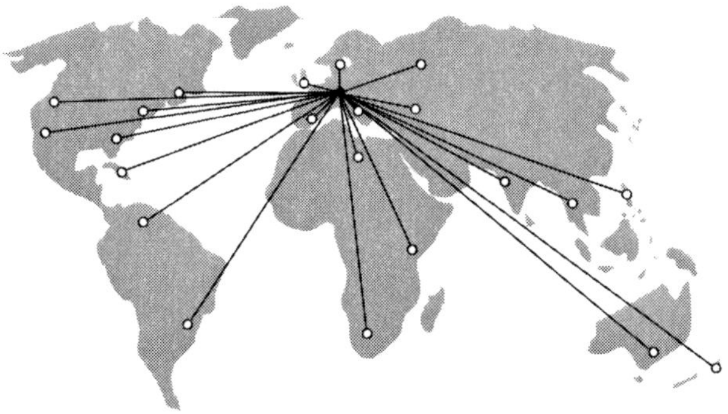

2.2.4.2 Die polyzentrische Konfiguration

Die polyzentrische Konfiguration vertritt folgenden Standpunkt:
- »Die Ansicht, dass ein ›Macher‹ den spezifischen Anforderungen von Markt und Technologie an der Basis nicht gerecht werden kann.
- Macht, Einfluss und Entscheidungsgewalt sind in der Struktur breit verteilt.
- Doppelspurigkeiten werden in Kauf genommen, wenn sie der Motivation der Mitarbeiter und dem flexibleren Eingehen auf Kundenbedürfnisse dienen.
- Die Organisationsfiguration wird von unten her belebt und die entstehende Dynamik von oben her mit ›Leitplanken‹ in eine Richtung gelenkt.«[106]

104 Vgl. Knut Bleicher, Die Organisationsaufgabe im Wandel, Ausgabe 1991, Seite 69
105 Vgl. Knut Bleicher, Die Organisationsaufgabe im Wandel, Ausgabe 1991, Seite 67
106 Vgl. Knut Bleicher, Die Organisationsaufgabe im Wandel, Ausgabe 1991, Seite 69

Für die Zwecke von BeComE ist die polyzentrische (die Vorherrschaft wird nicht mehr nur von einer Stelle ausgeübt, sondern geht von mehreren Machtzentren aus[107]) Konfiguration ein »Muss«. Nur unter dieser Voraussetzung können bei der Vernetzung der geistigen und technischen Strukturen die besten Ergebnisse erzielt werden.

Die polyzentrische Konfiguration benötigt jedoch Kontrollinstrumente (»Leitplanken«). Zu diesem Zweck baut BeComE mit Hilfe der modernen Kommunikationstechnik eine Zentraldatei wichtiger kundenbezogener Kerndaten auf bzw. ein. In deren Verbindung mit der technischen und geistigen Vernetzung aller Mitarbeiter können

- neue Ideen gemeinsam entwickelt und umgesetzt,
- der Prozess des »Organisationalen Lernens« angestoßen bzw. gestaltet,
- die anfallenden Aufgaben ausbildungs- und erfahrungsgerecht verteilt,
- die Arbeitsprozesse sicher, schnell und konfliktfrei abgewickelt,
- Personalkosten gespart,
- Marktchancen oder –gefahren schneller wahrgenommen bzw. erkannt und
- eine die Kundenbindung positiv beeinflussende Außenwirkung erzielt werden.

Das nachfolgende Schaubild einer polyzentrischen Führungsstruktur zeigt die Vernetzung weltweit verteilter Organisationseinheiten:

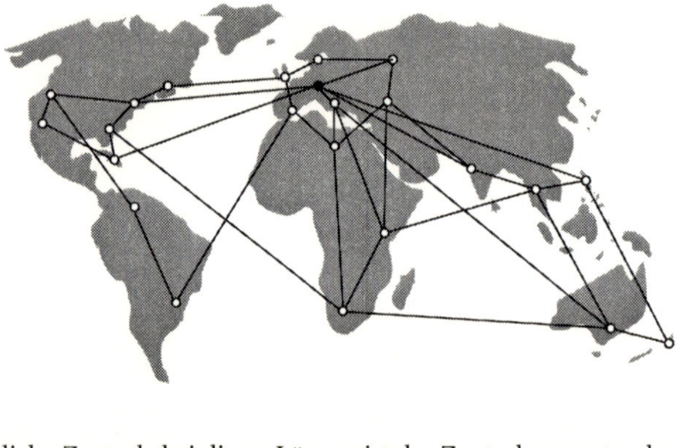

Die körperliche Zentrale bei dieser Lösung ist der Zentralcomputer des Unternehmens, wo immer er auch stehen mag. Die logische Zentrale bilden der Leiter des Unternehmens bzw. die einzelnen Mitarbeiter entsprechend ihrer Aufgabe und der damit verbundenen Verantwortung, wo immer sie sich gerade befinden.

107 Vgl. Duden, Fremdwörterbuch, Ausgabe 1990

2.2.5 Der Nutzen durch BeComE

2.2.5.1 Die Wertschöpfung

Sie erinnern sich: Unter Wertschöpfung ist der Nutzen aus den von Menschen erbrachten Leistungen zu verstehen. Aneinandergereiht verbinden sie sich zur Wertschöpfungskette. Das Maß der Wertschöpfung wird bestimmt von der Qualität der erbrachten Leistungen und der dafür aufgewendeten Zeit. Arbeiten Menschen auf der Grundlage von BeComE zusammen, verwandelt sich die Wertschöpfungskette in ein äußerst leistungsfähiges Wertschöpfungsnetzwerk.

Die bisher weltweit verteilte Wertschöpfung aus den Leistungen der Mitarbeiter und den Beziehungen zu den Kunden ist auf der Grundlage der modernen Kommunikationstechnik und von BeComE ersetzt durch ein sich selbst kontrollierendes Wertschöpfungsnetzwerk. Darüber hinaus können durch den Abbau der Spezialisierung die Fähigkeiten, das Wissen sowie die Erfahrungen der beteiligten Mitarbeiter effizienter genutzt werden. Weitere wertschöpfende Vorteile sind:

- Die von allen beteiligten Mitarbeitern der weltweiten Organisation ablesbaren Informationen aus der Zentraldatei wichtiger kundenbezogener Kerndaten bieten Hinweise über deren Richtigkeit.
- Fehler können durch diese automatisch ablaufende Kontrolle schnell erkannt und behoben werden.
- Damit ist auch eine höhere Aufmerksamkeit für die mit den anfallenden Geschäftsvorfällen verfolgten Ziele erreicht.
- Die Arbeitsergebnisse verbessern sich.
- Die beteiligten Mitarbeiter verfügen über ein übereinstimmendes Bild bezüglich der pro Kunde vorliegenden wichtigsten Geschäftsdaten und Problemfälle.
- Die beteiligten Mitarbeiter treten gegenüber den Kunden einheitlich auf.
- Damit stärkt das Unternehmen seinen Ruf als ehrlicher und zuverlässiger Geschäftspartner.
- Die weltweit verteilten Kunden finden jetzt bei allen Vertretungen des Unternehmens zu jeder Zeit sich einheitlich präsentierende, zuverlässige Verhandlungspartner vor.
- Dadurch steigt neben der inneren Sicherheit auch die Kundenzufriedenheit.

2.2.5.2 Die Zusammenarbeit

Sie erinnern sich: Je zielgerichteter die verfügbaren Kräfte eingesetzt und weitergebildet werden, umso wertvoller sind die erzielten Arbeitsergebnisse. Zu diesem Zweck werden sie in komprimierter Form einschließlich aller wichtigen kundenbezogenen Probleme möglichst tagfrisch im Unternehmen zentral verfügbar gemacht und gehalten. Diese für alle gleiche Informationsstruktur bewirkt die geistige Vernetzung aller Schichten der Hierarchie und damit ein besseres Verständnis für den Gesamtzusammenhang der zu erfüllenden Aufgaben. Gleichzeitig können damit

Fehler schnell erkannt und behoben, die Geschäftsprozesse beschleunigt sowie betrügerische Machenschaften verhindert werden. Zusätzlich ist ein automatisch wirkendes Frühwarnsystem für von innen oder außen einwirkende Veränderungen installiert und die Kundenzufriedenheit erhöht.

Die moderne Organisationslehre sagt hierzu: Informationen als zweckbezogenes Wissen und arbeitsplatzbezogene Sachmittel sind unverzichtbarer Teil der Aufgabenerfüllung durch Menschen.[108]

Information ist an sich schon ein wertvolles Wirtschaftgut. Mit Hilfe von BeComE wird Information in für alle Beteiligten übereinstimmendes Wissen umgewandelt und auf diese Weise noch wertvoller.

2.3 Die EWIV

Am Beispiel einer EWIV soll aufgezeigt werden, wie mit Hilfe der modernen Kommunikationstechnik und BeComE die Herausforderungen der Globalisierung auch als Chance begriffen werden können.

2.3.1 Die Grundlagen

Die Abkürzung EWIV steht für »Europäische wirtschaftliche Interessenvereinigung«. Sie ist die erste wirklich europäische, supranationale Gesellschaftsform und wurde nach ca. 15-jährigen Beratungen vom europäischen Gesetzgeber in der Verordnung Nr. 2137/85 definiert und am 25.07.1985 in Kraft gesetzt. Ziel dieser Gesellschaftsform ist es, Klein- und Mittelunternehmen die Kooperation im Europäischen Binnenmarkt zu erleichtern. Demnach können sich mindestens drei Unternehmer, die aus mindestens zwei Ländern der Europäischen Union (EU) kommen müssen, zu einer EWIV zusammenschließen. Zur Gründung ist kein Kapital erforderlich. Die beteiligten Gesellschafter behalten ihre Selbständigkeit.

Zu diesem Zweck ist es erforderlich, eine Infrastruktur zu schaffen, die eine möglichst reibungslose Zusammenarbeit ermöglicht. Eine wesentliche Bedeutung kommt dabei dem Transfer von Know-how für Produktion oder Dienstleistungen zu.

2.3.2 Die Umsetzung

Dafür bietet auf der technischen Ebene die moderne Kommunikationstechnik die geeignete Plattform.

Ergänzend dazu ist das verfügbare Know-how aus Produktion oder Dienstleistung der beteiligten Unternehmen zu strukturieren und zu vernetzen. Dafür bietet Be-

108 Vgl. Rudolf Buechi und Reiner Chrobok, GOM – Ganzheitliches Organisationsmodell, Ausgabe 1994, Seite 127

ComE die geeignete Grundlage. Mit der Methode der »Gestaltung geistiger Kraftfelder« werden grenzübergreifende virtuelle Organisationsformen gestaltet. Mit der Technik »Zieldifferenzierung« werden die persönlichen bzw. individuellen Interessen der Beteiligten von den gemeinsamen getrennt. Dadurch entsteht eine klare Vorgabe für die von den Gesellschaftern gemeinsam zu verfolgenden Ziele.

Der strukturierte und vernetzte Transfer von Know-how hat als Grundlage die geistige Leistungsfähigkeit von Menschen. Als »Produkt« bietet sie den Unternehmen Vorteile, die diese Ressource am wirkungsvollsten einsetzen können. Damit können vollkommen neue Geschäftsfelder erschlossen und außerdem Arbeitsplätze geschaffen werden. Gleichzeitig entwickelt sich eine Infrastruktur supranationaler Zusammenarbeit auf hohem geistigen und technischen Niveau. Als »Lieferanten« kommen in erster Linie Länder bzw. Organisationen mit geistig und technisch hohem Entwicklungsstand, als »Kunden« solche mit entsprechendem Nachholbedarf infrage.

2.3.3 Das Anforderungsprofil

Think globally – act locally, kann man da sagen. Im virtuellen Netzwerk einer EWIV wird dieser »Spruch« Realität. Dieser Anspruch erfordert jedoch eine neue Denkweise und ein darauf ausgerichtetes Management: Der Führungsstil muss darauf ausgerichtet werden; denn er ist entscheidend für den Erfolg. Monolytische Autorität ist durch polyzentrische Kooperation zu ersetzen. Teamfähigkeit, Vertrauen und Delegation gehören genauso dazu wie ein Plus an Verantwortung. Und das nicht nur gegenüber den Partnern, Kunden und evtl. auch Aktionären, sondern auch gegenüber allen Mitarbeitern sowie der EWIV als Interessenvereinigung über mehrere Länder hinweg.

2.3.4 Die Anwendung

Die EWIV eignet sich besonders gut für die Zusammenarbeit von kleinen und mittleren Betrieben. Sie sind in der Regel, was ihre Ressourcen betrifft, gegenüber großen Unternehmen im Nachteil. Diesen Nachteil auszugleichen ist der Grundgedanke für die vom europäischen Gesetzgeber erarbeiteten und am 25.07.1985 in Kraft getretenen Verordnung. Nachfolgend zwei Beispiele aus dem Mittelstand:

2.3.4.1 Die Unternehmensberatung

Für Unternehmensberater könnte es von Vorteil sein, eine virtuelle Muster-EWIV zu schaffen. Zum einen wäre sie als vorzeigbares Beispiel für Interessenten aus anderen Geschäftsfeldern geeignet. Zum anderen bieten sich den Gesellschaftern der Muster-EWIV zusätzliche Geschäftsmöglichkeiten. Sie können z. B. resultieren aus fehlenden Ressourcen des Mittelstandes für Geschäftserweiterungen in der Europäischen Union und natürlich auch anderen ausländischen Märkten. Möglichkeiten bestehen auch bei betriebs- und volkswirtschaftlichen oder organisatorischen Problemstellungen sowie in der Beratung bei der Gründung und dem Betrieb supranationaler Interessengemeinschaften oder Kooperationen.

2.3.4.2 Die Automobilindustrie

Für die Zulieferer der Automobilindustrie könnte es z. B. interessant sein, zeitgleich mit ihren Kunden Niederlassungen in den neuen Ländern der EU einzurichten. Dieses Unternehmen bliebe damit zuverlässiger Partner des Herstellers und könnte in dem neuen Markt überleben. Dazu wäre es jedoch sinnvoll, mit einer Stammbelegschaft aus dem Heimatland die Produktqualität zu sichern und einheimisches Personal ergänzend dazu zu beschäftigen und auszubilden. Auf diese Weise können die Herstellungspreise dem Lohnniveau des Belegenheitslandes angepasst, die Marktchancen dort verbessert, Arbeitsplätze geschaffen und qualifiziertes Personal vor Ort aufgebaut werden.

Eine EWIV von Unternehmensberatern kann die Zulieferer mit ihrem Know-how von der Strategieentwicklung bis zur Realisierung »wie und wo der Kunde es braucht« unterstützen. Auch interkulturelle Verständigung darf dabei kein Problem sein, denn die Berater der EWIV sollten aus den verschiedensten betriebs- oder volkswirtschaftlichen Bereichen kommen und mehrsprachig sein. Besonders günstig wäre die Beteiligung eines Partners aus dem neuen Belegenheitsland.

2.3.5 Der Nutzen durch BeComE

2.3.5.1 Der Veränderungsprozess

Sie erinnern sich: Die persönlichen Interessen der betroffenen Menschen werden respektiert bzw. berücksichtigt und die unternehmensbezogenen Ziele verdeutlicht. Auf diese Weise wird das gemeinsame Interesse am Erfolg klargestellt. Mit Hilfe der vom verantwortlichen Firmenleiter vorgegebenen Ziele wird die besondere Bedeutung des individuellen Beitrags zum Erfolg oder Misserfolg für den Einzelnen nachvollziehbar.

Und: Auf dieser Grundlage wird die Rangfolge der zu erfüllenden Aufgaben nach ihrer zielführenden Wichtigkeit festgelegt. Die Reihenfolge des Handelns orientiert sich dabei daran, inwieweit Ziele realistisch (wirklichkeitsnah) erreichbar sind.

Und: Bei der auf die positive Wirkung abgestellten Reihenfolge des Handelns wird der Rahmen der rein organisatorischen Betrachtung verlassen. Die Mitarbeiter eines Betriebs werden durch diese Maßnahme zu unternehmerisch mitdenkenden und mithandelnden Partnern des Firmeninhabers oder Firmenleiters. Der Veränderungsprozess wird auf diese Weise von Unternehmensleitung und Mitarbeitern gemeinsam vorangebracht.

BeComE dient dabei als ordnende und stabilisierende Kraft für das zu schaffende bzw. zu betreibende Netzwerk der Beziehungen. Den damit verbundenen Veränderungsprozess legt BeComE ganzheitlich an. Dadurch wird den Beteiligten der Sinn ihres eigenen Handelns aus dessen Ablauf bewusst. Für diesen Vorgang verwendet BeComE den Begriff »Organisationales Lernen«. Alle daran Beteiligten können ihren Beitrag zum Gelingen und die damit verbundene Verantwortung abschätzen. Die Freude an der Arbeit wächst und beginnt sich am gemeinsamen Erfolg zu orientieren. Nebenbei ergibt sich dadurch ein neues, wesentlich anspruchsvolleres Berufsbild, also auch ein Zugewinn für den einzelnen Mitarbeiter.

2.3.5.2 Die Chancen

Sie erinnern sich: Lieferanten, Vertriebspartner und Kunden verfügen als Außenstehende über wertvolle Informationen und darauf aufbauendes Wissen. Sie ergänzen bzw. bereichern dadurch das im eigenen Unternehmen verfügbare Know-how. Dies wird besonders deutlich und wertvoll bei der Entwicklung von Produkten oder Dienstleistungen.

Darüber hinaus kann im neuen Belgenheitsland vielfältiges modernes Know-how aufgebaut und z. B. das hochwertige Produkt »Automobil« zu marktgerechten Preisen hergestellt und verkauft werden. Weiterhin bieten sich folgende Chancen:

- Standardisierte Unternehmens-, Informations- bzw. Kommunikationsstrukturen sind kostengünstig und bringen Sicherheit, auch beim Aufbau von Zweigbetrieben (Stichwort: Baukastenprinzip).
- Rechtsansprüche für Patente oder neue Entwicklungen können von den Vertragspartnern in den Belegenheitsländern der Produktionsstätten oder Dienstleistungen abgesichert werden.
- Die Mitarbeiter sind innerhalb der gesamten Organisation beliebig austauschbar (Stichworte: Vertretung bei Urlaub oder Krankheit, Auslandsausbildung, Auslandsaufenthalt).
- In unterentwickelten Ländern bzw. ungesättigten Märkten wird modernstes Wissen aufgebaut und Arbeitsplätze geschaffen, wodurch sich die Beziehungen verbessern.
- Schutzzölle für Ein- oder Ausfuhr sind kein Hindernis für das Erschließen neuer Märkte auf der Grundlage von Know-how.
- Die Abwanderung von Arbeitskräften von Billig- in Hochpreismärkte reduziert sich.
- Die Grundversorgung für Krankheit, Arbeitslosigkeit und Alter kann im Belegenheitsland bleiben.
- Wachstum und Wohlstand sind nicht mehr auf die führenden Industrieländer beschränkt.
- Die Chancen für ein friedliches mit-, für- und nebeneinander der Menschheit steigen.

2.3.5.3 Der Kondratieff-Effekt

Sie erinnern sich: Nikolai Dimitrijewitsch Kondratieff (1892–1938) war Professor für Wirtschaft und der Begründer der »Theorie der langen Wellen«, die sogenannten Kondratieffzyklen. Bisher gab es die folgenden 5:
1. Zyklus: Diente dem Bedarf nach Textilien und Kleidung.
2. Zyklus: Befriedigte den Bedarf nach besseren Transportmitteln.
3. Zyklus: Deckte den Bedarf nach Massenkonsum sowie elektrischen und chemischen Artikeln.
4. Zyklus: Diente dem Anspruch nach individueller Mobilität.
5., jetziger Zyklus: Die zentrale Rolle spielt der effiziente Umgang mit Information und Wissen.

Der Wissenschaftler Leo A. Nefiodow sagt dazu in einem Interview im Juni 1999 dem Morgen Welt e. V.:

»Die wirklichen Durchbrüche in der Produktivität, in Größenordnungen von 30, 100 bis zu 1000 Prozent, erreicht man dadurch, dass man die Art und Weise, wie Menschen zusammenarbeiten, anders gestaltet: Umorganisation in Richtung Gruppenarbeit.«

BeComE hat das dafür geeignete Werkzeug. Sie erinnern sich: Die Kommunikationstechnik ist tragendes Element der menschlichen Weiterentwicklung. Dieser umwälzende Fortschritt ist Herausforderung und Chance zugleich. BeComE trägt dieser Entwicklung Rechnung und setzt das verfügbare Wissen dort ein, wo es dem »Endverbraucher« für seine Zwecke nutzt. Zusätzlich wird neues Wissen bedarfsorientiert vor Ort (z. B. in einem Unternehmen) zur Aus- und Weiterbildung vermittelt. Damit steht eine Lernmethode zur Verfügung, die das herkömmliche, zentrale Verfahren für Ausbildung, Schulung und Training wirkungsvoll ergänzt.

Und: Damit ist es z. B. möglich, neues Wissen nachträglich und unmittelbar als erfolgsbezogene Lerninhalte an beliebige Orte zu vermitteln. Betriebe oder Verwaltungen können damit ihr Wissensniveau ständig auf dem neuesten Stand halten oder sogar steigern. Gleichzeitig werden alle in einer Organisation (z. B. ein Unternehmen) beschäftigten Menschen auf eine übereinstimmende Wissensbasis gebracht, die sowohl dem Interesse des Einzelnen als auch dem der Gruppe gerecht wird.

Und: Auf diese Weise kann sogar der Leistungsstandard einer ganzen Volkswirtschaft nicht nur gehoben sondern dauerhaft auf einem überdurchschnittlichen Niveau gehalten werden. Auch die weltweit erzielten Fortschritte der Wissenschaft können unmittelbar genutzt werden. Modernes Wissen ist auf diese Weise weltweit für die Lösung von Problemen und zur Verbesserung des Bildungsniveaus griffbereit (on line) verfügbar.

Kapitel 11
Die Gestaltung der Geschäftsprozesse

Ziel des Kapitels ist es, den Zusammenhang von aufbauorganisatorischer Ordnung mit geistiger und technischer Vernetzung sowie den in Raum und Zeit ablaufenden Geschäftsprozessen aufzuzeigen. Dazu werden folgende Themen behandelt:

Die Grundlagen der Gestaltung von Geschäftsprozessen:
- Die funktionalen Elemente zur Optimierung der Geschäftsprozesse.
- Die Möglichkeiten zur Verbesserung von Geschäftsprozessen (Qualität, Zeitbedarf und Kosten).
- Die Schnittstellenprobleme und ihre Auswirkungen.
- Die Vorteile der Reduzierung von Schnittstellen.

Der Nutzen aus dem Vorgehen nach BeComE für
- das Organisationale Lernen,
- die interne Verständigung auf der Grundlage der Zentraldatei kundenbezogener Kerndaten,
- die Umwandlung von Wertschöpfungsketten in Wertschöpfungsnetzwerke,
- die Zufriedenheit der Kunden,
- die Motivation der Mitarbeiter,
- sittliches Wollen und Handeln,
- das Stärken der Unternehmen innewohnenden Kraft sowie
- die Verbesserung der Lebensqualität.

1. Die Grundlagen

1.1 Die Ziele

Das Erreichen unternehmerischer Zielsetzungen wird vor allem bestimmt durch zielorientierte und zugleich wirtschaftlich ablaufende Geschäftsprozesse.

Sie erinnern sich: Ein Geschäftsprozess[109] ist ein am Kerngeschäft orientierter Arbeits-, Informations- und Entscheidungsvorgang mit einem für den Unternehmenserfolg relevanten Resultat. Der Prozessoutput steht dabei in Verbindung mit einem konkreten Kundennutzen oder liefert einen nachvollziehbaren Beitrag zum Zielsystem des Unternehmens.

109 Vgl. Christian Spitschka, Geschäftsprozessoptimierung durch Vernetzung von Wertschöpfungsketten, Februar 1996

Und: Ein wirkungsvolles Zusammenspiel der im Unternehmen anfallenden Aufgaben entlang der Wertschöpfungskette (Arbeits- oder Geschäftsprozesse) ist von entscheidender Bedeutung. Wesentlich für den damit erzielbaren Erfolg ist es, die größtmögliche Leistung bei geringstmöglichem Aufwand für Kommunikation zu sichern. Damit kann mit geringem Zeitaufwand ein Höchstmaß an Qualität zu günstigem Preis erzielt werden. Die bestmögliche Wertschöpfung ist erreicht, wenn alle Beteiligten und Betroffenen (Hersteller bzw. Dienstleister, Mitarbeiter, Lieferanten und Kunden) mit dem für sich selbst erzielten Nutzen zufrieden sind.

1.2 Das Verhalten

Ein vernünftiges, zielorientiertes Verhalten aller an der Wertschöpfungskette Beteiligten zur Erzeugung von Produkten oder Dienstleistungen ist keine Selbstverständlichkeit. Es muss, insbesondere bei zunehmenden Umfang des Unternehmens, immer wieder hinterfragt werden. Auch die sonstigen Begleitumstände ändern sich sowohl intern als auch im äußeren Umfeld ständig. Aus diesem Grund ist das »vernünftige zielorientierte Verhalten« diesen Veränderungen anzupassen. Am besten und nachhaltigsten gelingt dies, wenn alle daran beteiligten oder betroffenen Personen bzw. Personengruppen in diesen Veränderungsprozess eingebunden werden.

1.3 Die Wirtschaftlichkeit

Den Unternehmensstrategien sowie den Kunden der einzelnen Produkte oder Dienstleistungen muss deshalb besondere Aufmerksamkeit geschenkt werden. Erst wenn die Kunden ihre Produkte oder Dienstleistungen an den richtigen Schnittstellen in der gewollten Qualität und Menge erhalten, können die damit verbundenen Geschäftsvorfälle als zielerreichend bezeichnet werden. Sind sie zusätzlich noch mit vertretbaren Kosten verbunden, dürfen Arbeitsabläufe als wirtschaftlich gelten.

1.4 Die Analyse

Diesem Zweck dient die Analyse der Geschäftsprozesse, die unter anderem hilft,

- die Abläufe zu dokumentieren und sie dadurch im Bewusstsein zu verankern,
- die Unternehmensstrategie den Mitarbeitern in den einzelnen Geschäftsbereichen in Verbindung mit den Arbeitsabläufen zu verdeutlichen,
- die für den Unternehmenserfolg wichtigen Faktoren festzustellen sowie
- zielführende Verbesserungsmöglichkeiten zu erkennen und umzusetzen (z. B. auf der Grundlage der Kostenrechnung fehlerhafte Produkte oder Dienstleistungen nachzubessern bzw. unrentable Produkte oder Dienstleistungen rentabel zu gestelten oder nicht mehr weiter zu verfolgen).

Sie erinnern sich: Nach dem von Erich Kosiol geprägten traditionellen Vorgehen werden zunächst die Aufgaben analysiert sowie Stellen und Abteilungen gebildet. Danach wird im Rahmen der Aufbauorganisation ein hierarchisches Leitungssystem der erforderlichen Führungskräfte geschaffen. Die Arbeitsabläufe (Geschäftsprozesse) vollziehen sich im Rahmen der so vorgeformten statischen Beziehungen.[110]

Und: BeComE analysiert zuerst die verfügbaren geistigen Kräfte und strukturiert danach die den Mitarbeitern zu übertragenen Aufgaben. Erst dann folgt die Stellenbildung. In ihrem Gesamtbild ergibt sie den Ist-Zustand aller zu erfüllenden Aufgaben. Daraus leitet BeComE die Führungsstruktur, das Organigramm sowie das Aufgabenstrukturbild ab.

Die Analyse ist damit bei BeComE eine wesentliche Grundlage für den wirtschaftlichen Einsatz der humanen Ressourcen.

2. Die methodischen Elemente

2.1 Die Definition

Der Geschäftsprozess ist in seiner Funktion eine Folge von Arbeits-, Informations- und Entscheidungsschritten, die in der Regel unterschiedliche Hierarchieebenen und Abteilungen verknüpft. Diese Folge von Funktionen orientiert sich am Kerngeschäft und ist in ihrer Eingabe, Wertschöpfung und Ausgabe messbar.

Sämtliche Geschäftsprozesse sind prinzipiell auf den besonderen Charakter und die Leistungsfähigkeit des Unternehmens ausgerichtet. Die organisatorische Betrachtung und unternehmerische Wertung der Geschäftsprozesse muss sich deshalb auf den damit erzielbaren Nutzen konzentrieren.

2.2 Die kosmischen Gesetze

Sie erinnern sich: Die kosmischen Gesetze finden sich auch in den Kernaussagen der großen Religionen bzw. Geisteshaltungen: Die geistige Leistungsfähigkeit des Menschen kann durch sittliches Wollen und darauf ausgerichtetes Handeln gesteigert und dadurch Zufriedenheit und Glück erreicht werden. Jede unserer Taten wirkt in die Zukunft unseres eigenen Lebens und das unserer davon betroffenen Mitmenschen. Mit positiven Folgen bei sittlich einwandfreiem Wollen und Handeln. Die Einhaltung der kosmischen Gesetze kann also sowohl dem einzelnen

110 Vgl. Rudolf Buechi und Reiner Chrobok, GOM – Ganzheitliches Organisationsmodell, Ausgabe 1994, Seite 122

Menschen als auch der Menschheit großen Nutzen bringen. BeComE ist auf das Wahrnehmen dieser Chance ausgerichtet.

2.2.1 Die Ziele

Jeder unzureichend oder gar falsch abgewickelte Arbeitsvorgang setzt sich in seiner Auswirkung durch den ganzen Geschäftsprozess bis hin zum Kunden fort. Mängel zu beseitigen ist umso kostspieliger, je später sie erkannt oder behoben werden. Abgesehen davon gilt es auch noch, den damit ausgelösten negativen Eindruck beim Kunden zu »verkraften«. Ziel einer jeden Optimierung muss es also immer sein,

- die Geschäftsprozesse stets aktuellen Veränderungen anzupassen bzw.
- entdeckte Fehler oder Mängel so schnell wie möglich zu beheben und
- dabei den erwarteten Nutzen (Zielsystem des Unternehmens) immer im Auge zu behalten.

Ein Beispiel aus der Politik: Die Hochwasserschäden der Jahre 1999, 2002 und 2005 kamen in unerwartet dichter Reihenfolge. Die Höhe der dadurch entstandenen Schäden steht in keinem Verhältnis zu den Kosten für Baumaßnahmen zu deren Vermeidung. Ganz abgesehen von dem Leid, das die davon betroffenen Menschen immer wieder ertragen müssen.

2.2.2 Das Frühwarnsystem

Grundlage für das schnelle Beheben von Fehlern oder Mängeln nach BeComE ist die Zentraldatei kundenbezogener Kerndaten. Auf diese Weise wird ein Frühwarnsystem für Fehlerquellen bzw. Marktveränderungen installiert.

Sie erinnern sich: Auf der Grundlage von BeComE sowie der modernen Kommunikationstechnik gibt es dafür folgende organisatorische Lösung:

- die auf örtlich voneinander getrennten Stellen aufbereiteten Arbeitsergebnisse einschließlich aktueller Probleme zu einer Zentraldatei wichtiger kundenbezogener Kerndaten verdichten;
- für die pro Kunde zu bearbeitenden Geschäftsvorfälle sinnvolle organisatorische Einheiten bilden;
- das vorhandene Know-how der Mitarbeiter besser nutzen (Abbau der Spezialisierung);
- mit Intranet und E-Mail die organisatorischen Einheiten miteinander vernetzen; und damit
- die Zentraldatei kundenbezogener Kerndaten der gesamten Organisation verfügbar halten.

2.2.3 Das Kundeninteresse

Zur optimalen Gestaltung der Geschäftsprozesse und damit zur Erhaltung der Kundenzufriedenheit sind folgende Voraussetzungen zu erfüllen:
• Der Ist-Zustand der Aufbau- und Ablauforganisation ist im Hinblick auf das Kundeninteresse auf bestehende Probleme und Verbesserungsmöglichkeiten zu hinterfragen.
• Die entscheidenden Erfolgsfaktoren Produktivität, Umsatz und Gewinn sind mit dem Ziel sie zu steigern einzubeziehen.
• Das Auftreten am Markt ist hinsichtlich der Kundenzufriedenheit mit der Qualität von Produkten, Dienstleistungen und Service zu überprüfen.
• Die eigene Erreichbarkeit sowie die Reaktionszeiten auf Kundenwünsche ist zu untersuchen.

3. Die Verbesserungsmöglichkeiten

Soll der Kunde im Mittelpunkt zielorientierten Handelns stehen, müssen alle betroffenen Abteilungen und Stellen in die Bemühungen zur Optimierung eingebunden werden. Sie sind als untrennbares Ganzes gefordert, an der besten Lösung im eigenen Interesse sowie dem des Unternehmens und der Kunden zu arbeiten. Hierzu muss an allen Stellen der Arbeitsabläufe nach Hinweisen für Probleme oder Verbesserungsmöglichkeiten gesucht werden. Die zielführende Neugestaltung muss sich deshalb auf die ganzheitliche Wirkung der Organisation nach innen und außen beziehen.

Die Verbesserungsmöglichkeiten hängen im wesentlichen ab von
• den bestehenden Problemen,
• der Zielsetzung des Unternehmens,
• den Möglichkeiten zur Umsetzung (z. B. finanzielle Mittel),
• den an der Umsetzung beteiligten Leistungsträgern (z. B. Geschäftsleitung, Mitarbeiter) sowie
• der Kreativität und Einsatzbereitschaft der Betroffenen oder Beteiligten.

Trotz dieser Individualitäten können folgende Checklisten beim Herausarbeiten grundlegender Verbesserungsmöglichkeiten verwendet werden:

3.1 Die Qualität der Ausführung

• Teilleistungen entfallen lassen,
• Teilleistungen mit einem oder mehreren Teilschritten verschmelzen,
• die Prioritäten hinsichtlich der Qualität der Arbeit und ihrer Ausführung neu setzen,
• die Qualität der Ausführung vermindern oder erhöhen,

- besser ausgebildetes Personal einsetzen,
- das Personal in der Ausführung schulen,
- bessere oder schnellere Sachmittel anschaffen,
- die Qualität der verwendeten Materialien verbessern,
- die Qualität der benötigten Informationen (z. B. Arbeitsanweisungen) steigern.

3.2 Der Zeitaufwand der Ausführung

- Teilleistungen mit einem oder mehreren Teilschritten verschmelzen,
- die Prioritäten bezüglich Geschwindigkeit der Ausführung neu setzen,
- die Geschwindigkeit der Ausführung senken (weniger ist manchmal mehr),
- besser ausgebildetes Personal einsetzen.
- das Personal in der Ausführung schulen,
- bessere oder schnellere Sachmittel einsetzen (z. B. Tätigkeiten auf eine Maschine verlagern),
- die Kapazität der Sachmittel gleichmäßiger auslasten,
- die Sachmittel räumlich sinnvoller anordnen,
- die benötigten Materialien früher und in der richtigen Menge am Arbeitsplatz zur Verfügung stellen,
- die Qualität der benötigten Informationen (z. B. Kerndaten des Geschäfts) verbessern,
- Informationen schneller bzw. eher zur Verfügung stellen.

3.3 Die Kosten der Ausführung

- Teilleistungen mit einem oder mehreren Teilschritten verschmelzen,
- die Prioritäten zur Minderung der Kosten der Ausführung neu setzen,
- ein Ansteigen der Kosten bei der Ausführung in Kauf nehmen,
- weniger qualifiziertes Personal einsetzen (z. B. für Routinetätigkeiten),
- das Personal in der Ausführung schulen,
- Tätigkeiten auf eine Maschine verlagern,
- preisgünstigere Materialien und Sachmittel einsetzen,
- die Kapazität der Sachmittel gleichmäßiger auslasten,
- die benötigten Materialien früher und in der richtigen Menge am Arbeitsplatz zur Verfügung stellen,
- Informationen schneller bzw. eher zur Verfügung stellen.

3.4 Die Schnittstellenprobleme

Im Grundsatz gilt: Je mehr Abteilungen bzw. Bereiche (Schnittstellen) vom Geschäftsprozess zu durchlaufen sind, um so größer ist die Gefahr des Auftretens von Problemen. In erster Linie ist dies der Zeitaufwand für Verzögerungen, Abstimmungsbedarf sowie unterschiedliche Formulare oder Richtlinien. Im Prinzip sind Schnittstellenprobleme mit dem bei Kindern und Erwachsenen sehr beliebten Spiel »Stille Post« zu vergleichen. Nur verwandelt sich das Vergnügen über das Ergebnis beim Spiel im Unternehmen ins Gegenteil.

Die Geschäftsprozesse sind andererseits in der Regel abteilungsintern optimiert. Aus diesem Grund treten Mängel, wie lange Durchlaufzeiten von Vorgängen, hohe Peronalkosten oder Qualitätsverluste, ohne direkten Kundenbezug und hintereinander auf. Als klassische Schnittstellenprobleme sind immer wieder zu finden:

- Das Verständnis für die bestehenden Leistungszusammenhänge ist verloren gegangen.
- Die Abteilungen beschäftigen sich mehr mit sich selbst als mit dem Kunden.
- Durch die weit verteilten Verantwortungen entstehen interne Reibungen.
- Die Mitarbeiter entwickeln Strategien zur Verteidigung und für Schuldzuweisungen.
- Abstimmungs- bzw. Mitzeichnungsvorgänge verursachen Qualitäts- und Zeitverluste.
- Immer wieder anfallende Einarbeitungs-, Rüst-, Transport- und Liegezeiten verzögern den Arbeitsablauf und erhöhen die Durchlaufzeiten.
- Die Mitarbeiter entfremden sich von den Arbeitsinhalten.
- Das Unternehmen verliert an Flexibilität und muss mit einer aufgeblähten Hierarchie zurechtkommen.

3.4.1 Das Schnittstellenchaos

Im nachfolgenden Beispiel sind sehr viele Abteilungen (Schnittstellen) in den Geschäftsprozess eingebunden bzw. für das Wohl des Kunden verantwortlich:

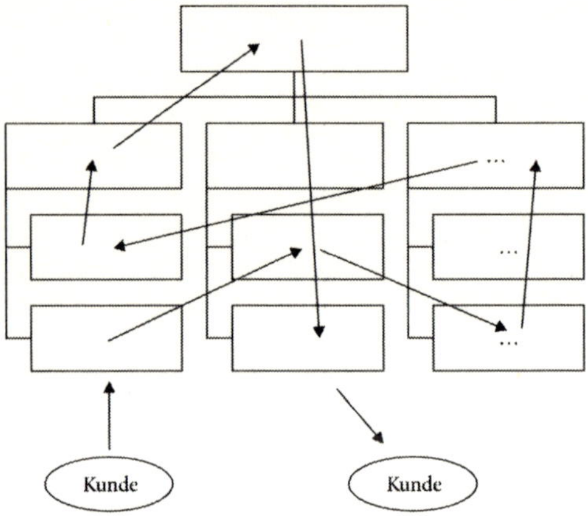

In diesem Fall stellen sich automatisch folgende Fragen:

- Von welchen Stellen werden die Beiträge zur echten Wertschöpfung geleistet?
- Welche Arbeitsschritte können entfallen?
- Lassen sich Arbeitsschritte zusammenfassen?
- Haben wirklich alle Stellen einen Bezug zum Kunden und seinen Wünschen?
- Wie kann dieses Chaos besser organisiert bzw. geordnet werden?

3.4.2 Die Extremfälle

Extremfälle von Schnittstellenproblemen liegen dann vor, wenn

- über bestimmte Abteilungen oder Unternehmen intern oder extern schon gelästert wird,
- Vorgänge nicht mehr an die richtige Stelle gelangen,
- das Anliegen des Kunden ganz einfach »in der Versenkung« verschwindet oder
- Vorgänge zum Erstweitergeber zurückkommen.

Sie erinnern sich: Die zur Lösung ihrer Probleme von den Bürgern benötigten Beratungen, Informationen oder Dienstleistungen müssen sie sich oft von mehreren Stellen bei Behörden oder Ämtern zusammenholen. Dazu sind vielfach mehrere Telefonate erforderlich und auch noch weite Besorgungswege in Kauf zu nehmen. Der »Buchbinder-Wanninger-Effekt« arbeitsteiliger Organisationsstrukturen und das »Interesse« am Kunden (= der Bürger oder das Volk) wird hier besonders deutlich.

3.5 Die interne Informationsverarbeitung

Sie erinnern sich: Das zu erlernende Wissen sind Informationen, die durch Wiederholen vom Ultrakurzzeitgedächtnis über das Kurzzeitgedächtnis zum Langzeitgedächtnis »transportiert« werden. Das Lernen ist also ein nacheinander zu verarbeitender (sequenzieller) Prozess. Das Wissen im Gehirn hingegen ist vernetzt gespeichert.

Wird das gespeicherte Wissen abgerufen, setzt der Mensch durch von außen das Gehirn erreichende Impulse neue Bilder zusammen. Diese Bilder erkennen wir nur in einem begrenzten Ausschnitt. Wollen wir sie für unseren Erkenntnisprozess nutzen, müssen wir sie in einer für uns sinnvollen Reihenfolge Bild für Bild »abarbeiten«. Der Erkenntnisprozess ist also ebenso wie das Lernen ein nacheinander zu verarbeitender (sequenzieller) Vorgang.

Für das Gehirn ist es leichter seine beste Leistung zu erbringen, wenn ihm zum zu bearbeitenden Vorgang bzw. zum zu erlernenden Stoff ein Bild angeboten wird. Aus diesem Grund ist es dringend erforderlich, das Schnittstellenchaos »gehirngerecht« zu vereinfachen.

3.6 Die Zeitbetrachtung

Das Informationszeitalter mit seinen vielfältigen Kundenwünschen und vor allem –ansprüchen stellt ganz neue Anforderungen an die Schnelligkeit und Flexibilität. Unter diesen Voraussetzungen muss sich der Produzent oder Dienstleister die Frage gefallen lassen, was es den Kunden interessiert, wie das Unternehmen seine internen Arbeitsabläufe organisiert.

Gerade im Verwaltungsbereich werden unter dem Aspekt flexibles Eingehen auf Kundenwünsche sowie schnelle Reaktionszeit die Grenzen der Arbeitsteilung deutlich. Subsummiert man diese von der technischen Entwicklung auf den Markt drückenden Erfordernisse auf den Kostenfaktor »Zeit« lassen sich signifikante Verbesserungsmöglichkeiten ableiten. Untersuchungen im Verwaltungsbereich haben, was den Zeitaufwand für ineffiziente Geschäftsprozesse betrifft, folgende Ergebnisse gebracht:

Bearbeitungszeit	Transportzeit	Liegezeit
5–20 %	10–50 %	70–90 %
Rationalisierungs-potential 30 %	Rationalisierungs-potential 80 %	Rationalisierungs-potential 80 %

4. Die Neugestaltung

Die Arbeitsteilung hat auch heute noch durchaus ihre Berechtigung. Dies trifft gerade für Produktionsbetriebe zu. Obwohl auch in diesen Bereichen die Teambildung als wertschöpfender Faktor bereits in die Fabrikhallen eingezogen ist. Für den »Produktionsprozess« im Verwaltungsbereich bieten sich dafür folgende Möglichkeiten an:

4.1 Die Schnittstellenvereinfachung

Im unten stehenden Beispiel wurden im Verwaltungsbereich die Schnittstellen drastisch verringert und dadurch in eine leicht durchschaubare Ordnung gebracht. Erreicht wurde dies durch das Zusammenfassen mehrerer Abteilungen und das kundenbezogene Delegieren von Verantwortung, Aufgabe und Kompetenz:

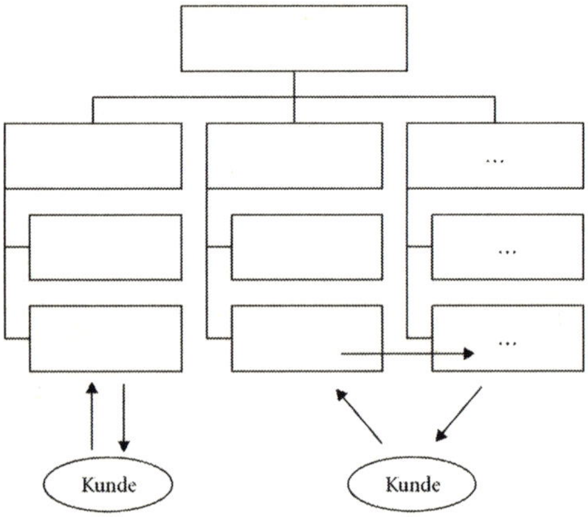

Das Bild zeigt deutlich die stark verringerte Zahl an Schnittstellen. Es sind also wesentlich weniger Stellen für den Kunden verantwortlich. Dadurch

- bleibt das Verständnis für die bestehenden Leistungszusammenhänge erhalten,
- beschäftigen sich die betroffenen Abteilungen mehr mit dem Kunden und seinen Problemen aus der unmittelbaren Kenntnis des Gesamtzusammenhangs,
- fallen Einarbeitungs-, Rüst-, Transport- und Liegezeiten weg, was den Arbeitsablauf beschleunigt und die Durchlaufzeiten verkürzt,
- bleiben die Mitarbeiter mit den Arbeitsinhalten vertraut,
- gewinnt das Unternehmen an Flexibilität, bekommt eine flachere Hierarchie und spart Kosten,
- sind die Mitarbeiter motiviert und die Kunden zufrieden.

Sie erinnern sich: Der Kunde will nur zu einer Stelle seines Lieferanten Kontakt und verlangt z. B. die gesamtheitliche Abwicklung von Aufträgen. Dies erleichtert ihm seine Verwaltungsarbeit und verringert seinen Aufwand für Kommunikation. Für den Lieferanten (Produzent oder Dienstleister) bedeutet dies z. B. die Auftragsabwicklung organisatorisch zusammenzufassen. Dazu muss diese neue Organisationseinheit mit einer hohen Entscheidungsbefugnis ausgestattet werden. Die Kunden können dadurch, wie gewünscht, individuell, sachverständig und umfassend betreut werden.

4.2 Die standardisierte Kundenbeziehung

Sie erinnern sich: Parallel hierzu setzt sich immer mehr die standardisierte elektronische Kundenbeziehung durch. Sie ist dann geeignet, wenn es den Kunden mehr um günstige Preise sowie schnelle Abwicklung und weniger auf Individualität ankommt. Schlagworte hierfür sind beispielsweise Electronic Mail, das Homebanking und die Online-Bestellung.

5. Der Nutzen durch BeComE

5.1 Das Organisationale Lernen

Sie erinnern sich: BeComE dient als ordnende und stabilisierende Kraft für das zu schaffende bzw. zu betreibende Netzwerk der Beziehungen.

Den damit verbundenen Veränderungsprozess legt BeComE ganzheitlich an. Dadurch wird allen Beteiligten der Sinn ihres eigenen Handelns bewusst. Sie lernen ihren Beitrag zum Gelingen und die damit verbundene Verantwortung einzuschätzen. Die Erkenntnis über den positiven Wert der eigenen Arbeit wächst und fördert das Verständnis für das Ziel, nicht nur den eigenen, sondern auch den gemeinsamen Erfolg anzustreben.

Diesen Vorgang bezeichnet BeComE als »Organisationales Lernen«, was folgende Vorteile bringt:

- Im Zusammenwirken von gegenseitigem Vertrauen und zielorientierter Kommunikation entsteht eine teamorientierte Organisation.
- Eine solche Gruppe hat die besten Voraussetzungen, die organisatorische und unternehmerische Gratwanderung zwischen Stabilität und Flexibilität zu bestehen.
- Ein hohes Niveau an sittlichem Wollen und Handeln sowie von Wissen ist kein Luxus mehr, sondern Realität, die handfeste Wettbewerbsvorteile verschafft.
- Der Einzelne handelt selbständig und die gesamte Gruppe kann sich fortlaufend geänderten Bedingungen anpassen und ihren Fähigkeiten entsprechend entwickeln.

• Daraus entsteht auch ein neues, wesentlich anspruchsvolleres Berufsbild für den einzelnen Mitarbeiter.

5.2 Die Verständigung

Sie erinnern sich: Wichtig für die Verständigung der Menschen untereinander, also für die Kommunikation zwischen dem eigenen und den fremden Mustern, ist ihre Resonanz. Den Menschen fällt die Verständigung leichter, wenn sie Mitmenschen vorfinden deren Schwingungen in ihrer Struktur ähnlich sind. Wir lernen immer von einem Partner. Und wir lernen dann gut, wenn wir uns in einem Partner wiedererkennen, das heißt, wenn unser eigenes Assoziationsmuster mit dem eines Partners in Einklang steht.[111]

Und: Eine gedankliche Vorstellung mit etwas zu verknüpfen, bezeichnet man als Assoziation. Über je mehr Kanäle eine Information eintrifft, um so eher wird sie solche Assoziationsmöglichkeiten vorfinden. Je mehr Assoziationen aber, desto größer ist auch die *Motivation*, der Beweggrund, der Antrieb und damit auch die Aufmerksamkeit zum Lernen.

Dabei hilft uns die ganze Verpackung, die *bekannten Begleitinformationen*, in der eine neue Information ankommt. Zur Gesamtinformation zählen auch alle Wahrnehmungen der Sinne. Diese mitschwingenden und mitgespeicherten Wahrnehmungen erleichtern uns das Lernen.[112] Diesem Zweck dient folgendes Vorgehen nach BeComE:

5.2.1 Die Zentraldatei

Sie erinnern sich: Die Zentraldatei enthält die wichtigsten Informationen über den Stand der Ergebnisse und Probleme im Hinblick auf die unternehmerische Zielsetzung. Sie verkörpert damit das »Urbild des Wissens«, das alle Mitarbeiter übereinstimmend informiert. Auf der Grundlage des gleichen Informationsstandes bzw. Wissens können sie wirkungsvoll und mit geringem Fehlerrisiko zusammenarbeiten. Dadurch wird die Zentraldatei kundenbezogener Kerndaten zum Ausgangs- und Endpunkt der wichtigsten wertschöpfenden Geschäftsprozesse. Als Folge davon werden die Wertschöpfungsketten des Arbeitsablaufs zu einem Wertschöpfungsnetzwerk der Kommunikation bzw. der Zusammenarbeit oder Beziehungen.

Am Beispiel einer Immobilienverwaltung wird nachfolgend der Aufbau einer Zentraldatei unternehmensbezogener Kerndaten aufgezeigt:

111 Vgl. Frederic Vester, Denken, Lernen, Vergessen, Ausgabe 2002, Seite 48 ff.

112 Vgl. Frederic Vester, Denken, Lernen, Vergessen, Ausgabe 2002, Seite 141 ff.

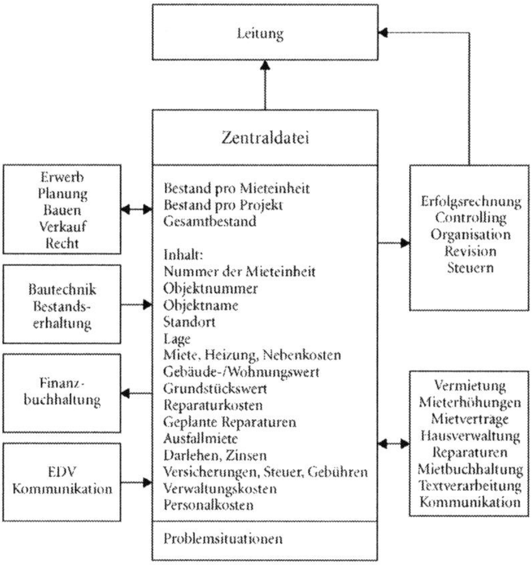

Die Pfeile symbolisieren die Richtung des Informationsflusses. Selbst bei einer sehr arbeitsteiligen Unternehmensstruktur können auf der Grundlage der Zentraldatei wesentliche Verbesserungen sowohl bei der Zusammenarbeit, der Motivation und der Geschäftsergebnisse erzielt werden.

5.2.2 Die Motivation

Von den Bildern, Bedürfnissen und Erwartungen der beteiligten Menschen ausgehend, werden nach BeComE im Unternehmen Ziele formuliert. Anschließend werden die individuellen schöpferischen Kräfte zum Denken angeregt und so ein neues gemeinsames Bild entwickelt (Soll-Zustand). Die sich daraus ergebenden Aktivitäten führen Schritt für Schritt zu einem neuen Bild. Die Erkenntnisse, die das neue Bild immer deutlicher erscheinen lassen empfindet der Mensch als Erfolg, der ihn motiviert.

Je häufiger dieser Prozess des Entstehens neuer Bilder wiederholt wird, desto schneller schreitet der Erkenntnisprozess voran und um so größer sind der Erfolg und die Motivation. Durch das permanente, gegenseitig vergleichende und prüfende Denken wirkt BeComE als linear, vernetzt und spiralförmig verlaufender Selbstoptimierungs- und Fortentwicklungsprozess. Der soziale Utilitarismus (ideale Werte werden nur anerkannt, sofern sie dem Einzelnen oder der Gemeinschaft nützen) erreicht dadurch immer höhere Ebenen.

Die Zentraldatei bietet allen Beteiligten eine übereinstimmende gedankliche Vorstellung. Die mit der Kommunikation verbundenen Wahrnehmungen der Sinne erleichtern das Lernen. Daraus resultiert eine große Menge von Assoziationen, also ein weiterer, starker Antrieb zum Lernen.

5.2.3 Sittliches Wollen und Handeln

Sie erinnern sich: Der Begriff BeComE ist Synonym für »Werde oder sei was Du wirklich bist« und vermittelt, sittliches Wollen[113] und Handeln[114] als hilfreich für eine positive Lebensgestaltung zu verstehen.

Die Zentraldatei der wichtigsten kundenbezogenen Geschäftsdaten liefert die objektive Grundlage für einen reibungslosen Geschäftsbetrieb. Über die Verknüpfung von Information mit Kommunikation und Fachwissen werden Geschäftsprozesse abgewickelt und Probleme gelöst. Dieses Netzwerk von Beziehungen bietet die Voraussetzung für alle Beteiligten zum Zielsystem des Unternehmens positiv beizutragen. Darüber hinaus ist der damit verbundene Lernprozess mit einem Zuwachs an Wissen verbunden, der ohne »Pauken« entsteht.

Auf dieser Grundlage ist sittliches Wollen und Handeln keine soziale Großtat, sondern der Automatismus für den Erfolg. Lüge, Betrug und Korruption erhalten die »Rote Karte«, ohne dass es dazu eines (Schieds-)Richters bedarf. Dazu passt der Grundsatz von Christian Spitschka:

»Der Mensch tut nicht was er ist, sondern er ist was er tut.«

5.3 Die Verantwortung

Die von außen auf das Unternehmen zukommenden Wünsche und Bedürfnisse von Kunden sind der Antrieb für den Umsatz und die Qualitätssicherung. Im Hinblick darauf kommt der Verantwortung für die Erfüllung von Aufgaben bei der Abwicklung der Geschäftsprozesse große Bedeutung zu. Den Wünschen und Bedürfnissen der Kunden muss nicht nur zu deren Zufriedenheit entsprochen werden. Sie müssen auch bewertet und in den inneren Informationsfluss eingefügt (integriert) werden. Diesem Anspruch wird BeComE neben der Zentraldatei kundenbezogener Kerndaten durch die Bildung kundenorientierter Organisationseinheiten gerecht.

Bei arbeitsteilig aufgebauten Organisationen ohne Kontrollmechanismus werden Fehler oder sogar betrügerische Absicht nur schwer oder oft zu spät bemerkt bzw. erkannt. Dadurch wird es den Verursachern erleichtert, anderen die Schuld für ihr

113 Vgl. Ulrich Kühne, Wir tun nicht, was wir wollen, sondern wir wollen was wir tun, Süddeutsche Zeitung vom 17.05.2004, Seite 12

114 Vgl. Ernst Pöppel, Zum freien Willen geboren, Süddeutsche Zeitung vom 22.05.2004, Leserbriefe, Seite 11

eigenes Verhalten zuzuweisen oder Strategien zur Vertuschung zu entwickeln. Zu leiden haben darunter in erster Linie die Ehrlichen und Zuverlässigen, ganz gleich ob Mitarbeiter oder Kunde. BeComE begegnet dieser Gefahr mit folgenden Strategien:

5.3.1 Das Selbstwertbewusstsein

Sie erinnern sich: Aufgabe des Leiters eines Unternehmens ist es, die von Menschen ausgehenden und zu verantwortenden Wirkungen verstehbar zu machen. Dazu setzt er Erwartungen und Ziele, die nur die betroffenen Menschen selbst wissen bzw. bestimmen können, zum Wohle des Einzelnen oder des gemeinsamen Ganzen in neue Lösungen um. Menschen, die bereit sind, sich mit BeComE weiterzuentwickeln, können auf diese Weise

- aus ihren eigenen Erfahrungen hinzu lernen,
- sich aus den daraus resultierenden Erkenntnissen neue Ziele setzen,
- neue Ideen entwickeln und realisieren,
- eine folgerichtige und verständliche neue Ordnung schaffen,
- evtl. verbrauchte Motivation erneuern sowie
- die daraus resultierende neue Ordnung gefestigt allein oder gemeinsam mit anderen tragen.

Wird diese Chance wahrgenommen, entwickelt sich ein sehr starkes positives Selbstwertbewusstsein für den Einzelnen bzw. die Gruppe. Der beschrittene Weg wird dann unbeirrbar (konsequent) weiterverfolgt. Damit sind auch die Voraussetzungen geschaffen, die Erwartungen und Ziele ständig an sich ergebende neue Verhältnisse anzupassen. Darüber hinaus kann jeder Mensch seine Entwicklung nach eigener Entscheidung steuern. Ein hohes Niveau an Wissen, Erfahrung und Ethik ist dadurch kein Luxus mehr, sondern Realität. Dieser mental getragene Prozess garantiert den Erfolg, motiviert und wird zum bleibenden Wettbewerbsvorteil.

5.3.2 Die polyzentrische Realisierung

Im nachfolgend dargestellten Organigramm ist eine Immobilienverwaltung polyzentrisch dargestellt. Das Bild der Unternehmensstruktur ist eine Kombination aus Organigramm und Aufgabenstrukturbild:

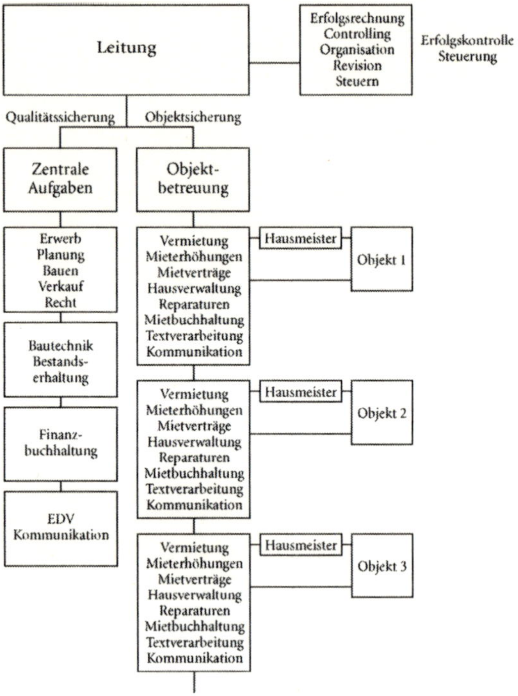

Wie die Darstellung des Aufbaus einer Zentraldatei unternehmensbezogener Kerndaten soll auch dieses Bild eine gemeinsame Wissensgrundlage (»Urbild des Wissens«) vermitteln. Die Hinweise »Erfolgskontrolle«, »Steuerung«, »Qualitätssicherung« und »Objektsicherung« dienen der Verdeutlichung der mit den einzelnen Aufgabenbereichen verbundenen Verantwortung. An der Spitze der Verantwortungspyramide steht aber immer der Leiter des Unternehmens.

Sie erinnern sich: Die polyzentrische (die Vorherrschaft wird nicht mehr nur von einer Stelle ausgeübt, sondern geht von mehreren Machtzentren aus[115]) Konfiguration vertritt folgenden Standpunkt:

115 Vgl. Duden, Fremdwörterbuch, Ausgabe 1990

• Die Ansicht, dass ein »Macher« den spezifischen Anforderungen von Markt und Technologie an der Basis nicht gerecht werden kann.
• Macht, Einfluss und Entscheidungsgewalt sind in der Struktur breit verteilt.
• Doppelspurigkeiten werden in Kauf genommen, wenn sie der Motivation der Mitarbeiter und dem flexibleren Eingehen auf Kundenbedürfnisse dienen.
• Die Organisationsfiguration wird von unten her belebt und die entstehende Dynamik von oben her mit »Leitplanken« in eine Richtung gelenkt.[116]

5.3.3 Das virtuelle Unternehmen

Virtuell bedeutet, der Kraft oder Möglichkeit nach vorhanden. Die einem Unternehmen inne wohnende Kraft bleibt auf der Grundlage von BeComE auch dann erhalten, wenn einzelne Funktionen ausgelagert werden. Dies kann bei einer Immobilienverwaltung z. B. das Verlegen von Arbeitsplätzen oder Geschäftsräumen in die Wohnungen bzw. den unmittelbaren Lebensbereich der Familien von Mitarbeitern sein. Auf diese Weise ist das Unternehmen auch näher beim Kunden (Mieter), einschließlich der erforderlichen Fachkompetenz sowie der damit verbundenen Verantwortung. Dies bringt folgende Vorteile:
• Kürzere Wege des Mitarbeiters zum Arbeitsplatz bzw. vom Kunden zur Dienstleistung;
• weniger Kosten des Mitarbeiters für den Weg zur Arbeit und zum Kunden;
• Entlastung des Verkehrs und der Umwelt;
• mehr Familienleben für den Mitarbeiter;
• Arbeitsinhalt und -menge können auch auf die Fähigkeiten bzw. die Bedürfnisse einer Familie zugeschnitten werden (z. B. Ehepaare mit gleichem Arbeitgeber);
• Arbeit kann gerechter verteilt werden (Beispiel: pro Lebensgemeinschaft ein Arbeitsplatz);
• mehr Freizeit für die/den Einzelnen (= Chancen für Freizeitindustrie und Tourismus).

Im obigen Beispiel der Immobilienverwaltung haben die Hausmeister am Ort der von ihnen zu betreuenden Objekten ihren Arbeitsplatz und dort auch Zugriff auf die ihre Mieter (Kunden) betreffenden Kerndaten. Auf diese Weise sind sie einerseits über die wichtigen Ergebnisse der internen Arbeitsvorgänge informiert. Andererseits können sie durch die Kundennähe schnell auf deren Wünsche oder »Absichten« reagieren.

Allerdings ist diese Lösung mit einem umfangreicheren und verantwortungsvolleren Aufgabenbereich verbunden als bei herkömmlichen Unternehmensstrukturen. Dieses Ziel verfolgt BeComE.

116 Vgl. Knut Bleicher, Die Organisationsaufgabe im Wandel, Ausgabe 1991, Seite 69

Sie erinnern sich: Das Maß der Wertschöpfung wird bestimmt von der Qualität der erbrachten Leistungen und der dafür aufgewendeten Zeit. Je zielgerichteter die verfügbaren Kräfte eingesetzt und weitergebildet werden, umso wertvoller sind die erzielten Arbeitsergebnisse.

6. Der Fortschritt durch BeComE

Die Steigerung der Virtualität von Unternehmen ist eines der Kernziele von BeComE. Dazu ist ein sinnvolles Vernetzen der verfügbaren geistigen Kräfte wesentlich. Nicht die Frage des Standortes.

Sie erinnern sich: Im 5., dem jetzigen Kondratieffzyklus, spielt der effiziente Umgang mit Information und Wissen die zentrale Rolle. Und: Der Wissenschaftler Leo A. Nefiodow sagte in einem Interview im Juni 1999 dem Morgen Welt e. V.:

»Die wirklichen Durchbrüche in der Produktivität , in Größenordnungen von 30, 100 bis zu 1000 Prozent, erreicht man dadurch, dass man die Art und Weise, wie Menschen zusammenarbeiten, anders gestaltet: Umorganisation in Richtung Gruppenarbeit.«

BeComE trägt diesem Anspruch Rechnung und setzt das verfügbare Wissen dort ein, wo es dem »Endverbraucher« für seine Zwecke nutzt. Zusätzlich wird neues Wissen bedarfsorientiert vor Ort (z. B. in einem Unternehmen) zur Aus- und Weiterbildung vermittelt. Damit steht eine Lernmethode zur Verfügung, die das herkömmliche, zentrale Verfahren für Ausbildung, Schulung und Training wirkungsvoll ergänzt. Darüber hinaus kann sogar der Leistungsstandard einer ganzen Volkswirtschaft nicht nur gehoben, sondern dauerhaft auf einem überdurchschnittlichen Niveau gehalten werden. Die tragenden Säulen dieser Strategie sind:

6.1 Die Unternehmensentwicklung

6.1.1 Die wichtigsten Elemente

Die wichtigsten Elemente des Fortschritts in der Unternehmensentwicklung sind
- der ganzheitliche Ansatz zur Unternehmensentwicklung,
- die Zentraldatei kundenbezogener Kerndaten,
- die immer wieder darauf hinführenden Ergebnisse der Geschäftsprozesse sowie
- die polyzentrische Unternehmensstruktur.

6.1.2 Die Vorteile

Die auch insgesamt polyzentrisch angelegte Organisationsform bietet folgende Vorteile:

• Die geistige Leistungskraft des Menschen wird unmittelbar »on the job« gesteigert und umgesetzt.
• Organisationales Lernen steigert die Produkt- oder Dienstleistungsqualität im Unternehmen.
• Verantwortung, Aufgabe und Kompetenz sind zusammengeführt und deutlich gemacht.
• Die Geschäftsprozesse werden sehr zügig abgewickelt.
• Die Arbeitsergebnisse sind überprüfbar dargestellt.
• Ziele, Wünsche und Bedürfnisse werden im Unternehmen gegenseitig respektiert.
• Das Unternehmen verschafft sich einen bleibenden Wettbewerbsvorteil.

6.2 Der gesellschaftspolitische Nutzen

Der gesellschaftspolitische Nutzen besteht im Wesentlichen darin,
• wirtschaftliches Wachstum auch durch Vertrauen in die Leistungskraft des menschlichen Geistes zu erreichen,
• die auf Maschinen nicht übertragbare Arbeit auf die Menschen gerecht zu verteilen,
• die Existenzberechtigung des Menschen in ihrer logischen Reihenfolge zu respektieren, nämlich:
• der Mensch
• die Arbeit
• das Geld (Kapital),
• die Familien als tragende Säule der Gesellschaft zu stärken,
• den erzielten Freizeitgewinn durch Sportangebote oder kulturelle Aktivitäten zu nutzen und
• damit neue Arbeitsplätze zu schaffen.

Kapitel 12
Die Kontrolle des Erfolgs

Ziel des Kapitels ist es,

- die den Erfolg bestimmenden Faktoren ins Gedächtnis zurückzurufen und
- am Beispiel einer Beratung die mit BeComE erzielbaren Ergebnisse zu erläutern.

Wichtigstes Ergebnis: BeComE baut auf die Fähigkeiten, das Wissen und die Erfahrung von Menschen. Diese drei Komponenten des Seins sind immer stärker als rein auf die Verwaltung von Geld oder die Erhaltung der Macht ausgerichtete Strategien. Wird der wahre Sachverhalt mit Hilfe der Methode »Gestaltung geistiger Kraftfelder« sowie der Technik »Zieldifferenzierung« mehreren Menschen gleichzeitig zugänglich gemacht, verstärkt sich der positive Effekt. Unter dieser Voraussetzung ist BeComE auf lange Sicht mit sittlich einwandfreiem Erfolg verbunden.

1. Die Erfolgsfaktoren

1.1 Visionen und Ziele

Sie erinnern sich: Durch den Lernvorgang vermehren wir unser Wissen. Gleichzeitig verschaffen wir uns dadurch mehr Möglichkeiten zu gedanklichen Verknüpfungen (Assoziationen). Zusätzlichen Nutzen können wir daraus ziehen, wenn wir diese Assoziationen in Form von Visionen (Bildern) in die Zukunft projizieren. Auf diese Weise können wir unsere diesbezüglichen Vorstellungen zu einem inneren Erlebnis machen. Durch das Setzen realistischer (wirklichkeitsnaher) Ziele können wir uns Schritt für Schritt unseren Visionen nähern und unsere Intelligenz steigern. Dazu passt das chinesische Sprichwort

»Die längste Reise beginnt mit dem ersten Schritt.«

oder

»Der Erfolg ist eine Folge richtigen Handelns am richtigen Ort zur richtigen Zeit.«

1.2 Der Beitrag der Mitarbeiter

Den wichtigsten Beitrag dazu liefern die Mitarbeiter eines Betriebes. Der Beitrag aller am Unternehmenserfolg beteiligten oder davon betroffenen Menschen wird in verdichteter Form in der Zentraldatei kundenbezogener Kerndaten als Statusbild dokumentiert und fortgeschrieben. Diese Dokumentation enthält zeitnah die wichtigsten Ergebnisse der in einem Unternehmen geleisteten Arbeit sowie die noch zu lösenden Probleme im Hinblick auf die unternehmerische Zielsetzung.

1.3 Die Bedürfnisse der Mitarbeiter

Die Statusbilder des Unternehmens gleicht jeder Mitarbeiter ganz automatisch mit seinem dazu geleisteten Beitrag und seinen persönlichen Visionen und Zielen ab. Dabei spielen persönliche Wünsche, Bedürfnisse und Erwartungen eine ganz wichtige Rolle. Die Zufriedenheit ist umso größer, je mehr er sich selbst durch den von ihm geleisteten Beitrag verwirklicht sieht. Darum ist es auch für den Leiter des Unternehmens wichtig, auf die schnelle Lösung aufgetretener Probleme zu achten und sie nicht vor sich herzuschieben. Ganz abgesehen von ihrer bleibenden negativen Wirkung.

Sie erinnern sich an das Beispiel aus der Politik: Die Hochwasserschäden der Jahre 1999, 2002 und 2005 kamen in unerwartet dichter Reihenfolge. Die Höhe der dadurch entstandenen bzw. immer wieder zu erwartenden Schäden für die Volkswirtschaft steht in keinem Verhältnis zu den Kosten der Baumaßnahmen für den Hochwasserschutz. Ganz abgesehen von dem Leid, das die davon betroffenen Menschen immer wieder ertragen müssen.

1.4 Die Zielvorgabe

Sie erinnern sich: Von den Wünschen, Bedürfnissen und Erwartungen der beteiligten oder betroffenen Menschen ausgehend, werden nach BeComE im Unternehmen Ziele formuliert. Anschließend werden die individuellen schöpferischen Kräfte zum Denken angeregt und so ein neues gemeinsames Zielbild entwickelt. Die sich daraus ergebenden Aktivitäten führen Schritt für Schritt zu immer wieder neuen Zielbildern (Zielbildungszyklus).

Richtiges bzw. folgerichtiges Handeln definiert sich deshalb aus Visionen und Zielen. Eine sinnvolle Kontrolle des Erfolges setzt deshalb eine Zielvorgabe voraus.

1.5 Das geistige Kraftfeld

Sie erinnern sich: Die Zentraldatei der kundenbezogenen Kerndaten liefert die objektive Grundlage für einen reibungslosen Geschäftsbetrieb. Über die Verknüpfung von Information mit Kommunikation und Fachwissen werden Geschäftsprozesse abgewickelt und Probleme gelöst. Dieses Netzwerk von Beziehungen bietet die Voraussetzung für alle Beteiligten, zum Zielsystem des Unternehmens positiv beizutragen. Darüber hinaus ist der damit verbundene Lernprozess mit einem Zuwachs an Wissen verbunden, der ohne »Pauken« entsteht.

Und: BeComE ordnet und vernetzt geistige Strukturen und wendet dafür Methoden und Techniken der modernen Organisationslehre an. Dabei werden die besonderen Fähigkeiten des Einzelnen sowie dessen Umfeld (beteiligte oder betroffene Menschen) berücksichtigt. Daraus erklärt sich auch das ganzheitlich wirkende Prinzip von BeComE. Die Methode »Gestaltung der geistigen Kraftfelder« sowie die dazugehörige Technik »Zieldifferenzierung« sind auf das Vorgehen nach BeComE abgestellt. Die Erkenntnisse der modernen Gehirnforschung waren dabei als Grundlage unverzichtbar[117]. Mit diesem Vorgehen fördert oder fordert BeComE Menschen in der Entwicklung ihrer Persönlichkeit und wirkt dadurch befreiend.

Auf dieser Grundlage ist sittliches Wollen und Handeln keine soziale Großtat, sondern der Automatismus für den Erfolg. Lüge, Betrug und Korruption erhalten die »Rote Karte«, ohne dass es dazu eines (Schieds-)Richters bedarf.

1.6 Die Zieldifferenzierung

Sie erinnern sich: Das konsequente Auseinanderhalten unterschiedlicher Zielvorstellungen (Zieldifferenzierung) verdeutlicht allen Betroffenen den Sinn ihres eigenen Handelns. Dadurch können sich in der Gemeinschaft die Kräfte zur Erneuerung frei entfalten. Alle Mitglieder einer Gruppe übernehmen die ihnen übertragenen Aufgaben mit der damit verbundenen Verantwortung gern und beginnen – am Erfolg für das Gemeinwohl orientiert – mitzugestalten. Daraus entwickelt sich aus der schöpferischen Kraft jedes Einzelnen

- ein Prozess teilhabender Unternehmensentwicklung[118],
- auf der Grundlage der gemeinsamen Ziele eine leistungsorientierte Kommunikation,
- eine Lernende Organisation mit einem von allen Betroffenen getragenen Frühwarnsystem[119] sowie
- ein enormer Rationalisierungseffekt durch reduzierte Reibungskosten.

Neben den hier genannten Vorteilen kann mit Hilfe der Zieldifferenzierung auch der soziale Frieden, zumindest unternehmensintern, gesichert werden.

1.7 Die Motivation

Sie erinnern sich: Die Erkenntnisse, die das neue Bild immer deutlicher erscheinen lassen empfindet der Mensch als Erfolg, der ihn motiviert. Je häufiger dieser Pro-

117 Vgl. Frederic Vester, Denken, Lernen, Vergessen, Ausgabe 2002

118 Vgl. Bleicher, Knut, Die Organisationsaufgabe im Wandel, Ausgabe 1991, Seite 915

119 Vgl. Rudolf Buechi und Reiner Chrobok, GOM – Ganzheitliches Organisationsmodell, Ausgabe 1994, Seite 22

zess des Entstehens neuer Bilder wiederholt wird, desto schneller schreitet der Erkenntnisprozess voran und um so größer sind der Erfolg und die Motivation. Durch das permanente, gegenseitig vergleichende und prüfende Denken wirkt BeComE als linear, vernetzt und spiralförmig verlaufender Selbstoptimierungs- und Fortentwicklungsprozess. Der soziale Utilitarismus (ideale Werte werden nur anerkannt, sofern sie dem Einzelnen oder der Gemeinschaft nützen) erreicht dadurch immer höhere Ebenen.

Und: In seinem in der Süddeutschen Zeitung am 12.11.1998 veröffentlichten Interview sagte der ehemalige Sächsische Ministerpräsident Kurt Biedenkopf:

»Das Bündnis für Arbeit ist nicht ein Bündnis von Kapital und Arbeit, sondern von Verbänden die das Kapital vertreten, und von Verbänden, die die Arbeit vertreten. Aber bei diesem Bündnis ist nicht das Wissen vertreten, obwohl es sich als die knappste Ressource erwiesen hat. Das Bündnis ist das Ergebnis der Einsicht, dass Kapital und Arbeit im gleichen Boot sitzen. Aber wer ist der Motor? Der Motor in diesem Boot ist das Wissen und Können. Das aber ist verbandsfeindlich, denn es hat ganz andere Qualitäten. Es lässt sich auch nicht umverteilen.«

Und: Der gesellschaftspolitische Nutzen durch BeComE besteht im Wesentlichen darin,

- wirtschaftliches Wachstum auch durch Vertrauen in die Leistungskraft des menschlichen Geistes zu erreichen,
- die auf Maschinen nicht übertragbare Arbeit auf die Menschen gerecht zu verteilen,
- die Existenzberechtigung des Menschen in ihrer logischen Reihenfolge zu respektieren, nämlich:
- der Mensch
- die Arbeit
- das Geld (Kapital),
- die Familien als tragende Säule der Gesellschaft zu stärken,
- den erzielten Freizeitgewinn durch Sportangebote oder kulturelle Aktivitäten zu nutzen und
- damit neue Arbeitsplätze zu schaffen.

Den Erfolg als Lohn aus dem Erkenntnisprozess zu erleben wirkt motivierend. In den Arbeitsprozess eingebaut, eröffnet sich den Beteiligten dadurch eine vollkommen neue Dimension, Wissen zu vermitteln oder zu erwerben.

1.8 Der Berater

Sie erinnern sich: Zur Unterstützung der Leitung einer Gruppe ist die Einschaltung eines in der Anwendung von BeComE ausgebildeten Beraters hilfreich. Er arbeitet wie ein Trainer und nimmt eine neutrale Stellung zu den Aufgaben und Zielen der

Gruppe ein. Zusätzlich bringt er seine persönlichen Fähigkeiten, sein Fachwissen sowie seine Erfahrung ein und ist damit

- methodisches Element für den gemeinsamen (z. B. betrieblichen) Wandlungsprozess,
- auslösender Impuls für den Organisationalen Lernvorgang sowie
- neutraler Zeuge für den Fortschritt.

Zu diesem Zweck hat der Berater außerdem die Aufgabe, die erarbeiteten Lösungen zu gliedern, schriftlich festzuhalten und das Umsetzen zu kontrollieren. Im nachfolgenden Bild sind die Aufgaben des Beraters und die Chancen für ein Unternehmen aus seiner Arbeit dargestellt:

Aufgabe des Beraters
• Transparent machen, was die Betroffenen nur selbst wissen können,
• schneller Input sinnvoller und notwendiger Methodik,
• Motivation der beteiligten Mitarbeiter zu eigenem maximalen Input.
⇩
Die Chancen für ein Unternehmen hieraus sind
• aus eigenen Erfahrungen zu lernen,
• sich neue Ziele zu setzen,
• neue Ideen zu realisieren,
• eine folgerichtige und einsichtige Ordnung zu schaffen,
• eventuell verbrauchte Motivation zu erneuern und
• die neue Ordnung gemeinsam zu tragen.

2. Die Unternehmensentwicklung

Eine sinnvolle Unternehmensentwicklung erfordert neben einer soliden Planung auch die Erfolgskontrolle. Sie ist in der Praxis von BeComE eine ständige Fortschreibung der erzielten Ergebnisse, verbunden mit immer wieder neuen Zielsetzungen. Dies wird nachfolgend am Beispiel eines Druckereibetriebes erläutert.

Es handelt sich um ein Projekt der ganzheitlichen Unternehmensentwicklung des bereits mehrfach in diesem Buch genannten Druckereibetriebes. Der Inhaber ist Herr Martin Schall aus München.

2.1 Der Beratungsbedarf

Der Beratungsbedarf wurde wie folgt festgestellt:

2.1.1 Die Problemfelder

Im ersten Kontaktgespräch nannte Herr Schall als auslösende Gründe für den Beratungsbedarf folgende Problemfelder:
- die nicht mögliche Finanzierung der Weihnachtsgratifikation für seine Mitarbeiter im Vorjahr;
- die wenig erfolgreichen Werbemaßnahmen;
- die teilweise zu wünschen übrig lassende Bereitschaft zur Zusammenarbeit im Unternehmen.

2.1.2 Die Unternehmerziele

Diese für den Firmeninhaber bedeutendsten Problemfelder wurden für das weitere Vorgehen als anzustrebende Ziele wie folgt umformuliert:
- Zinsaufwendungen reduzieren bzw. Zinserträge erwirtschaften, Kapital bilden;
- Umsatz steigern;
- Kommunikation verbessern.

2.1.3 Der Beitrag von BeComE

Als Beitrag von BeComE wurden daneben noch folgende weitere Ziele festgelegt:
- für die Druckereibetriebe gemeinsame Ziele vorgeben;
- den Mitarbeitern aufzeigen, wie sie ihren Beitrag zum Unternehmenserfolg verbessern können;
- die reibungslose Zusammenarbeit entlang der Wertschöpfungskette sicherstellen;
- neues firmen- und branchenbezogenes Wissen aufbauen.

Mit dem Erteilen des Beratungsauftrags war die Anregung, für die Druckereibetriebe gemeinsame Ziele vorzugeben bereits erledigt.

2.2 Das Beratungsprojekt

Sie erinnern sich: BeComE aktiviert, unter Berücksichtigung der persönlichen Interessen, die besonderen Fähigkeiten der Menschen. Mit Hilfe der Ergebnisse der Gehirnforschung über den optimal erzielbaren Lernerfolg wird dauerhaft verfügbares Wissen aufgebaut.

Neben dem Firmeninhaber nahmen seine zu Anfang 7 und nach Abschluss der Beratung 9 Leitenden Mitarbeiter an dem Projekt teil. Sämtliche Beratungsleistungen wurden im Zusammenhang mit dem laufenden Geschäftsbetrieb und für alle Teilnehmer mit übereinstimmendem Wissensangebot erbracht.

2.2.1 Die Beratungsinhalte

Gegenstand des Beratungsauftrags war
- die Lösung aktueller Probleme im Betrieb,
- die Behandlung betriebswirtschaftlicher Fragestellungen sowie
- die Vermittlung betriebswirtschaftlichen Wissens.

Der Lernerfolg wurde auf einem gemeinsamen Urbild des Wissens in inhaltlich übereinstimmender Form aufgebaut und in einer mehr als 20 Minuten dauernden Lernphase stabilisiert. Ein wesentlicher Vorteil bei diesem Vorgehen besteht im gemeinsamen Ausbau der praxisbezogenen Kenntnisse. Dabei waren im konkreten Fall sogar Unterschiede im Bildungsniveau unerheblich. Während des normalen Geschäftsbetriebes tauschten die Teilnehmer weiteres Wissen durch Kommunikation untereinander aus. Gleichzeitig entwickelte sich daraus ein Wertschöpfungsnetzwerk aus dem laufend neue Ideen entstanden.

2.2.2 Die Aktionen

Die Beratung umfasste Einzelgespräche mit dem Firmeninhaber sowie Workshops und Interviews mit ihm selbst und seinen Mitarbeitern. Die Workshops fanden an 2 Abenden pro Monat zu je 2 Stunden nach Betriebsschluss statt. Grundsätzlich wurden alle im Projekt vorgesehenen Maßnahmen zunächst mit dem Firmeninhaber vertraulich besprochen. Die Leitenden Mitarbeiter wurden im Anschluss daran in die Zielfindung und in die Festlegung der Strategie (= Vorgehensplan) eingebunden. Danach entschied der Firmenleiter über die Reihenfolge der zu ergreifenden konkreten Maßnahmen.

Die Belegschaft wurde nach einem Beratungszeitraum von ca. 1½ Jahren (April 1997 bis Oktober 1998) in einer Betriebsversammlung über die Ergebnisse informiert. Bei dieser Gelegenheit konnten alle Mitarbeiter in einem Brainwriting eigene Zielvorstellungen zum Unternehmen einbringen.

Zu beachten ist, dass bei der 1½-jährigen Beratungsdauer der Zeitaufwand (gemessen an Einzeltagen) sehr gering war. Der durch BeComE angestoßenen Lern- und Reifeprozess entwickelten die Mitarbeiter der Geschäftsleitung der Druckereibetriebe Schall selbst bei der täglichen Arbeit zwischen den Beratungstagen.

2.2.2.1 Die Zielformulierung

Zu diesem Zweck fanden zwei Startbesprechungen statt: zunächst eine mit dem Firmeninhaber, eine weitere mit ihm und seinen Leitenden Mitarbeitern. Diese beiden Startbesprechungen dienten

- der Feststellung der Kernprobleme des Unternehmens,
- der Vorstellung der ganzheitlichen Vorgehensweise von BeComE sowie
- der Umformulierung der Kernprobleme in Ziele.

Dabei wurde die Bedeutung der Verantwortung im Hinblick auf die zu treffenden Entscheidungen, die korrekte Aufgabenerfüllung, die Zusammenarbeit (Kommunikation) sowie der Wirtschaftlichkeit der Geschäftsprozesse besonders herausgestellt. Die Startbesprechungen brachten als Ergebnis folgende Ziele:

23.04.1997
Einzelgespräch Firmeninhaber

Ziele des Firmeninhabers
• Zahlungsfluss verbessern (Zinsaufwendungen reduzieren bzw. Zinserträge erwirtschaften, Kapital bilden);
• Werbemaßnahmen verbessern (Umsatz steigern);
• Kommunikation zwischen Produktion (Druck) und Weiterverarbeitung (Buchbinderei) verbessern.

Ziele des Beraters
• Wesentliches Beratungsziel: Die Geschäftsmöglichkeiten verbessern (Titel des Beratungsauftrags),
• die personellen Ressourcen optimal nutzen,
• entlang der Wertschöpfungskette reibungslos zusammenarbeiten sowie
• neues, dauerhaft verfügbares Wissen aufbauen.

07.06.1997
Workshop Geschäftsleitung (Firmeninhaber, 7 Leitende Mitarbeiter)
• EDV einführen (neue Software),
• Urlaubs- und Weihnachtsgeld sicherstellen,
• Reibungslosen Zahlungsfluss sichern,
• Umsatz erhöhen,
• gesamten Infofluss zwischen Binderei und Druckerei verbessern,
• verfügbare Kapazitäten besser nutzen,
• Überstunden der Leitenden Mitarbeiter reduzieren,
• Kompetenzbereiche genau abgrenzen,
• telefonischen Kundenkontakt sicherstellen,
• neue Märkte erschließen,
• Kapazitäten durch Straffen der Arbeitsprozesse freisetzen,
• neue Produkte entwickeln,
• aufgabenbezogenen Teamgeist fördern,
• Produktionsabläufe optimieren (Werk 2),
• den richtigen Mitarbeiter am richtigen Platz einsetzen,
• Personal aufgabengerecht auswählen und gezielt einsetzen,

- Aufträge fachkompetent und zeitsparend entgegennehmen,
- Aufträge schnell und problemfrei abwickeln,
- Strategien für günstige Materialbeschaffung entwickeln,
- mit den verfügbaren Geldmitteln solid umgehen.

Dazu gilt für die Sachbearbeitung:
Priorität A: Abrechnungen mit Warenauslieferung bearbeiten,
Priorität B: Kundenangelegenheiten bearbeiten.
Priorität C: Angebote bearbeiten,

- Ursachen für Schwierigkeiten schriftlich festhalten (Bereichsleiter),
- die Zielerreichung kontrollieren (zunächst alle 14 Tage).

2.2.2.2 Der Zielfindungszyklus

Der Zielfindungszyklus dient dazu, die erzielten Ergebnisse festzustellen und daraus immer wieder neue Ziele abzuleiten. Darüber hinaus war er für dieses Projekt das wesentliche Instrument zur Entwicklung eines wirksamen Wertschöpfungsnetzwerkes. Aus dem Zielfindungszyklus ergaben sich folgende Erkenntnisse:

20.06.1997
Einzelgespräch Firmeninhaber
Umsatzsteigerung, Ressourcenallokation, Verantwortung
• Über den Auftrag der Firma W. entscheiden im Hinblick auf die erforderliche Neuorganisation des Betriebes, die benötigte zusätzliche Personalkapazität sowie die Unternehmensplanung (Umsatzerwartung ca. 180.000 Euro[120] pro Jahr),
• Arbeitsplatzbeschreibung zur Abgrenzung der Kompetenzen erarbeiten,
• Die Firmenstruktur sowie eine grobe Aufgabenstruktur ermitteln.

10.07.1997
Einzelgespräch Firmeninhaber
Umsatzsteigerung, Kundenbetreuung
Die Firma Zentraldruck einschließlich den für die Kundenbetreuung zuständigen Mitarbeiter sowie die Druckmaschine übernehmen.

14.08.1997
Einzelgespräch Firmeninhaber
Mitarbeiterbonus, Ergebnisverbesserung, Zielkontrolle
• Bonussystem für die Mitarbeiter einführen,
• Zielkatalog im Hinblick auf die Gewinnerwartung und die Erfolgsplanung für das kommende Geschäftsjahr erstellen,
• Kriterien für das Abschätzen der Zielerreichung erarbeiten.

11.09.1997
Einzelgespräch Firmeninhaber

120 Anm. der Redaktion: Beträge wurden ggf. von DM auf Euro umgerechnet und gerundet.

Werbemaßnahmen, Ressourcenallokation
• Werbemaßnahmen optimieren,
• Mitarbeiterpotential erfassen,
• Struktur zum Bewerten von Aufgaben erarbeiten.

11.09.1997
Workshop Geschäftsleitung
Ressourcenallokation, Werbemaßnahmen
• Aufgabenstruktur des Unternehmens erarbeiten (zur Darstellung der Ressourcenverteilung),
• Werbemaßnahmen und dafür erforderlichen Personaleinsatz optimieren,
• Grundlagen für das Bewerten von Werbemaßnahmen erarbeiten.

22.09.1997
Einzelgespräch Firmeninhaber
Kundenbetreuung, Ressourcenallokation
• Struktur und Maßnahmen für die Einordnung von Kunden erarbeiten (ABC-Kundenanalyse),
• Stellenbeschreibungen erarbeiten.

06.11.1997
Einzelgespräch Firmeninhaber
Geschäftsprozesse, Kundenbetreuung, Umsatzsteigerung
• Erfolgsfaktoren für die Akquisition und Auftragsabwicklung ermitteln,
• Umsatz durch Konzentration auf die wichtigen Kunden erhöhen.

11.12.1997
Einzelgespräch Firmeninhaber
Kundenbetreuung, Produktion
• Die noch nicht analysierten Kunden der ABC-Analyse unterziehen,
• Erfolgsfaktoren für Auftragsvorbereitung und Produktion erarbeiten.

15.01.1998
Einzelgespräch Firmeninhaber
Umsatzsteigerung, Verantwortung, Geschäftsprozesse
• Werbemaßnahmen festlegen,
• den systematische Aufbau eines Prioritäten- und Delegationsschemas betrieblicher Handlungen erarbeiten,
• die wichtigsten Geschäftsprozesse feststellen und untersuchen.

29.01.1998
Einzelgespräch Firmeninhaber
Geschäftsprozesse
• Das Erstellen von Abrechnungen im Rahmen der Analyse der Geschäftsprozesse mituntersuchen.

02.04.1998
Einzelgespräch Firmeninhaber
Kommunikation
• Qualifizierten Informationsaustausch sicherstellen.

14.05.2005
Einzelgespräch Firmeninhaber
Kommunikation
• Die gesamte Belegschaft über die gesetzten Ziele, die erzielten Ergebnisse sowie über die vom Firmenleiter entschiedene Gewinnbeteiligung der Mitarbeiter informieren.

2.2.3 Die Umsetzung

Die vom Firmeninhaber vorgegebenen Ziele wurden von den Leitenden Mitarbeitern mit ihren Zielvorstellungen für das Unternehmen sowie den eigenen Erwartungen ergänzt und danach die Reihenfolge des Handelns wiederum durch den Firmeninhaber bestimmt. Daraus ergaben sich zum einen konkrete Aufgaben für die tägliche Arbeit, die unmittelbar umgesetzt wurden, zum anderen der Bedarf für weiterführende Untersuchungen.

2.2.3.1 Die Ergebnisse

Die aus der Umsetzung erzielten Ergebnisse wurden in Workshops und Interviews festgestellt und erläutert. Daraus wurden neue Ziele abgeleitet und in den Zielfindungszyklus eingebracht. Die Workshops dienten auch der Ausbildung der Geschäftsleitung in organisatorischen Methoden und Techniken, dem Aufbau der Lernenden Organisation sowie der Anwendung von BeComE. Im Einzelnen brachte die Umsetzung folgende Ergebnisse:

27.06.1997
Interview Leitender Mitarbeiter
Verantwortung, Ressourcenallokation
• Der Sinn einer geordneten Firmen- und Aufgabenstruktur wurde erläutert und ein Entwurf erarbeitet.

10.07.1997
Workshop Geschäftsleitung
Ergebnisverbesserung, Umsatzsteigerung, Verantwortung, Ressourcenallokation, Sachmitteleinsatz, Kundenbetreuung, Wertschöpfung

Der Sinn folgender Maßnahmen wurde erläutert:
• Die verfügbaren Geldmittel kontrollieren,
• die Lagerfläche vergrößern,
• die Kompetenzen abgrenzen,

• die Aufgabenstruktur und –verteilung feststellen,
• das Organigramm funktionsbezogen darstellen,
• die Aufgabenverteilung funktionsbezogen darstellen,
• den Zeitbedarf für die Aufgabenerfüllung und der geleisteten Arbeitsmengen selbst aufschreiben,
• die Einführung der EDV (neue Software) zurückstellen,
• die Firma Zentraldruck übernehmen,
• den bisherigen Sachbearbeiter von Zentraldruck für die Kundenbetreuung übernehmen und in den Kreis der Leitenden Mitarbeiter integrieren.

Die Geschäftsleitung stellt die von ihr bewältigte Arbeitsmenge sowie den dafür erforderlichen Zeitaufwand zusammen.

24.07.1997
Workshop Geschäftsleitung
Verantwortung, Wertschöpfung, Ressourcenallokation
• Fragen hinsichtlich der Aufgabenverteilung bzw. zum Abgrenzen der Kompetenzen klären,
• den zur Aufgabenerfüllung erforderlichen Zeitaufwand und die zu bewältigende Arbeitsmenge zusammenstellen.

14.08.1997
Workshop Geschäftsleitung
Verantwortung, Ressourcenallokation
• Fragen zur Abgrenzung der Kompetenzen wurden geklärt.
• Die Grundlagen der Selbstaufschreibung wurden erläutert:
die Bedeutung der Verantwortung (mit Beispielen),
die Notwendigkeit der genauen Erfassung,
die Technik der Aufschreibung.

11.09.1997
Workshop, Geschäftsleitung
Werbemaßnahmen, Ressourcenallokation, Kundenbetreuung
• Eine Broschüre, die Teil einer begonnenen Werbemaßnahme ist, wird vorgestellt und bewertet.
• Die Kunden werden in Zukunft von Herrn Schall und dem von der Firma Zentraldruck übernommenen neuen Mitarbeiter betreut.

15.09.1997
Interview Firmeninhaber
Ressourcenallokation, Wertschöpfung
• Die Vorteile einer schriftlich vorliegenden Aufgabenstruktur des Unternehmens wurde besprochen.

25.09.1997
Workshop Geschäftsleitung
Ressourcenallokation, Wertschöpfung
• Die Ressourcenallokation wurde erläutert und mittels Aufgabenanalyse für die Geschäftsleitung erarbeitet.

23.10.1997
Workshop Geschäftsleitung
Ressourcenallokation, Wertschöpfung
• Die Bedeutung des Zeitaufwandes pro Arbeitsmenge für das Maß der Wirtschaftlichkeit des Personaleinsatzes wurde verdeutlicht.
• Die erarbeiteten Zusammenstellungen von Aufgaben, Arbeitsmenge sowie Zeitbedarf pro Arbeitsmenge (Ressourcenverteilungsmatrix) wurden besprochen.
• Die vorbereiteten Stellenbeschreibungen wurden besprochen und gemeinsam ausgefüllt.

06.11.1997
Workshop Geschäftsleitung
Kundenbetreuung, Ressourcenallokation, Umsatzsteigerung, Geschäftsprozesse, Wertschöpfung
• Das Vorgehen gemäß ABC-Kundenanalyse wurde erläutert und besprochen.
• Basierend auf der Aufgabenverteilung in der Ressourcenverteilungsmatrix wurden die Erfolgsfaktoren hinsichtlich Akquisition und Auftragsabwicklung erläutert.

27.11.1997
Workshop Geschäftsleitung
Kundenbetreuung, Umsatzsteigerung
• Kriterien für die Bewertung von Kunden nach der ABC-Kundenanalyse wurden erarbeitet.

11.12.1997
Workshop Geschäftsleitung
Kundenbetreuung, Umsatzsteigerung, Produktion
• Die Ermittlung der Erfolgsfaktoren hinsichtlich Akquisition und Auftragsabwicklung wurde fortgeführt.
• Die Erfolgsfaktoren für die Auftragsbearbeitung und Produktion wurden erarbeitet.

15.01.1998
Workshop Geschäftsleitung
Werbemaßnahmen, Verantwortung, Geschäftsprozesse
• Mögliche Werbemaßnahmen wurden erörtert.

• Der systematische Aufbau eines Prioritäten- und Delegationsschemas betrieblicher Handlungen wurde vorgestellt und erläutert.
• Die wichtigsten Geschäftsprozesse wurden ermittelt.

16./20./28.01.1998
Interviews 4 Leitende Mitarbeiter
Geschäftsprozesse
• Der Arbeitsablauf bei der Auftragsabwicklung wurde erhoben.

29.01.1998
Workshop Geschäftsleitung
Zwischenbilanz, Zielkontrolle
• Die in der Startbesprechung am 07.06.1997 von der Geschäftsleitung geäußerten Erwartungen wurden hinsichtlich ihres Eintritts bewertet.
• Die Ziele wurden den erzielten Ergebnissen zugeordnet.
• Das Gesamtergebnis der Zwischenbilanz wurde bewertet.

02.04.1998
Workshop Geschäftsleitung
Zwischenbilanz, Zielkontrolle, Mitarbeiterbonus,
Geschäftsprozesse, Kommunikation
• Die Ziele der Beratung sowie die erreichten Ergebnisse wurden der Geschäftsleitung erläutert.
• Der Firmeninhaber sagte den Mitarbeitern eine Gewinnbeteiligung zu.[121]
• Die Ergebnisse der Arbeitsablaufanalyse für die Auftragsabwicklung wurden erläutert, die erarbeiteten Kernaussagen formuliert.
• Die Notwendigkeit eines qualifizierten Informationsaustausches zwischen den Sachbearbeitergruppen wurde aufgezeigt.

15.04.1998
Workshop Leitende Mitarbeiter 1, 2
Kommunikation, Wertschöpfung
• Qualifizierter Informationsaustausch im Team »A«:
1. Teil: Schnittstellen zu anderen Teams wurden aufgezeigt.

17.04.1998
Workshop Leitende Mitarbeiter 1, 2
Kommunikation, Wertschöpfung
Qualifizierter Informationsaustausch im Team »A«:
2. Teil: Schnittstellen zu weiteren Teams und zur Produktion wurden aufgezeigt.

121 Vgl. Christa Eder, Süddeutsche Zeitung vom 26.08.1998, Beteiligung löst Motivationsschub aus, Seite L5

20.04.1998
Workshop Leitende Mitarbeiter 3, 4
Kommunikation, Wertschöpfung
• Qualifizierter Informationsaustausch im Team »B«:
1. Teil: Schnittstellen zu anderen Teams wurden aufgezeigt.

27.04.1998
Workshop Leitende Mitarbeiter 3, 4
Kommunikation, Wertschöpfung
• Qualifizierter Informationsaustausch im Team »B«:
2. Teil: Schnittstellen zu weiteren Teams und zur Produktion wurden aufgezeigt.

27.05.1998
Interview Mitarbeiter
Geschäftsprozesse
• Der Arbeitsablauf bei der Auftragsabwicklung wurde erhoben.

2.2.3.2 Die Erfolgskontrolle

Sie erinnern sich: Wollen wir Bilder für unseren Erkenntnisprozess nutzen, müssen wir sie in einer für uns sinnvollen Reihenfolge Bild für Bild »abarbeiten«. Der Erkenntnisprozess ist also ebenso wie das Lernen ein nacheinander zu verarbeitender (sequenzieller) Vorgang.

Zu diesem Zweck wird zunächst das Urbild des Wissens (Ist-Zustand) erhoben, dargestellt und sowohl individuell als auch gemeinsam »erlernt«. Von diesem Bild sowie den Problemen, Bedürfnissen und Erwartungen der beteiligten Menschen ausgehend, werden Ziele formuliert. Anschließend werden die individuellen schöpferischen Kräfte zum Denken angeregt und so ein neues gemeinsames Bild (Ziel) entwickelt (Soll-Zustand). Die sich daraus ergebenden Aktivitäten führen Schritt für Schritt zu einem neuen Bild. Die Erkenntnisse die das neue Bild immer deutlicher erscheinen lassen, empfindet der Mensch als Erfolg, der ihn motiviert. Je häufiger dieser Prozess des Entstehens neuer Bilder wiederholt wird, desto schneller schreitet der Erkenntnisprozess voran und um so größer sind der Erfolg und die Motivation. Durch das permanente, gegenseitig vergleichende und prüfende Denken wirkt BeComE als linear und spiralförmig verlaufender Selbstoptimierungs- und Fortentwicklungsprozess. Der soziale Utilitarismus erreicht dadurch immer höhere Ebenen.

Diesen Vorgang bezeichnet BeComE als »Organisationales Lernen«. Im Fall der Druckereibetriebe des Herrn Martin Schall konnten im Beratungszeitraum vom April 1997 bis Oktober 1998 nachstehende Erfolge aus diesem Lernvorgang verzeichnet werden:

20.06.1997
Einzelgespräch Firmeninhaber
Ergebnisverbesserung, Umsatzsteigerung
• Das mit der Priorität A versehene Ziel, die Abrechnungen mit der Warenauslieferung zu bearbeiten, kann als erreicht angesehen werden.
• Das Urlaubs- und Weihnachtsgeld für 1997 ist voraussichtlich gesichert.
• Das erwartete Umsatzplus für 1997 von 100.000 Euro wurde bereits mit 180.000 Euro durch den Auftrag der Firma W. weit übertroffen.
• Der vom Firmenleiter entschiedene Kauf der Firma Zentraldruck lässt ein Umsatzplus von 360.000 Euro pro Jahr erwarten.

10.07.1997
Workshop Geschäftsleitung
Verantwortung, Ressourcenallokation
• Eine grobe Fassung der Aufgabenstruktur der Geschäftsleitung liegt vor.

14.07.1997
Einzelgespräch Firmeninhaber
Umsatzsteigerung, Sachmitteleinsatz, Verantwortung, Ressourcenallokation
• Die Lagerfläche wird vergrößert; die dazu erforderliche Finanzierung ist gesichert.
• Der Kauf der neuen Software wird wegen des derzeit hohen Arbeitsanfalls (Übernahme der Firma Zentraldruck und den zu erwartenden Arbeitsdruck zum Jahresende) auf den Beginn des Jahres 1998 verschoben.
• Je ein firmen- und ein funktionenbezogenes Organigramm liegen vor.
• Eine personenbezogenes Aufgabenstrukturbild für die Geschäftsleitung liegt vor.

24.07.1997
Einzelgespräch Firmeninhaber
Ergebnisverbesserung
• Die Zahlung des Urlaubsgeldes ist sichergestellt.

24.07.1997
Workshop Geschäftsleitung
Umsatzsteigerung, Ressourcenallokation, Wertschöpfung
• Der von der Firma Zentraldruck übernommene neue Mitarbeiter nimmt erstmals am Workshop teil.
• Die personenbezogene Aufgabenverteilung wird im Hinblick auf die Bedeutung der optimalen Wertschöpfung für das Gemeinwohl akzeptiert und verteilt.

14.08.1997
Einzelgespräch Firmeninhaber
Umsatzsteigerung, Sachmitteleinsatz

• Die Geschäftsunterlagen der Firma Zentraldruck sind in die Firma Schall überführt. Die Übernahme ist abgeschlossen.
• Der Kauf einer Prägemaschine erweitert das Dienstleistungsangebot.

14.08.1997
Workshop Geschäftsleitung
Verantwortung, Ressourcenallokation, Wertschöpfung
• Die funktionsbezogene Aufgabenverteilung der Geschäftsleitung liegt in ihrer endgültigen Fassung vor und wird verteilt.

24.10.1997
Protokoll für den Firmeninhaber
Ressourcenallokation, Wertschöpfung
• Die endgültigen Fassungen der Zusammenstellungen von Aufgaben, Arbeitsmenge sowie Zeitbedarf pro Arbeitsmenge (Ressourcenverteilungsmatrix) wurden überreicht. Der Firmeninhaber erhielt eine Zusammenfassung für alle Leitenden Mitarbeiter.
• Die endgültigen Fassungen der Stellenbeschreibungen wurden überreicht.

06.11.1997
Workshop Geschäftsleitung
Kundenbetreuung, Umsatzsteigerung, Geschäftsprozesse
• Die Erfolgsfaktoren hinsichtlich Akquisition und Auftragsabwicklung liegen vor.

27.11.1997
Einzelgespräch Firmeninhaber
Zielkontrolle
• Die Dokumentation der Projektkontrolle zum 06.11.1997 wurde überreicht.

27.11.1997
Workshop Geschäftsleitung
Kundenbetreuung, Umsatzsteigerung
• Kriterien für die Bewertung von Kunden nach der ABC-Kundenanalyse liegen vor.

11.12.1997
Einzelgespräch Firmeninhaber
Kundenbetreuung, Umsatzsteigerung, Produktion
• Die erarbeiteten Kriterien für die Bewertung von Kunden nach der ABC-Kundenanalyse greifen.

11.12.1997
Workshop Geschäftsleitung
Geschäftsprozesse, Produktion
• Die unterschiedliche Behandlung gleichartiger Aufträge wurde vereinheitlicht.

• Die Erfolgsfaktoren hinsichtlich der Produktion liegen vor.

15.01.1998
Workshop Geschäftsleitung
Unternehmensplanung, Ressourcenallokation, Wertschöpfung, Geschäftsprozesse
• Die Ziele für 1998 sind formuliert.
• Ein neuer Mitarbeiter für die Geschäftsleitung wird eingestellt.
• Die wichtigsten Geschäftsprozesse sind festgelegt.

29.01.1998
Einzelgespräch Firmeninhaber
Verantwortung, Ressourcenallokation, Wertschöpfung
Die aktuellen Stellenbeschreibungen wurden überreicht.

29.01.1998
Workshop Geschäftsleitung
Zwischenbilanz
Die Bewertung der Beratungsleistung von BeComE durch die Geschäftsleitung brachte im Wesentlichen folgendes Ergebnis:
• In den Bereichen »Unsere Firma soll auf gesunden Beinen stehen« und »Löhne und Arbeitsplätze sichern« sieht die Geschäftsleitung für sich den größten Nutzen.
• Bei der Umsatzentwicklung wurden die ursprünglichen Erwartungen weit übertroffen.
• Die Grundlage für eine weitere positive Entwicklung des Unternehmens wird als gelegt angesehen.

02.04.1998
Einzelgespräch Firmeninhaber
Geschäftsprozesse
• Die Ergebnisse der Arbeitsablaufanalyse »Auftragsabwicklung« wurden überreicht und erläutert.

3. Die Mitarbeiterinformation

Ein wichtiger Schritt zur Sicherung der Akzeptanz sowie des weiteren Erfolgs ist die Information und Einbindung aller Mitarbeiter in den Erkenntnis- bzw. Erlebnisprozess des Erfolgs. Zu diesem Zweck wurden in einem Workshop mit der Geschäftsleitung alle erzielten Ergebnisse aufgelistet, die zu Beginn der Beratung gesteckten Ziele überprüft sowie neue Ziele formuliert.

3.1 Die erzielten Ergebnisse

Im Beratungszeitraum vom April 1997 bis Oktober 1998 wurden folgende Ergebnisse erzielt:

- Die Rechnungen werden zeitgleich mit den Waren ausgeliefert, wodurch Zinsaufwendungen vermieden werden.
- Das funktionsbezogene Organigramm liegt vor. Es definiert die Verantwortungs- bzw. Kompetenzbereiche und grenzt sie dadurch gegeneinander ab.
- Die Aufgaben sind verteilt und durch das funktionenbezogene Aufgabenstrukturbild sowie durch Stellenbeschreibungen dokumentiert und akzeptiert.
- Die Fähigkeiten (Ausbildung) der Mitarbeiter werden besser genutzt.
- Das gegenseitige Vertrauen der Leitenden Mitarbeiter ist gewachsen.
- Der Zeitaufwand für Kommunikation wurde reduziert.
- Interpersonale Kompetenzkonflikte sind gelöst.
- Die Motivation der Mitarbeiter ist beträchtlich gestiegen.
- Die Wertschöpfung aus der Leistung der Mitarbeiter hat sich verbessert.
- Kunden werden wesentlich effektiver akquiriert, neue Kunden wurden dazu gewonnen.
- Neue Geschäftsfelder sind erschlossen.
- Das ursprüngliche Ziel der Steigerung des Umsatzes für 1997 wurde weit übertroffen.
- Der Jahresumsatz ist im Beratungszeitraum (18 Monate) um 35 % gestiegen.
- Der Personalstand hat sich von 51 auf 55 Mitarbeiter erhöht.
- Die Mitarbeiter werden am Gewinn beteiligt.
- Termintreue und Produktqualität sind gesichert.
- Der Fortbestand des Betriebes ist gesichert.
- Kunden können Aufträge und Anfragen zeitunabhängig absetzen.
- Die Bearbeitung von Anfragen und Aufträgen ist besser auf die internen Bedürfnisse abgestellt.
- Der Zeitaufwand für Kundenkontakte hat sich reduziert.
- Die Arbeitsabläufe (Geschäftsprozesse) müssen weniger häufig unterbrochen werden.
- Die verfügbaren Kapazitäten werden besser genutzt.

Sie erinnern sich: Das Unternehmen erwartete im Kalenderjahr des Beginns der Beratung im April ein Umsatzplus von etwa 100.000 Euro. Bereits im Juli konnte ein Umsatzzuwachs von 360.000 Euro pro Jahr durch den Zukauf des Kundenpotentials eines Konkurrenten (der Firmeninhaber setzte sich zur Ruhe) und die Einstellung des dafür zuständigen Mitarbeiters realisiert werden. Durch die Einstellung eines neuen Mitarbeiters konnten die personellen Ressourcen aufgestockt und dadurch ein weiterer Umsatzzuwachs von 425.000 Euro pro Jahr erreicht werden. Insgesamt erbrachten alle getroffenen Maßnahmen bis zum Ende der Beratung eine Umsatzsteigerung von 1,2 Mio. Euro pro Jahr. Die ursprünglichen Erwartungen wurden damit also weit übertroffen.

3.2 Die Vorbereitung

In einem Workshop mit der Geschäftsleitung wurde am 17.09.1998 die Information der Mitarbeiter vorbereitet. In der Veranstaltung sollten folgende wesentlichen Punkte angesprochen werden:

- Gesteckte Ziele des Firmeninhabers und der Geschäftsführung im April 1997.
- Erzielte Ergebnisse bis Oktober 1998.
- Neue Ziele des Firmeninhabers und der Geschäftsführung sowie der Mitarbeiter 1998.
- Gewinnbeteiligung der Mitarbeiter.

3.2.1 Die ursprünglichen Ziele

Die vom Firmeninhaber und der Geschäftsführung zu Beginn der Beratung im April 1997 gesteckten Ziele wurden überprüft, inwieweit sie erreicht bzw. erledigt sind. Ergebnis:

3.2.1.1 Die erreichten Ziele

- Durch Straffen der Arbeitsprozesse konnten Personalkapazitäten freigesetzt werden.
- Neue Märkte wurden erschlossen.
- Der gesamte Informationsfluss wurde verbessert.
- Der Umsatz wurde erhöht.
- Das Urlaubs- und Weihnachtsgeld wurde sichergestellt.
- Die vorgegebenen gemeinsamen Ziele wurden beachtet.
- Die Zusammenarbeit entlang der Wertschöpfungskette wurde wesentlich verbessert.
- Die Geschäftsmöglichkeiten wurden verbessert.
- Eine neue EDV-Software wurde für die Verwaltung eingeführt.
- Neue Personal- und Produktionskapazitäten wurden erschlossen.

3.2.1.2 Die erledigten Ziele

- Die Qualität wurde sowohl in der Produktion als auch in der Verwaltung verbessert.
- Die Produktionsabläufe wurden optimiert.
- Der aufgabenbezogene Teamgeist wurde geweckt und gefördert.
- Neue Produkte wurden entwickelt.
- Der telefonische Kundenkontakt wurde sichergestellt.
- Die von den Leitenden Mitarbeitern geleisteten Überstunden wurden reduziert.
- Der reibungslose Zahlungsfluss bei den Lieferungen ist sichergestellt.

- Ein Gewinn wurde erzielt.

3.2.2 Die neuen Ziele

3.2.2.1 Die übernommenen Ziele

Folgende erledigte bzw. weiter zu beachtende sowie neu hinzugekommene Ziele wurden ermittelt:

- die Qualität sowohl in der Produktion, bei den Produktionsabläufen als auch bei den Verwaltungsarbeiten verbessern;
- auf die Sicherstellung des telefonischen Kundenkontaktes achten;
- die von den Leitenden Mitarbeitern geleisteten Überstunden reduzieren;
- auf die Sicherstellung des reibungslosen Zahlungsflusses achten;
- EDV in der Buchbinderei einführen;
- einen höheren Gewinn als im Vorjahr anstreben;
- Sicherungstechnik entwickeln.

Die hier genannten Ziele wurden in den Zielkatalog für das Geschäftsjahr 1998 übernommen.

3.2.2.2 Die weiteren Ziele

In einem Brainwriting wurden folgende weitere Ziele für das Geschäftsjahr 1999 erarbeitet und mit einer Punktbewertung gewichtet (6 Mitglieder der Geschäftsleitung konnten je 6 Punkte vergeben, maximal 2 pro Ziel):

Ziele	Punkte
• Firmeneigene Immobilie anschaffen	7
• Finanzielle Rücklagen bilden	6
• Lieferantenrechnungen skontieren	5
• Konzept für den Sicherheitsdruck bis März 1999 erstellen	4
• Löhne und Gehälter bargeldlos ausbezahlen	4
• Reibungslosen Zahlungsfluss sichern	3
• Telefonischen Kundenkontakt sicherstellen	2
• Überstunden der Leitenden Mitarbeiter reduzieren	2
• Kunden Sonderskonto anbieten	2
• Bürosachbearbeitung neu organisieren	2
• Sicherheitstechnik entwickeln	1
• EDV in der Buchbinderei einführen	1
• Einen Gewinn von 150.000 Euro anstreben	1
• Tag der offenen Tür veranstalten	1
• Sammelheftmaschine um einen Anleger erweitern	1
• Qualität weiter optimieren	–
• Produktionsabläufe weiter optimieren	–
• Teamgeist pflegen	–

• GTP mit Hologrammeinrichtung kaufen	–
• Neue Produktionsstätte in Ostdeutschland mit Fördermitteln errichten	–
• Betriebsausflug organisieren	–
• Katalog für Sicherheitsdruck bis März 1999 drucken	–
• Stahlstich und Prägedruck zertifizieren lassen	–

Diese Ziele einschließlich Bewertung werden den Mitarbeitern anlässlich der geplanten Informationsveranstaltung vorgestellt. Sie erhalten im Anschluss daran die Gelegenheit, eigene Zielvorstellungen zum Unternehmen hinzuzufügen und auch zu bewerten.

3.3 Die Betriebsversammlung

Die Veranstaltung zur Information der Mitarbeiter fand am 30.10.1998 im Rahmen einer Betriebsversammlung statt. Anwesend waren 34 von insgesamt 55 Mitarbeitern.

3.3.1 Die Zielbewertung

Die von der Geschäftsleitung am 17.09.1997 in einem Workshop erarbeiteten neuen Ziele wurden vorgestellt. In einem Brainwriting fügten die anwesenden Mitarbeiter ihre eigenen Zielvorstellungen zum Unternehmen hinzu und bewerteten sie (34 Beschäftigte konnten je 5 Punkte vergeben, maximal 2 pro Ziel). Insgesamt ergab sich folgendes Ergebnis:

Ziele	Punkte
• Löhne und Gehälter bargeldlos überweisen	35
• Finanzielle Rücklagen bilden	22
• Maschinenführer statt Führungskräfte an den Maschinen einsetzen	15
• Firmeneigene Immobilie anschaffen	14
• Maschinen warten	14
• Pausen der Mitarbeiter einhalten	14
• Schichtarbeit in der Montage einführen	7
• Lieferantenrechnungen skontieren	6
• Konzept für den Sicherheitsdruck bis März 1999 erstellen	5
• Satzbereich an neueste Technik heranführen	5
• Altersteilzeit einführen	5
• Reibungslosen Zahlungsfluss sichern	5
• Telefonischen Kundenkontakt sicherstellen	3
• Überstunden der Leitenden Mitarbeiter reduzieren	2
• Kunden Sonderskonto anbieten	2
• Bürosachbearbeitung neu organisieren	2
• Tag der offenen Tür veranstalten	2

• Sammelheftmaschine um einen Anleger erweitern	2
• Lord-Prägepresse für Blindprägematern anschaffen	2
• Sicherheitstechnik entwickeln	2
• EDV in der Buchbinderei einführen	2
• Einen Gewinn von 150.000 Euro anstreben	1
• Verbesserte Software im DTP-Bereich anschaffen	1
• Qualität weiter optimieren	1
• Produktionsabläufe weiter optimieren	1
• Teamgeist pflegen	–
• GTP mit Hologrammeinrichtung kaufen	–
• Neue Produktionsstätte in Ostdeutschland mit Fördermitteln errichten	–
• Betriebsausflug organisieren	–
• Katalog für Sicherheitsdruck bis März 1999 drucken	–
• Stahlstich und Prägedruck zertifizieren lassen	–

3.3.2 Die Mitarbeiterbeteiligung

Der Firmeninhaber informierte über die seit April 1997 erzielten Erfolge und kündigte eine Mitarbeiterbeteiligung an, die er wie folgt erläuterte:

- Nach den letzten nicht so ertragreichen Geschäftsjahren kann für 1998 ein guter Gewinn erwartet werden.
- Davon werden 30 % zu gleichen Teilen an die Mitarbeiter verteilt.
- Die Mitarbeiter können dabei zwischen einer Lohn- oder Gehaltszahlung oder einer Ansparung zur Altersversorgung wählen.
- Die Unterschiede in den finanziellen Auswirkungen wurden den Teilnehmern anhand von Beispielen erläutert und in schriftlicher Form ausgehändigt.

4. Die Entwicklung des Unternehmens

Unter einer erneuernden (innovativen) Unternehmensführung ist nach BeComE zu verstehen

- die ständige Anpassung an von außen kommende neue Entwicklungen sowohl auf dem Gebiet der Technik als auch in den Markverhältnissen,
- die humanen Ressourcen des Unternehmens durch gemeinsame Weiterbildung zu stärken,
- das dafür erforderliche grundlegende und neue Wissen allen Leitenden Mitarbeitern in gemeinsamen Workshops zu vermitteln sowie
- die Zielkontrolle und den Zielfindungszyklus als dauerhafte Maßnahmen zur Aufrechterhaltung der innovativen Unternehmensentwicklung beizubehalten.

4.1 Während der Beratungszeit

Die Schwerpunkte der Beratung lagen im Falle der Druckereibetriebe des Herrn Martin Schall in

- der Beseitigung der schwierigsten finanziellen Probleme,
- der Erhöhung des Umsatzes bei gleichzeitiger Sicherstellung der Rendite,
- der Verhinderung von Zinsaufwendungen die Kapitalabfluss bzw. Preiserhöhungen nach sich ziehen,
- der Steigerung der Wertschöpfung aus den personellen Ressourcen,
- der Zusammenführung von Aufgabe und Verantwortung auf der Grundlage von Fähigkeiten, Wissen und Erfahrung der Mitarbeiter,
- der Verbesserung der Kommunikation auf der Grundlage der zielführenden Geschäftsprozesse,
- der Optimierung des Sachmitteleinsatzes,
- der Verbesserung der Kundenbetreuung sowie des Kundennutzens sowie
- der gemeinsame Ausbildung des Führungspersonals in betriebswirtschaftlich und unternehmerisch sinnvollem Handeln »on the job«.

Die Geschäftsbereiche sowie die Zahl der Mitarbeiter der Druckereibetriebe des Herrn Martin Schall haben sich während der Beratungsdauer wie folgt entwickelt:

Beginn der Beratung, April 1997:	Ende der Beratung, Oktober 1998:
Stahlstich- und Prägedruck	Stahlstich- und Prägedruck
Offsetdruck	Offsetdruck
Gravierwerkstatt	Gravierwerkstatt
Blindprägedruck	Blindprägedruck
Industriebuchbinderei	Industriebuchbinderei
Sicherheitsdruck	Sicherheitsdruck
1 Firmenleiter 7 Leitende Mitarbeiter 43 weitere Mitarbeiter	Heißfolienprägedruck
	Hologrammdruck
	Blindprägedruck
	1 Firmenleiter 9 Leitende Mitarbeiter 45 weitere Mitarbeiter

4.2 In der Folgezeit

Im Oktober 2005, etwa sieben Jahre nach Abschluss der Beratung durch BeComE, nimmt der Firmeninhaber, Herr Martin Schall, zur weiteren Entwicklung seiner Druckereibetriebe wie folgt Stellung:

Im April 1997 entschloss ich mich, für meine Druckereiunternehmen mit insgesamt 51Mitarbeitern eine Betriebsberatung hinzuziehen. Meine Betriebe waren durch verschiedene Ursachen in Schräglage und es war schnelles Handeln geboten.

Es war für mich nicht einfach, einen passenden Partner für diese Aufgabe zu gewinnen. Das Angebot ist sehr groß und den Erfolg kann man erst nach der Beratungszeit feststellen. Nach den ersten Gesprächen mit Herrn Ludwig Utz fasste ich Vertrauen zu ihm sowie zu der von ihm vorgeschlagenen Vorgehensweise. Daraus entwickelte sich schnell gegenseitige Sympathie, ja sogar eine Freundschaft.

Bei Vorgesprächen haben wir die Ist-Situation festgestellt und die Ziele definiert. Durch disziplinierte Zusammenarbeit mit meinem Führungspersonal haben wir neue Arbeitswege erschlossen, Ziele gesteckt und methodisch umgesetzt. Nach einer Beratungszeit von ca. 1½ Jahren war mit Hilfe von BeComE aus meinen angeschlagenen Druckereibetrieben ertragreiche Wirtschaftsunternehmen entstanden.

Aufgrund des neu erworbenen Wissens wurde ich »süchtig« nach Erfolg. In Fortführung der 1998 begonnenen Reorganisation habe ich als Konsequenz davon im Laufe der letzten 5 Jahre meine Unternehmen komplett neu strukturiert. Von den klassischen Geschäftszweigen Offsetdruck und Industriebuchbinderei, reinem Massengeschäft, habe ich mich getrennt.

Die während der Beratungszeit hinzugekommenen Betriebszweige sowie die erarbeiteten Strukturen habe ich zu einer Spezialdruckerei verdichtet. Ich arbeite heute mit meinen Unternehmen sehr intensiv im Sicherheitsdruck mit Schwerpunkt Wertgutscheine. Die weiteren Produktionsbereiche umfassen Stahlstichdruck, Heißfolienprägedruck, Hologrammdruck und Blindprägedruck. Dabei handelt es sich um drucktechnisch und in der Kundenerwartung sehr anspruchsvolle Geschäftszweige, die nur mit hoch qualifiziertem Personal erfolgreich betrieben werden können.

Inzwischen habe ich den Offsetdruck für den eigenen Bedarf reaktiviert. Dadurch kann ich die angestrebte Flexibilität gegenüber meinen Kunden, bei denen es sich jetzt zu 80 % um Druckereien handelt, steigern bzw. die von ihnen gewünschte sehr kurze Reaktionszeit leichter halten.

In meinen Druckereibetrieben beschäftige ich heute 15 Mitarbeiter, davon ist einer mein Stellvertreter, in vier mit jeweils eigenen Schwerpunkten operierenden GmbHs. Alle bringen Gewinn. Mir wurde in der Zeit nach Abschluss der Beratung durch BeComE immer wieder bewusst:

»Wenn du nur das tust, was du kannst, bleibst du der, der du bist.«

Und weiterentwickeln wollte ich mich doch. Oder Sie etwa nicht? Falls ja, ein Ratschlag von mir:

Jetzt handeln, später profitieren!

Martin Schall (stahlstich-praegedruck@t-online.de)

Die von Herrn Martin Schall in der Zeit nach der Beratung durch BeComE erzielten Ergebnisse beweisen die in seiner Person dauerhaft »implantierte« innovative Unternehmensführung.

Neben seinen Erfolgen als Unternehmer hat Herr Martin Schall auch mehr Zeit für seine persönlichen Interessen gewonnen. Darüber hinaus erfreut er sich wieder einer sehr guten Gesundheit. Wesentlich dazu beigetragen hat die Beseitigung vieler ihn bedrückenden Sorgen um das Fortbestehen seiner Betriebe und das Wohlergehen seiner Mitarbeiter. Nicht zuletzt haben die erzielten messbaren und dadurch sichtbaren Erfolge seines Wirkens auch sein Selbstwertbewusstsein gestärkt.

Am Anfang war das Wort.

Und das Wort war Gott.

Und Gott ist das Wort, denn …

Gott ist die Wahrheit und die Liebe, ob …

… gedacht, gesprochen oder geschrieben.

Stichwortverzeichnis

Inhaltsverzeichnis

Kapitel 3
Der wissenschaftliche Hintergrund 35

Kapitel 4
Der Bezug zum Menschen 49

Kapitel 8
Die Bedeutung zielorientierten Handelns 101

Kapitel 9
Die Kraft der geistigen Ordnung 130

Kapitel 10
Die Vernetzung der geistigen Kräfte 158

Kapitel 11
Die Gestaltung der Geschäftsprozesse 175